国家科技支撑计划专题（2006BAC08B0504）
国家自然科学基金（40971223，40701150）　联合
国家卫星遥感应用产业化专项　　　　　　　资助

内蒙古锡林郭勒生态系统综合监测与评估

胡云锋　阿拉腾图雅　艳　燕　于国茂　著

中国环境出版社·北京

图书在版编目（CIP）数据

内蒙古锡林郭勒生态系统综合监测与评估/胡云锋等著. —北京：中国环境出版社，2013.10
ISBN 978-7-5111-1063-3

I. ①内… II. ①胡… III. ①环境监测—研究报告—锡林郭勒盟 IV. ①X8

中国版本图书馆 CIP 数据核字（2012）第 155626 号

出 版 人	王新程
责任编辑	孔 锦
助理编辑	李雅思
责任校对	尹 芳
封面设计	刘丹妮
封面照片	刘苏一

出版发行 中国环境出版社
（100062 北京市东城区广渠门内大街 16 号）
网 址：http://www.cesp.com.cn
电子邮箱：bjgl@cesp.com.cn
联系电话：010-67112765（编辑管理部）
010-67187041（学术著作图书出版中心）
发行热线：010-67125803，010-67113405（传真）
印装质量热线：010-67113404
印 刷 北京中科印刷有限公司
经 销 各地新华书店
版 次 2013 年 10 月第 1 版
印 次 2013 年 10 月第 1 次印刷
开 本 787×960 1/16
印 张 21.25
字 数 380 千字
定 价 78.00 元

序

从 2002 年联合国在全球范围内部署"千年生态系统评估计划"（Millennium Ecosystem Assessment，MA）以来，全世界的科研人员已经在全球不同尺度上对生态系统的现状和变化趋势、未来变化情景及应对措施等进行了广泛研究。在中国，作为 MA 计划的组成部分，与该计划同步开展了"中国西部生态系统综合评估"。这些开拓性的工作为生态系统综合监测与评估工作提供了基本概念框架。但是如何在区域层面借助新的技术开展长时间序列的动态监测和空间针对性强的综合评估，真正落实上述概念框架，仍然需要我们进一步发挥主动性和创造力。

内蒙古锡林郭勒盟是距京津冀地区最近的草原，是我国传统牧区和重要的畜牧业基地，也是我国西部大开发的前沿。由于其独特的地理位置和生态环境特点，本区生态环境及其演变态势对于保障首都北京及华北地区的生态安全和经济社会稳定发展具有重要意义。对锡林郭勒盟地区开展生态系统监测和评估，不仅具有较高的科学意义和方法创新价值，同时也是落实《国家中长期科学和技术发展规划纲要（2006—2020 年）》，评估"京津风沙源区综合治理"生态工程成效的重要举措。

在国家科技支撑计划、国家自然科学基金以及国家产业化专项的支持下，胡云锋副研究员及其研究团队长期聚焦于内蒙古高原资源环境领域研究，取得了一系列重要成果。在本书中，作者以遥感和 GIS 为基本手段，辅以区域地理、资源、经济和社会发展数据收集和翔实的野外调查，建成了区域生态系统宏观结构时空数据库，实现了对锡林郭勒盟生态系统宏观结构的长时间序列宏观动态监测分析，以及对生态系统服务功能演化态势的详细刻画，进而对区域生态系统时空演变的驱动机制进行了深入分析。

本书为内蒙古典型温性草原区的遥感综合监测和评价提供了系统、完整的技术路线和方法，特别是提供了针对草地退化与改善、沙地固化与活化等生态系统动态变化过程的遥感解译分类体系、解译标准和案例分析。本书提供了在典型草原地区开展长时间序列生态系统动态监测和评估研究的一个成功范例，有关基础数据库、技术路线、方法及结论可以为锡林郭勒盟地区生态环境治理规划及生态保护与恢复工程提供有价值的科学依据和技术支撑。

当前，锡林郭勒盟的经济发展模式正在由传统牧区向资源型经济区的方向快速发展，经济的迅速发展在为地区生态环境保护带来巨大机遇的同时，也带来了不容忽视的新问题。因此，关于锡林郭勒盟地区生态系统变化、问题和对策的研究远不能停止。祝本书作者在未来的研究工作中取得更丰硕的成果。

2013 年 7 月 18 日

前　言

　　锡林郭勒盟位于内蒙古高原东南缘，首都北京北侧。独特的地理位置及区域气候、地理和生态特点，使得该区生态环境状况及其演变态势对于保障首都北京及华北地区的生态安全和经济社会稳定发展具有重要意义。因此，在内蒙古锡林郭勒盟地区开展区域生态环境综合监测和评估，既是该区生态环境退化治理规划和工程评估的重要依据，也是区域资源、经济和社会协调发展的重要基础。

　　本书主要基于遥感（Remote Sensing）和地理信息系统（Geographic Information System，GIS）等现代地球信息技术，全面收集、整理了来自遥感、野外监测台站网络及野外综合考察等多方面资料，重建了长时间序列区域气候、生态环境、经济社会发展方面若干关键要素的时空动态信息，运用地理学和生态学研究的理论、技术、模型和方法，分析了锡林郭勒盟地区生态系统的宏观分布格局，追踪区域生态系统主要服务功能的历史演化轨迹，提炼生态系统变化过程中的趋势和规律，达到快速、综合监测和评价区域生态系统的目的。

　　本书共分五个部分、九章。第一部分包括第 1 章、第 2 章，是对研究区概况及研究数据、路线方法的介绍；第二部分包括第 3 章、第 4 章，是对研究区生态系统宏观结构及其演化进行分析，特别针对锡林郭勒盟的草地生态系统的退化—改善过程、沙地固化—活化过程开展时空分析；第三部分包括第 5 章、第 6 章、第 7 章，是对研究区生态系统主要服务功能（支持功能、调节功能、供给功能）进行深入分析；第四部分为第 8 章，是对研究区生态系统结构、功能演化的驱动机制分析；最后，就全书内容进行了提要总结，形成了第 9 章。

　　本书内容是多个科研项目长期支持形成的成果，主要有：国家科技支撑计划"国家生态恢复重建的综合监测评估关键技术研发"项目中有关专题（2006BAC08B0504）、国家自然科学基金项目"冀北-蒙东南土壤侵蚀发育及其空间格局研究（40701150）"和"内蒙古中东部地区土地利用变化及其对土壤侵蚀的影响（40971223）"、国家发改委2009年卫星遥感应用产业化专项"国产遥感卫星生态环境监测信息通用产品生产与产业化示范（发改办高技[2010]37号）"以及中国科学院知识创新工程重要方向项目"不同生态系统服务消耗模式的环境效应（KZCX2-EW-306）"的共同支持。具体工作由中国科学院地理科学资源研究所、内蒙古师范大学等两家单位的科研人员完成。

　　研究过程中，作者得到了中国科学院地理科学与资源研究所刘纪远研究员、邵全琴研究员、樊江文研究员、黄玫副研究员、闫慧敏副研究员、王军邦副研究员、钟华平副研究员，内蒙古师范大学的包玉海教授、银山教授、秦树辉教授、赛西教授，内蒙古自治区草原勘察设计研究院邢旗研究员、刘爱军副研究员、毕力格吉夫高工等人的指导和帮助，在此表示衷心的感谢！本书所有文字及图、表由巴图娜存誊清，本书出版过程中，得到李雅思编辑的大力支持和帮助，谨致谢忱！本书编写过程中，参考了大量有关科研人员的文献，在书后对主要观点结论均作了引用标注，作者对前人及其工作表示诚挚的谢意！引用中如有疏漏之处，还请来信指出，以备未来修订。

　　虽然前人的许多工作，如"中国西部生态系统综合评估"、"三江源区生态系统综合监测与评估"等研究成果为本书的研究提供了很好的基础和参考，但内蒙古锡林郭勒盟地区的生态环境非常复杂且具有其鲜明特色。如何既综合又深入地厘清区域生态综合监测和评估中的重大关键问题，这对我们来说是一个非常大的挑战。限于作者的学识水平和实践认识，本书肯定存在错误或疏漏之处，敬请读者不吝批评指正，以利于我们能在未来提高。

胡云锋

2013 年 7 月 18 日

目　录

第 1 章　锡林郭勒盟概况

锡林郭勒盟位于蒙古高原东南缘、内蒙古自治区中部、首都北京的北方。因其特殊的生态屏障地位和敏感、脆弱的生态环境特点，锡林郭勒盟生态环境状况及其演变态势对于保障首都北京与中国华北地区的生态安全、经济社会稳定具有重要意义。20 世纪 70 年代以来，中央和地方各级政府在此开展了长时期、多种形式的生态保护和建设工程。在内蒙古锡林郭勒盟地区开展区域生态环境综合监测和评估，具有重要的科学价值和现实意义。

1.1　区域经济和社会发展

1.1.1　位置和区划

锡林郭勒盟位于蒙古高原东南缘、内蒙古自治区的中部、首都北京的北方。四至范围为：东经 110°59′～120°00′，北纬 42°32′～46°41′。锡林郭勒盟南接河北省张家口市、承德市，西连内蒙古自治区乌兰察布市，东邻内蒙古自治区赤峰市、兴安盟和通辽市，北与蒙古国接壤。锡林郭勒盟南北宽约 500 km，东西长约 700 km，面积为 20.3 万 km²，占内蒙古自治区国土总面积的 17.2%。

锡林郭勒盟与蒙古国接壤，边境线长达 1 098 km。二连浩特和珠恩嘎达布为常年开关陆路口岸，是我国通往蒙古、俄罗斯及东欧各国的重要大陆桥。锡林郭勒盟行政公署驻锡林浩特市；该市与首都北京直线距离 460 km，与自治区首府呼和浩特市直线距离 470 km，与东北中心城市沈阳直线距离 620 km。从经济地理上看，锡林郭勒盟属于环渤海经济圈、东北经济圈的交汇区域。

截至 2007 年，全盟辖 12 个旗县市（9 旗、2 市、1 县）、34 镇、21 苏木、3 乡、10 办事处、555 嘎查、275 村民委员会、155 社区居民委员会，具体如表 1-1 所示。

表 1-1 锡林郭勒盟行政区划信息

旗县市	行政代码	面积/km²	邮编	驻地
锡林浩特市	152502	15 758	26021	希日塔拉街道
二连浩特市	152501	450	11100	乌兰街道
阿巴嘎旗	152522	27 495	11400	别力古台镇
苏尼特左旗	152523	33 469	11300	满都拉图镇
苏尼特右旗	152524	26 700	11200	赛汉塔拉镇
东乌珠穆沁旗	152525	47 554	26300	乌里雅斯太镇
西乌珠穆沁	152526	22 960	26200	巴拉嘎尔高勒镇
太仆寺旗	152527	3 415	27000	宝昌镇
镶黄旗	152528	4 960	13250	新宝拉格镇
正镶白旗	152529	6 083	13800	明安图镇
正蓝旗	152530	9 963	27200	上都镇
多伦县	152531	3 773	27300	多伦淖尔镇

1.1.2 历史沿革

锡林郭勒盟人类活动历史悠久，其行政格局在清乾隆年间（公元 1761 年）大致形成，并基本延续至今。

东乌珠穆沁旗和苏尼特左旗境内的岩画以及锡林郭勒盟境内其他地区出土的众多石器证明，在早新石器时代这片土地就有人类活动。春秋战国时期至公元前 3 世纪末，这里相继为澹槛、东胡、匈奴等部所居住。秦统一全国后，南部属上谷郡北境，西南属渔阳郡北境。汉朝至唐朝时期，这里或为中原各封建王朝疆土，或为匈奴、突厥、鲜卑等少数民族政权所统治。至宋朝，该区先后为辽国和金国所控制。1206 年，成吉思汗统一蒙古、建立蒙古汗国，这里成为蒙古汗国的重要活动地区。忽必烈建立元王朝后，在今正蓝旗境内建设"上都"（今属上都镇），并以之作为"大都"（今北京）的陪都。至明初，随着蒙元政权退缩至漠北，明朝政府在今锡林郭勒盟南部设立开平卫，以此拱卫北京、防止蒙元南侵。

17 世纪中叶，清（后金、清）崇德至康熙年间，满清政府以盟旗制度为基础，对蒙古各部族实施管制。在北部，满清政府将先后归附的乌珠穆沁部、浩齐特部、苏尼特部、阿巴嘎部、阿巴哈纳尔部 5 部分建十旗，它们是乌珠穆沁左翼旗、乌珠穆沁右翼旗、浩齐特左翼旗、浩齐特右翼旗、苏尼特左翼旗、苏尼特右翼旗、阿巴嘎左翼旗、阿巴嘎右翼旗、阿巴哈纳尔左翼旗、阿巴哈纳尔右翼旗。上述十旗会盟地点在乌日古楚鲁山南麓的锡林河畔，故统称为锡林郭勒盟。在南部，满清政府则另迁来蒙古察哈尔部；并将察哈尔部划分蓝、白、黄、红诸旗，各旗又分建正、镶二旗，合称为察哈尔蒙古八旗。另在宝昌设太仆寺左翼牧群、太仆寺右翼牧群、明安牧群以及商都牧群，隶属清朝直隶口北三厅。清乾隆二十六年（公元 1761 年），清政府设察哈尔都统，节制察哈尔蒙古八旗、四牧群和锡林郭勒五部十旗诸王。

中华民国成立后，中央政府在锡林郭勒盟、察哈尔盟基本沿用清朝时期的世袭王公制和总管制；在日寇侵华期间，该区行政管理机构设置受到时局的干扰，先后成立了察哈尔特别区、察哈尔省、蒙古地方自治政务委员会、伪"蒙古军政府"、伪"蒙古联盟自治政府"、伪"蒙疆联合自治政府"等。具体来说，在南部，1912 年原口北三厅改厅为县，1914 年设置察哈尔特别行政区域，1928 年改设察哈尔省，1934 年再次改设为察哈尔盟。在北部，1936 年蒙古族王公德王（德穆楚克栋鲁普）成立"蒙古军政府"，辖察哈尔盟和锡林郭勒盟。1937 年改为"蒙古联盟自治政府"。1939 年成立伪"蒙疆联合自治政府"。

1946 年，中国共产党领导的内蒙古自治运动联合会分别在道英海日罕、贝子庙成立察哈尔盟民主政府和锡林郭勒盟民主政府。两盟先属察哈尔省民主政府，1947 年后则划归至内蒙古自治政府。1958 年 9 月，察哈尔盟行政公署撤销，其管辖地域并入锡林郭勒盟行政公署。在此期间，锡林郭勒盟辖 9 旗（东乌珠穆沁旗、西乌珠穆沁旗、阿巴嘎旗、苏尼特左旗、苏尼特右旗、正镶白旗、正蓝旗、商都镶黄旗、太仆寺旗），2 县（多伦县、化德县）。此后的一些重要变化如下：1963 年，中央人民政府设立阿巴哈纳尔旗，1966 年设二连浩特市；1969 年，将锡林郭勒盟所辖的苏尼特右旗、二连浩特市、化德县划归乌兰察布盟；1980 年再次将苏尼特右旗和二连浩特市划归锡林郭勒盟；1983 年撤销阿巴哈纳尔旗改设锡林浩特市。

1983 年之后，锡林郭勒盟旗县一级行政区域名称和辖区基本稳定，并延续至今。

1.1.3 人口文化

锡林郭勒盟是以蒙古族为主体、汉族占多数的多民族聚居区，草原文化是其重要特色。

据人口抽样调查，2008 年末该区总人口 101.6 万。其中蒙古族人口 29.78 万，汉族人口 67.43 万，其他少数民族 4.39 万；城镇人口 55.47 万，城镇化率 54.0%；男性人口 52.57 万，女性人口 50.14 万，男女性别比为 104.8：100；全年出生人口 1.04 万人，人口出生率 10.2‰；死亡人口 0.53 万人，人口死亡率 5.21‰；人口自然增长率 4.99‰。

此外还有回族、藏族、朝鲜族、达斡尔族等 20 余个少数民族分布在各旗县市区。汉族人口主要集中在锡林郭勒盟南部的太仆寺旗、多伦县及盟公署驻地锡林浩特市；蒙古族主要集中在北部诸旗县，包括：锡林浩特市、东乌珠穆沁旗、正蓝旗、阿巴嘎旗、苏尼特右旗和西乌珠穆沁旗；其他少数民族主要集中在锡林浩特市、太仆寺旗、多伦县和正蓝旗。

草原文化是锡林郭勒盟的重要特色。在锡林郭勒盟，有以元上都、汇宗寺、贝子庙等为代表的众多历史古迹，有以那达慕、祭敖包等民间活动为代表的民俗文化，蒙古长调、呼麦、马头琴等是锡林郭勒盟传统的民族艺术，它们构成了锡林郭勒盟草原文化的重要内涵。其中，那达慕、祭敖包、勒勒车以及蒙古包的制作技艺是国家级文化遗产，多声部民歌潮尔、蒙古族婚礼是第一批国家级非物质文化遗产拓展项目。

1.1.4 经济发展

长期以来，锡林郭勒盟经济发展水平较低，草原畜牧业长期以来都是国民经济支柱产业。经过 60 余年经济建设，尤其是自 2000 年以来，锡林郭勒盟经济社会发展水平得到迅猛提高。

在经济发展总量方面，1978 年锡林郭勒盟 GDP 仅 2.2 亿元；至 1988 年超过 10 亿元，达到 11.2 亿元；2003 年锡林郭勒盟 GDP 接近 100 亿元（97.6 亿元）；2004 年进入 100 亿元地级市行列；继而仅用 2 年时间，至 2006 年超过 200 亿元；2009 年 GDP 已突破 485 亿元。显然，锡林郭勒盟 GDP 总量一直呈增长趋势，但其增长速率有明显的阶段差异。2003 年之前，GDP 增长速度不大，平均每年增长 17% 左右；2003 年之后，锡林郭勒盟进入 GDP 极快速增长时期，平均年增长为 29%。

在经济发展模式方面，长期以来，锡林郭勒盟国民经济的主体是草原畜牧业，工业几乎是一片空白。据统计，1978—2000 年，以畜牧业为主体的第一产业始终是锡林郭勒盟经济的主体产业，第一产业增加值占 GDP 的比重都在 33% 以上；22 年间，有 7 年的比重超过了 50%，另有 3 年的比重在 48%～50%。进入 21 世纪，锡林郭勒盟抓住国家实施西部大开发、振兴东北老工业基地战略以及国家致力于解决煤电油运短缺的有利时机，立足资源优势和市场需求，大力实施工业强盟战略，走新型工业化道路，迅速地完成了从农牧业为主发展模式向工业领先发展模式的转变。

自 2003 年以来，锡林郭勒盟共实施亿元以上重点工业项目 44 项，国家大型矿区胜利煤田和白音华煤田、上都电厂、金山电厂、大唐国际多伦煤化工、乌拉盖煤化工、多个有色金属选矿和冶炼等一批重大工业项目已经建成投产或正在加紧建设。以延伸产业链条、发展循环经济、形成优势产业集群发展为目标的工业园区正在锡林浩特市、二连浩特市、多伦淖尔镇、上都镇、乌里雅斯太镇、白音华镇、巴彦胡硕镇多地开工建设。

对 2007 年的统计年鉴资料分析表明，目前在锡林郭勒盟，第一产业对经济增长的贡献率仅为 2.1%，第二产业对经济增长的贡献率为 67.8%，第三产业对经济增长的贡献率为 30.1%。锡林郭勒盟已经初步形成了以煤电油为主的能源产业，以煤、氯碱化工为主的化工产业，以及金属矿采选加工、农畜产品加工和建材产业等工业行业。

1.2 区域地理和自然资源

1.2.1 大地构造

该区在加里东运动之前为隆起区，未接受沉积；在加里东运动时期，地壳活化，形成地槽，沉积了巨厚的泥沙质及灰质岩石。

泥盆纪末（3.6 亿—4.06 亿年前）到古生代末期（约 2.95 亿年前）及中生代（2.3 亿—0.7 亿年前），该区大部分地区发生了强烈的海西期造山运动。海西造山运动造就形成一系列 NEE 方向的槽向斜和槽背斜以及数个大小不一的地堑和凹陷盆地。具体有如乌尼特内陆断陷、达布苏诺尔内陆断陷、乌拉根内陆凹陷、西乌珠穆沁内陆凹陷、锡林浩特内陆凹陷以及浑善达克大型盆地等。自白垩纪至第三纪，这些盆地和凹陷接受周边地区供应的大量物质，沉积了巨厚的冲积—洪积和湖积地层。

至新生代，受喜马拉雅山造山运动影响，南部的阴山和大兴安岭显著上升，但运动在高原内部存在显著的区域差异。阿巴嘎熔岩台地及其西部地区相对上升，熔岩台地东部及南部地区则相对下降。在上升和下降的软弱带则有大量玄武岩喷发。更新世期间，气候变得更加湿润，区域水网发育。尤其是在阴山山前和东部地区，地表水系最为发育，乌拉盖河水系、达里诺尔湖以及查干淖尔湖都要比现在大；乌拉盖河、达里诺尔湖水系等有可能北流至蒙古国，浑善达克沙地中的小湖泊则呈南北方向相连。

全新世以来，由于地势抬升，气候转干，地表水文网逐渐缩小以致消失。此后全区以风蚀为主，形成许多风成地貌。反映在现代水文网分布及潜水分布格局上表现为：东部和南部洼地中发育着河流，沉积了第四纪（距今约 166 万年）松散堆积物，潜水丰富；而在西部地区，长期以来受到剥蚀作用，形成广阔的剥蚀地形，不仅无地表水系，同时潜水也不丰富，埋深又深。

1.2.2 地形地貌

锡林郭勒盟是蒙古高原的一部分。该区海拔高度在 800～1 800 m，是一个以高平原为主体，兼有多种地貌的区域。

锡林郭勒高平原东邻大兴安岭，南接阴山北麓，西部大致以集二线（集宁—二连浩特铁路）与乌兰察布高原分界。锡林郭勒地势南高北低，略向中间倾斜，形成众多冲积和洪积小平原。山脉走向受 NE 向构造带控制，大致北部呈 NNE 走向，南部呈 N-W 向延伸；坡度缓和，起伏不明显。高原大小盆地、干河谷、低洼地交错排列，形成起伏轻微的波状平原；高原主要可以分为乌拉盖洼地、阿巴嘎熔岩台地和浑善达克沙地 3 个区域。

乌拉盖洼地位于东北部，是一个断陷盆地、河湖相沉积的洼地，乌拉盖河下游的湖泊和低洼地是该区地表水和地下径流汇集的地方。在冲积平原中的河谷洼地、河漫滩地以及平坦低地，因其与湖泊相连，可形成盐渍化沼泽，发育盐渍化草甸草原。

阿巴嘎熔岩台地位于北部，南抵浑善达克沙地北缘，东以锡林河为界，西至阿巴嘎旗查干淖尔，北至巴龙马格隆丘陵地。南北长达 250 km，为大片玄武岩台地。岩顶在 1 400 m 以上。台间低地，水草良好；台地顶部，地面缺水，形成缺水草场，限制了牲畜的放牧。

浑善达克沙地位于南部，由西北向东南横贯中部，东西长约 280 km，南北宽 40～100 km 不等，面积 2.33 万 km²。以固定、半固定沙丘为主，沙丘高度一般在 15～20 m。降水量较多，汇集在丘间低地，可以形成短促水流或汇成湖泊。

1.2.3 气候特点

锡林郭勒盟地处中纬度内陆，属于中温带半干旱、干旱大陆性季风气候。东南部的大兴安岭山脉及南部的阴山山脉，是阻碍海洋性暖湿气流北移的天然屏障；北部和西部地势平缓，常处于西北内陆干旱气流和蒙古高气压的控制之下，利于西伯利亚极低冷空气的侵袭。

该区气候四季分明。春季气温回升缓慢，风多风大、雨量少；夏季凉爽多雨，雨量变率较大；秋季天气凉爽，天气晴朗，风力不大，气候稳定；冬季漫长严寒，总降雪量一般为 10～20 mm。区年平均气温 0～3℃，气温由西南向东北减小。结冰期长达 5 个月，寒冷期长达 7 个月，1 月气温最低，平均-20℃，为华北最冷的地区之一。7 月气温最高，平均 21℃。年较温差为 35～42℃，极端最高气温 39.9℃，极端最低气温-42.4℃，日较温差平均为 12～16℃。

该区年均降水量多在 150～500 mm，降水由东南向西北递减。受到海洋暖湿气团的影响，雨量集中在 6—9 月，占全年降水量的 75%。最大降水量 628 mm（太仆寺旗 1959 年），最小降水量 83 mm（二连市 1966 年）。每年 11 月至次年 3 月平均降雪总量 8～15 mm；最大降雪发生在 1977 年 10 月 26—29 日，期间降雪总量达 36～48 mm，降雪中心达 58 mm。

与降水相反，该区蒸发量极大，变化范围为 1 540～2 300 mm。在空间上，蒸发量由东向西递增，与降水量呈相反方向变化。西北地区蒸发量可以达到降水量的 15 倍左右，二连市最大蒸发量达到 3 150 mm（1963 年）。较为湿润的东部及南部地区，蒸发量也是降水量的 4 倍。全年蒸发量以 5 月最大，为 296～387 mm，为全年最干旱月份；12 月和 1 月的蒸发量最小，一般在 10～25 mm。

1.2.4　水文特点

受到地质和气候等多种因素影响，该区地表水系多发育在东部及东南部湿润地区。东部和东南部地区为低山丘陵，地表水系发育，地下水量较丰富，乌拉盖河、锡林河、查干诺尔、滦河 4 个流域分布于此，为农牧业用水提供了有利条件。西部及西北部由于气候干旱，地势平坦，径流难以产生，因此只有少数季节性的洪水沟、湖泊及深层承压水分布，属于农牧用水较困难地区。

全盟流域面积为 5.02 万 km²，水资源量为 101.89 亿 m³，其中河川多年平均径流量为 10.4 亿 m³，湖泊水为 19 亿 m³，地下水储存量预计 72.49 亿 m³，可利用量为 28.89 亿 m³。

锡林郭勒盟有乌拉盖河、锡林河、查干诺尔三个内陆河流域及滦河一个外流河。乌拉盖河分布于东西乌珠穆沁旗境内，是锡林郭勒盟最大，同时也是内蒙古较大的内陆河系之一。锡林河与查干诺尔流域分别位于西乌珠穆沁旗西缘及锡林浩特市、阿巴嘎旗、蓝旗等区，其特点是水量不大但分布广阔；滦河流域在锡林郭勒盟境内只有闪电河及滦河的一段，流经正蓝旗、多伦县。

该区有大小湖泊 500 个，总面积 700 km²，主要分布在丘陵地区的宽谷洼地和浑善达克沙地。大部分在苏尼特左旗、阿巴嘎旗、西乌珠穆沁旗、正蓝旗及正镶白旗境内。其中以浑善达克沙地内部分布最多。湖泊主要以大气降水和地下水为主要补给，一般蒸发大而补给少，有枯水期，不良的排泄条件也使得水质一般较差，盐碱度很高。由于湖水水质较差，供农牧业用水前途不大，仅有部分可以作为养鱼业。

1.2.5　土壤和植被

锡林郭勒盟的土壤分布具有显著的水平地带性规律，土类沿经线方向发生规律性变化。从东向西，土壤类型依次为：灰色森林土—黑钙土—栗钙土—棕钙土，与水平地带性土类相适应的草地植被则为：山地林缘草甸—草甸草原—典型草原—荒漠草原—草原化荒漠。

在上述土壤类型中，黑钙土发育在草甸草原环境下，东以森林土为限，西至西乌珠穆沁旗东部及多伦县南部低山丘陵区；栗钙土是锡林郭勒盟的主体土壤类型，分布在东乌珠穆沁旗满都宝力格至苏尼特右旗朱日河以东的广大低山丘陵及高平原地区；棕钙土主要分布在草原区向荒漠过渡的地带，也就是苏尼特左旗西部及苏尼特右旗的干旱地带。

在上述植被类型中,草地植被从东向西由草甸草原—典型草原—荒漠草原过渡,形成了三个地带性的植被亚型(草甸草原、典型草原、荒漠草原)和一个半隐域性沙地植被类型。

(1)东部草甸草原。主要分布于大兴安岭南段西北麓的山前地带,面积 3.1 万 km²,占总面积的 15.9%。地形多为低山丘陵、波状高平原和丘间宽谷地。土壤为肥沃的黑钙土与暗栗钙土。年降水量 350~400 mm。

(2)中部典型草原。面积 6.8 万 km²,占 34.5%。该地区地形以高平原为主,丘陵与盆地错落分布,土壤为栗钙土。年降水量 250~350 mm。

(3)西部荒漠半荒漠草原。面积 3.15 万 km²,占 16%,地形平缓,土壤较为瘠薄,以淡栗钙土与棕钙土为主。年降水量 150~250 mm。该地区植被稀疏,草群组成以丛生小禾草为主,混生小半灌木、蒿类及葱类植物。

(4)半隐域性沙地。总面积 6.62 万 km²,占 33.6%。浑善达克沙地总面积为 7.1 万 km²,其中在锡林郭勒盟境内 5.8 万 km²,占土地总面积的 28.6%。沙地植被是主体,并伴有大量榆木和柳、桦等灌木、半灌木林。

1.2.6　动植物资源

锡林郭勒盟有野生种子植物 1 200 多种,分属 91 科 427 属。其中饲用植物 671 种,可栽培植物 60 多种,可供药用植物 400 多种,油料植物 50 余种,树木 18 种。可供药用的 422 种野生植物中,产量较高的有黄芪、赤芍、麻黄、桔梗、黄芩、甘草、防风、知母、杏仁等。此外,锡林郭勒盟还有蘑菇、发菜、蕨菜、黄花等多种食用植物;工业原料芦苇资源也较丰富。

锡林郭勒盟有鸟类 160 余种,主要有:白天鹅、地甫鸟、大雁、黄鸭、喜鹊、斗鸡、百灵鸟、野鸡、沙鸡、苍鹰等。锡林郭勒盟有兽类 100 多种。主要有:罕大犴、马鹿、狍子、猞猁、雪兔、艾虎、野猪、黄羊、狐狸、狼、旱獭、獾子等。该区 I 类保护动物有:梅花鹿、盘羊、斑羚、丹顶鹤、白枕鹤。II 类保护动物有:马鹿、驼鹿、猞猁、天鹅、细嘴松鸡、鸳鸯。III 类保护动物有:雪兔、鹅喉羚羊、白鼬、伶鼬、黑琴鸡、大鸨、花屋榛鸡、灰鹤和各种猛禽。

锡林郭勒草原保护区位于锡林浩特市境内,面积 107.86 万 hm²。1985 年经内蒙古自治区人民政府批准建立,1987 年被联合国教科文组织接纳为"国际生物圈保护区"网络成员,1997 年晋升为国家级自然保护区。锡林郭勒草原保护区的主要保护对象为草甸草原、典型草原、沙地疏林草原和河谷湿地生态系统。

锡林郭勒草原保护区内生态环境类型独特,具有草原生物群落的基本特征,并能全面反映内蒙古高原典型草原生态系统的结构和生态过程。目前，保护区内已发现有种子植物 74 科、299 属、658 种，苔藓植物 73 种，大型真菌 46 种，其中药用植物 426 种，优良牧草 116 种。保护区内分布的野生动物反映了蒙古高原区系特点，哺乳动物有黄羊、狼、狐等 33 种，鸟类有 76 种。其中国家 I 级保护野生动物有丹顶鹤、白鹳、大鸨、玉带海雕等 5 种，国家 II 级保护野生动物有大天鹅、草原雕、黄羊等 21 种。

1.2.7　矿产资源和能源

锡林郭勒盟因其复杂的大地构造活动，各类矿产资源和能源丰富。又因其地处蒙古高原和北半球西风带，太阳能和风能等绿色能源丰富。

煤炭已探明保有地质储量 491.45 亿 t，其中工业储量 70.97 亿 t，预测含煤区 47 处，预测储量 1 883 亿 t，其中预测可靠储量 179 亿 t。总储量中，褐煤占 99%，长焰煤占 0.29%，无烟煤占 0.05%，气煤占 0.17%，粘结煤占 0.003%。部分褐煤中含稀有金属锗。

金属矿产有 30 余种，已探明储量的有铁、钨、铜、铅、锌、锡、金等 17 种，铬矿储量居全国第二。东乌珠穆沁旗发现的朝不楞多金属矿，国际上认定是一种铁同多种金属共生矿，被正式命名为"锡林郭勒矿"。钨、铋、铬矿储量居内蒙古自治区首位。

非金属矿主要有碱、盐、云母、萤石、玛瑙、石膏等。查干淖尔碱矿储量 6 238.2 万 t，居全国之首。东乌珠穆沁旗额吉淖尔所产大青盐，是锡林郭勒盟特有资源之一，已有近千年开采历史，食盐保有储量 2 448 万 t，现年产盐 10 万余 t。

石油埋藏分布较广，二连盆地油田穿越锡林郭勒盟 10 个旗市，总面积 10 万 km^2，探明储量 1 亿 t。远景储量 10 亿 t。

锡林郭勒盟地处西风带，地势平坦，风能资源富集。据测算，锡林郭勒盟风能总蕴藏量达 5 亿 kW，其中可开发利用量超过 5 000 万 kW，全盟均为风能可利用区。在风能资源丰富地区，适宜使用大中小型风机，具有无污染、成本低的优点；在偏远的牧区和流动蒙古包，用小型风机就可以解决照明、看电视、听收音机、洗衣、抽水等用电问题。

锡林郭勒盟地处大陆和高原内部，气候干旱、阴天较少，又没有工业污染，天空晴朗，大气透明度高，日照时数和年总辐射量都高于同纬度的平原地区。因此，在锡林郭勒盟开发利用太阳能有非常优越的条件。当前，全盟在生产、生活中应用太阳能地膜、太阳能棚圈、太阳能灶、太阳能热水器、太阳能电池等，收到了很好效益。

1.3 区域生态背景和生态建设概况

1.3.1 区域生态背景

锡林郭勒盟主要有草地、湿地、湖泊、林地、农田、沙地等生态系统，并以草地生态系统为主，可利用草场面积 18 万 km²，占全区可利用草场面积的 1/4。植被类型多样，饲用植物 671 种、优良牧草 158 种。从空间上看，锡林郭勒草原可以分划分为三个草原亚带。

草甸草原：全盟草甸草原面积 2.03 万 km²，占可利用草原总面积的 12.28%，集中分布于东部和东南部（东乌珠穆沁旗乌拉盖与西乌珠穆沁旗连线以东的锡林郭勒高平原东部），占据低山丘陵、波状高平原与宽谷平原。地带性土壤为暗栗钙土和黑钙土。草甸草原区为温带半湿润气候，降水量 350～450 mm，≥10℃积温 1 800～2 300℃，湿润系数 0.6～1.0。草地植物成分主要由多年生中旱生、广幅旱生禾草和根茎禾草组成，并经常混生大量中生或旱中生杂类草，其次为根茎型禾草与丛生薹草。建群种和优势种主要有狼针茅、羊草、羽茅、线叶菊、铁杆蒿、脚薹草、裂叶蒿等中旱生或广幅旱生的多年生草本植物。

典型草原：典型草原又称干草原或真草原，分布于荒漠草原以东的锡林郭勒高平原中西部，集中分布于中温型草原带的中部，具有典型的半旱生气候特征，是锡林郭勒草原的主要草地类型。总面积为 8.61 万 km²，占可利用草原总面积的 52.21%。在典型草原区，降水量 250～400 mm，≥10℃积温 1 700～2 300℃，湿润系数 0.25～0.5。群落主要由旱生多年生丛生禾草和根茎禾草组成，常伴生不同数量的中旱生杂类草以及旱生根茎薹草。建群种和优势种有大针茅、西北针茅、糙隐子草、冰草、羊草、冷蒿等，部分地段有小叶锦鸡儿。

荒漠草原：荒漠草原主要分布在苏尼特左旗以西的乌兰察布高平原，处于该区草原的最西部，是草原植被中最旱生的类型，其东界大致在东经 112°30′ 附近与典型草原区相接壤。全盟荒漠草原面积 2.57 万 km²，占可利用草原总面积的 15.55%。在荒漠草原区，年降水量 200～250 mm，≥10℃积温 2 200～2 500℃，湿润系数 0.2～0.3。荒漠草原是由草原向荒漠过渡的一个类型。主要植物群落组成是旱生多年生丛生禾草和旱生小半灌木、小灌木。建群种和优势种有石生针茅、短花针茅、沙生针茅、无芒隐子草、冷蒿、百里香、狭叶锦鸡儿等。

沙地生态系统：沙地是指在纯沙性母质土壤上的各种植物群落所构成一种独特的、

半隐域性的自然生态系统，主体分布在浑善达克沙地。全盟沙地生态系统总面积为 2.4 万 km²，占可利用草场面积的 0.63%。由于沙质土壤的稳固性差、热效应显著、肥力不高、营养贫乏等特点，沙地生态系统植被的基本类型也显著不同于地带性植被。建群植物和优势植物有黄柳、小红柳、褐沙蒿、沙鞭、沙蓬、沙生冰草、小叶锦鸡儿等。在沙丘间的低平地生长有羊草、糙隐子草、芦苇、冷蒿等。

1.3.2 区域生态退化和应对措施

锡林郭勒草原区地处大陆和高原内部，主要地区均为干旱和半干旱的大陆性气候所控制，气候寒冷、干旱；土壤以栗钙土、风沙土为主体，土壤中黏粒成分少、土质疏松；植被类型以典型草原和荒漠草原、草原荒漠等为主体，植被覆盖程度不高。由上述生态环境基本面所决定的区域生态系统对于外界干扰显得非常敏感，生态平衡非常脆弱；近几十年来，由于人类过度放牧、草地开垦行为以及其他高强度的干扰活动，同时加上区域气候暖干化，该区生态系统遭到一定程度的破坏，呈现退化态势。

2000 年，锡林郭勒盟退化、沙化草场已占可利用草场面积的 60% 以上，境内的浑善达克沙地活化面积不断扩大，全盟大范围的浮尘、扬沙和沙尘暴天气从 20 世纪 50 年代的年均 5 d 增加到 21 世纪初（2000—2001 年）的年均 20 d。特别是由于连年干旱，加之蝗虫、大风灾害频繁发生，该区成为扬沙和沙尘暴的主要沙源地，直接危及京津乃至华北地区的生态安全。尤其是在世纪之交（2000—2001 年），多种自然和人为因素共同作用、促发了首都北京和华北广大地区的特大沙尘暴天气。

上述情况引起了党和国家领导同志的高度重视，并为此采取了迅速、果断的生态建设措施。时任国务院总理的朱镕基同志专门视察了锡林郭勒盟多伦县、正蓝旗和太仆寺旗，提出"治沙止漠，刻不容缓；绿色屏障，势在必建"，京津风沙源治理工程也因此呼之而出。内蒙古自治区和锡林郭勒盟等地方政府则进一步提出了"转人、减畜、增绿、增收"具体实施路线，要求加强草原生态保护和建设，控制水土流失、草原退化沙化，维护草原生态平衡；坚决制止和打击过度放牧、盲目开地、乱采滥伐、破坏项目区等行为。

自 2000 年以来，锡林郭勒盟相继启动实施了京津风沙源治理、退耕还林还草、生态移民、禁牧舍饲等一批重点生态建设项目，治理力度不断加大。从 2001 年开始，以国家建设项目投入为依托，把全盟划分为"四区、六带、十四基点"，分别采取不同的措施进行保护和治理。"四区"，即围封禁牧区、沙地治理区、休牧轮牧区和退耕还林还草区；"六带"，即在浑善达克沙地南、北缘和交通干线两侧，建设"四横两纵"绿色生态屏障；"十四基点"，即对 14 个旗县市（区）所在地的城区周围有计划、分步骤地实行围封禁牧，建设草、灌、乔相结合的城市生态防护体系。

在上述国家生态建设项目中，以禁牧、休牧和轮牧为主要内容的禁牧舍饲项目对于草原生态恢复以及农牧区经济发展具有重要意义。地方政府在高平原退化草原地区，重点建设以水为中心、林网配套的高产饲草料基础；改良部分天然草场，推广围栏封育、舍饲休牧、划区轮牧等饲养方式；在保护的前提下，科学合理地利用草牧场。2002—2004 年，国家在锡林郭勒盟启动实施了禁牧舍饲试点工程，共下达禁牧任务累计为 3 525 万亩。当地政府以禁牧舍饲项目为依托，以春季牧草返青期草场休牧为主，与全年禁牧相结合的方式实施。禁牧舍饲项目区休牧 60 d 和 45 d、非项目区休牧 20 d 以上。到 2008 年，休牧面积由 2002 年的 2 657 万亩扩大到 2.54 亿亩，占全盟草场面积的 88%。

1.3.3　生态工程初步成效

经过 30 余年的生态保护和治理，锡林郭勒盟的生态环境有了显著改善。根据对锡林郭勒盟政府有关部门的调研，该区的生态保护和建设成效主要表现在：

（1）草原植被得到初步恢复。项目区与非项目区相比，牧草高度、盖度、产量均有了明显提高。浑善达克沙地植被状况明显好转，沙地内部人工草地面积从 20 世纪 70 年代的不足 9.3%提高到目前的 29.6%，生态系统活力增加，沙地南缘大约 400 km、宽 1～10 km 的锁边防护林体系基本形成。

（2）草原基础设施得到加强。围栏草场总面积达 1.65 亿亩，过冬畜均 23.2 亩。青贮玉米年生产能力稳定在 18 亿 kg 以上，过冬畜均 254 kg。畜棚总面积达 872 万 m^2，过冬畜均 1.2 m^2。人畜安全饮水设施、牧业机械化程度都得到有效加强。

（3）畜牧业生产经营方式进一步转变。牲畜良改化程度明显提高。早接羔、早出栏、多出栏、快周转的饲养管理方式得到普遍推广。多数移民区基本形成了奶牛饲养、牛羊育肥等主导产业，实现了迁得出、稳得住，走上了良性发展道路。农牧业产业化开始起步，肉、乳、绒毛、皮张、蔬菜（马铃薯）、饲草料等重点产业，产业化格局初步形成。

（4）畜牧业综合效益不断提升。畜牧业出现数量压缩，质量稳步提高，效益明显提升的好势头。良改畜、优质基础母畜比重逐步提高，既减轻了对草场的压力，又提高了畜牧业的综合效益。农牧民人均纯收入经过灾后 3 年的恢复性增长，于 2004 年超过灾前最高水平，2008 年农牧民人均纯收入 5 800 元，增长 15.8%。

（5）生态文明意识普遍提高。京津风沙源治理等生态建设工程的深入实施，使广大农牧民看到了增收致富和生态恢复的希望，干部群众的生态意识进一步提高，已经认识到生态建设是生存和发展的重要保障，保护生态、建设生态，正在成为各级政府和广大干部群众的自觉行动。

1.3.4 生态工程中的问题

尽管锡林郭勒盟生态环境保护与建设工程及政策取得了一定的成就，但该地区生态环境"局部改善、整体恶化"的基本格局仍然没有根本扭转，生态保护与建设任务仍十分艰巨。许多调查研究还表明，不少生态环境保护与建设工程在工程规划、设计、实施和可持续性等诸多方面存在亟待解决的重大问题。具体来说有：

（1）"三牧"资金停止问题。以禁牧、休牧和轮牧为主要内容的禁牧舍饲项目实施以来，得到了广大农牧民群众的大力支持和主动参与；"三牧"对于恢复草原生态、转变农牧业生产经营方式，起到了不可替代的作用。同时，禁牧舍饲也是草原生态建设工程中一项成本较低的项目，它可以有效减少草场建设的费用。按照目前草场平均载畜量计算，每舍饲一只羊可以保护 20 亩左右的草场，而其投资则要比建设 20 亩草场少很多。由于政策到位，农牧民得到实惠，从思想上能够接受这种生产经营方式的转变，舍饲是减少牧区人口、减少牧区牲畜、促进牧区人口转移的有效手段。

在京津风沙源治理工程一期项目中，国家从 2002—2004 年安排了禁牧舍饲项目，禁牧舍饲项目补助期为 5 年；从 2005 年起在京津风沙源治理工程中即不再安排禁牧舍饲试点项目，禁牧舍饲项目补助到 2008 年也已全部结束，从 2009 年起饲料粮补助已全部中断。从 2009 年锡林郭勒盟春季休牧的效果上看，禁牧舍饲项目中断的负面影响是显而易见的。牧民因为无力负担休牧的巨大费用，休牧时间不到 20 d，休牧质量也较往年差。没有国家项目的支撑，继续休牧禁牧的牧民得不到饲料粮补贴，当前正在实施的禁牧休牧轮牧失去继续推进的基础，这甚至可能使前期已经取得的成绩前功尽弃。

（2）片面造林问题。在 2003 年制定的京津风沙源治理十年规划中，林业项目安排比重较大，占到总投资比重的 48.9%，再加上退耕还林项目，林业项目投资比重远远大于草地治理和水利建设项目；十年规划实施到后期，草地治理和水利项目大部分实施完毕，剩余的基本是林业项目。2009 年锡林郭勒盟风沙源治理投资计划中林业项目占 49.7%，草地治理占 35.4%，水利建设占 13.9%；2010 年项目建设任务中林业资金比重占 50.4%。此外，在自治区一级，2011—2012 年沙源治理项目投资还有 22 亿元，其中林业项目资金占到 94.3%，而水利和草地项目仅占 5.7%。

项目投资结构在生态规划和建设中向林业的一边倒，导致了在该地区片面造林现象。一方面，由于内蒙古干旱草原区浅层分布的钙积层将导致所种植乔木根系无法穿透，所造的林地多年以后多成为"小老头"树；另一方面，一些地方政府为了满足规划要求，迫不得已在覆盖较好的草地上人工种植灌木（如柠条）。

事实证明，在锡林郭勒盟这种尤其需要草地治理和水利建设项目的地区来说，当前的项目投资结构和生态建设的空间规划，不仅不符合自然地带规律，在徒然浪费工程资金与自然资源之外，与当地干部群众认识和愿望也是背道而驰的。

1.4 生态系统综合监测与评估

1.4.1 MA 计划和区域生态系统综合监测评估

2001 年，在联合国前任秘书长安南的推动下，联合国环境规划署、开发计划署、世界银行、世界资源研究所等机构和生物多样性公约、防止荒漠化公约、湿地公约等组织共同发起联合国千年生态系统评估计划（Millennium Ecosystem Assessment，MA）。MA 计划是首次在全球范围内对生态系统及其对人类福利的影响进行的多尺度综合评估。

MA 评估的核心问题是：生态系统和生态系统服务是如何变化的？生态系统及其服务变化是如何影响人类福祉的？在未来数十年中，生态系统的变化可能给人类带来什么影响？人类在区域、国家和全球尺度上采取什么样的对策才能改善生态系统的管理从而提高人类的福利和消除贫困？《生态系统与人类福利：评估框架》是 MA 计划的第一个成果。MA 评估框架主要包括：生态系统及其服务功能、人类福利与消除贫困、生态系统及其服务功能变化的驱动力、生态系统不同尺度间的相互作用和评估，以及生态系统的价值与评价等。MA 评估框架既涉及时间尺度，也涉及空间尺度。

在中国，区域尺度生态系统监测与评估工作取得了重要进展。其中，又以亚洲国家尺度的"中国西部生态系统评估"和区域尺度的"三江源生态系统本底状况综合评估"最为典型，它们为国内其他区域的生态系统区域综合监测与评价研究提供了示范模板。

自 2000 年以来，以刘纪远研究员为首席科学家的研究团队在 MA 框架下开展了"中国西部生态系统评估"。由此形成的《中国西部生态系统评估》研究报告在国际上获得高度认可。研究报告被联合国 MA 报告引用和评价 22 次，美国生态学会原主席 Melillo J.教授在高度评价"该项工作……为西部大开发提供了科学依据"。2004 年以来，刘纪远、邵全琴等以三江源生态脆弱典型区作为实验区，开展了"三江源生态系统本底状况综合评估"。"三江源生态系统本底状况综合评估" 项目以空间信息技术为核心手段，结合野外实地验证工作，围绕区域生态系统结构与功能特征及其变化规律，生成了多时空尺度系列生态监测与评估信息，构建完成了综合评估指标体系，进而完成了三江源生态系统综合本底评估工作。

1.4.2 生态监测与评估的意义

锡林郭勒盟生态环境总体特点是：结构简单、易受干扰、自我调节能力差。在全球气候变化的大背景下，由于农业与牧业之间的激烈竞争，加之区内气候波动、人类活动干扰不断加强等因素的影响，锡林郭勒盟的生态环境演化历史，生态环境现状格局，以及生态建设工程成效等，均呈现较为复杂的特点。

过去 50 年里，锡林郭勒盟生态环境演化状况的总体趋势是"局部虽有改善、总体则不断退化"。具体表现为：地表水体萎缩、地下水位下降、土壤侵蚀加重、草场退化、土地沙化和盐碱化面积扩大，并继而导致该区生物多样性减少、土地生产力降低、草地载畜量下降、农牧民生活贫困等现象。2000 年出现的影响中国东部，乃至整个东亚的沙尘天气灾害即是一次本地区生态环境恶化恶果的集中爆发。

虽然该地区实施的退耕还林还草、围封禁牧、生态移民等生态建设与恢复工程已经取得了一系列成效，初步缓解了部分地区生态环境恶化趋势，中央政府为期 8 年的粮食加现金补偿政策也能初步解决农牧民当前的生计问题。但是，这些生态建设与恢复工程与当地农牧民的长远生计以及本地区经济发展仍然存在尖锐矛盾。主要表现为退耕区、禁牧区的农牧民当前吃饭、烧柴等问题并未得到根本解决，退耕还林还草政策 8 年补偿期结束后的政策取向不定，农牧民的长远生计问题依然严峻；地区经济发展缺乏后续产业支持，农业剩余劳动力的转移困难重重，地方政府缺乏农牧业协调、区域可持续发展的思路和方法。

另外，在全球气候变化与区域气候年际波动的背景下，锡林郭勒盟内现有的各类生态管理与生态建设工程的效果难以巩固、稳定。气候适宜时，农牧业均可丰收；但一旦遭遇气象灾害，尤其是区域性降水减少时，各类生态建设工程的效果并不理想，原来的生态退化又将周期性的发生，该区以及周边地区的生态环境灾害也接踵而至。一个明显的实例是：2006 年因内蒙古地区气候变干、降水减少，即迅速造成农牧交错带农牧减产、京津等下风向地区沙尘灾害性天气再次爆发。

总的来看，对于 20 世纪 70 年代以来内蒙古锡林郭勒盟的生态环境的时空格局及其演变，人们既缺乏对过去 30 年来区域生态环境演化历史及其现状特点的全面把握，对于各类生态管理与生态建设工程的成效也缺乏统一的、准确的认识，更毋庸谈在掌握区域生态演变规律基础上，开展区域生态管理与生态建设模式的优化和调控工作。针对此问题，该研究选择生态脆弱恢复区内蒙古农牧交错带作为典型研究区，要求综合利用生态系统遥感监测数据、台站观测数据、调查数据和统计数据，建立锡林郭勒盟生态系统综合监测与评价系统及其数据支撑系统，分析过去 30 年来典型区生态系统宏观结构和服务功能的演变态势，为科学评价各类生态建设工程的实际成效提供科学依据，为中央和地方政府的生态管理决策提供依据。显然，这一研究不仅具有确实的科学意义，同时还具有现实的决策支持价值。

1.4.3 生态监测与评估的目标、内容

"内蒙古锡林郭勒盟生态建设工程成效评估"的目标是：围绕区域生态系统结构与功能特征及其变化规律，构建地域针对性强的监测评估指标体系；以空间信息技术为核心手段，生成多时空尺度系列生态监测与评估信息，并建立相应的数据支撑平台，开发区域生态系统监测和评价的应用系统；基于上述数据平台和应用系统，对锡林郭勒盟生态系统的结构和功能开展综合的监测和评价，为该地区各项生态保护和建设的生态建设成效评估奠定科学基础。

根据上述目标，本项目将在野外调查、土地覆被遥感解译、年度系列生态参数遥感反演、气象数据空间插值、综合数据库建设的基础上，开展生态系统结构和功能的综合评估。主要包含以下内容：

（1）1975 年以来的锡林郭勒盟生态系统宏观结构格局及其动态变化。即针对草地、森林、水体与湿地、荒漠等一级生态系统类型开展监测和评估，具体指标包括生态系统的空间分布、面积变化等。

（2）1975 年以来的锡林郭勒盟草地生态系统宏观格局及其动态变化。即针对锡林郭勒盟主体的草地生态系统开展深入的分析，理清该地区草地退化和改善的具体类型、面积变化；分析该地区浑善达克沙地和乌珠穆沁沙地内部的沙地的活化和固化过程。

（3）锡林郭勒盟长时间序列的生态系统服务功能基本状况及其变化分析。包括：支持功能（生态系统净初级生产力、土壤支持功能、野生动物栖息地适宜性）的分析与动态评估，调节功能（水土保持调节、碳汇/源调节）的分析与动态评估，以及供给功能（牧草供给功能）的分析与动态评估。

（4）锡林郭勒盟生态系统变化的基本驱动力状况及其变化分析。包括：气候驱动力的状况与变化分析（气温、降水、湿润指数）、草地畜牧业驱动力的状况与变化分析（载畜量、草畜矛盾）。

第 2 章　技术路线、数据及方法

　　开展区域尺度的生态系统综合监测和快速评价，必须基于遥感和地理信息系统等现代地球信息技术，全面收集和整理遥感、野外观测台站网络的地面实测、野外调研等各方面数据，全面获取长时间序列的区域生态环境、区域经济社会关键要素的历史和现状信息；继而运用生态学和地理学相关理论、技术、模型和方法，开展对区域生态系统状况和变化趋势的分析，最终达到对区域生态系统综合监测和快速评价的目的。

2.1　监测和评估的总体技术路线

　　针对内蒙古锡林郭勒盟作为典型草原区和农牧交错区的区域特点，以遥感和地理信息系统等现代地球信息技术为支撑，实现野外观测数据、生态模型模拟数据和遥感对地观测数据的集成，构建锡林郭勒盟长时间序列生态环境综合数据库系统；开展对锡林郭勒盟生态系统格局、功能变化规律分析，追踪全区生态系统服务功能变化轨迹，提炼生态系统变化过程中的趋势规律；实现锡林郭勒盟生态系统总体状况及演变态势的综合监测和评估。项目的技术路线如图 2-1 所示。

2.2　基础数据获取和预处理

2.2.1　气象数据

　　气象数据主要有两方面作用：第一，作为生态模型的基本输入参数，对区域生态开展综合模拟；第二，作为生态演化的重要自然驱动因子，对区域生态格局与功能的演变开展驱动机理分析。

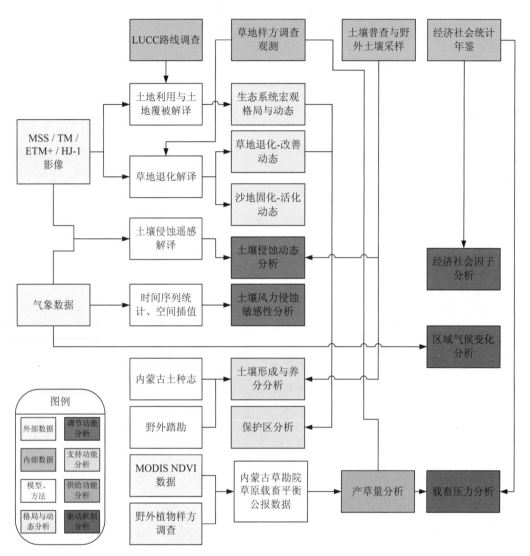

图 2-1　锡林郭勒盟生态系统综合监测与评估的技术路线

该研究所用的气象数据来源于中国气象局所属的国家气象信息中心整理、汇编的数据集。具体来说，在生态模型的综合模拟研究中，使用了中国全部的观测数据；在生态系统演变的驱动机制分析中，使用了锡林郭勒盟及周边 200 km 缓冲区内、共 40 个国家气象台站的逐日观测数据。

逐日观测数据具体包括以下诸要素：气温（平均、最高、最低）、气压（平均、最高、最低）、相对湿度（平均、日最小）、风速（平均、最大）、降水（日合计、雪深、雪压）、地温（0 cm、最高、最低、5 cm、10 cm、15 cm、20 cm、40 cm、80 cm、160 cm、320 cm）、日照时数、蒸发量（小、大）等。

2.2.2 遥感数据

遥感数据主要有两方面作用：第一，经过遥感反演处理后，形成一些特定的遥感生态参数产品；这些生态参数产品将作为生态模型的基本输入参数，用于对区域生态的综合模拟；第二，对于遥感数据中的影像产品，则是在计算机辅助下，主要以人工目视解译方式提取土地利用/土地覆被信息、草地生态系统退化和改善信息、沙地固化和活化信息。

该研究所用的遥感影像数据主要包括美国的陆地资源卫星（LandSat）数据和中国的环境和灾害监测小卫星星座（HJ-1A/B）数据两类数据。LandSat 数据又包括 1975—1976 年的 MSS 影像，1990—2005 年的 TM 影像；HJ-1 A/B 数据则是中国于 2008 年 9月 6 日发射的环境与灾害监测预报小卫星星座中中分辨率光谱仪影像。遥感影像的获取时间信息以及影像轨道编号如表 2-1 所示。

表 2-1　锡林郭勒盟 MSS/TM/HJ-1 遥感影像数据

旗县名称	1975 年 MSS 影像 80 m 分辨率		1990 年 TM 影像 30 m 分辨率		2000 年 TM 影像 30 m 分辨率		2005 年 TM 影像 30 m 分辨率		2009 年 HJ-1 影像 30 m 分辨率	
	轨道号	时间	轨道号	时间	轨道号	时间	轨道号	时间	轨道号	时间
二连浩特	137030	19740118	127030	19930618	127030	20000715	127030	20050907	144980	20090720
锡林浩特	134029	19731104	124029	19910811	124029	20000710	124029	20050817	154793	20090811
	134030	19770619	124030	19870731	124030	20000710	124030	20050902	154801	2009081
	133029	19740114	—	—	—	—	—	—		
	133030	19750629	—	—	—	—	—	—		
阿巴嘎旗	134030	19770619	124030	19870731	124030	20000710	124030	20050902	160176	20090820
	135029	19750508	125029	19890929	125029	20020707	125029	20050808	—	—
	135030	19731105	125030	19930924	125030	19991003	125030	20050808	—	—
	136029	19731106	126029	19870627	126029	20000505	126029	20050714		
苏尼特左旗	135030	19731105	125030	19930924	125030	19991003	125030	20050808	144980	20090720
	136029	19731106	126029	19870627	126029	20000505	126029	20050714	—	—
	136030	19731124	126030	19930915	126030	19990924	126030	20050916		
	137029	19740118	127029	19930922	127029	20000816	127029	20050907		
	134030	19770619	—	—	—	—	—	—		
	135029	19750508	—	—	—	—	—	—		

旗县名称	1975 年 MSS 影像 80 m 分辨率		1990 年 TM 影像 30 m 分辨率		2000 年 TM 影像 30 m 分辨率		2005 年 TM 影像 30 m 分辨率		2009 年 HJ-1 影像 30 m 分辨率	
	轨道号	时间	轨道号	时间	轨道号	时间	轨道号	时间	轨道号	时间
苏尼特右旗	135030	19731105	125030	19930924	125030	19991003	125030	20050808	144980	20090720
	136030	19731124	126030	19930915	126030	19990924	126030	20050916	155198	20090812
	136031	19770621	126031	19870915	126031	19990924	126031	20051018	155286	20090812
	137030	19740118	127030	19930618	127030	20000715	127030	20050907	—	—
东乌珠穆沁旗	132028	19770915	122028	19931005	122028	20000712	122028	20050718	151502	20090803
	132029	19970915	122029	19940720	122029	20000914	122029	20050904	154801	2009081
	133028	19731121	123028	19910820	123028	20000516	123028	20051013	—	—
	133029	19740114	123029	19940913	123029	20000516	123029	20050623	—	—
	134028	19750419	124028	19910811	124028	20000710	124028	20050902	—	—
	134029	19731104	124029	19910811	124029	20000710	124029	20050817	—	—
	135028	19731105	125028	19870620	125028	19990715	125028	20050808	—	—
	135029	19750508	125029	19890929	125029	20020707	125029	20050808	—	—
西乌珠穆沁旗	132029	19970915	122029	19940720	122029	20000914	122029	20050904	154801	2009081
	133029	19740114	123029	19940913	123029	20000516	123029	20050623	—	—
	134029	19731104	124029	19880428	124029	20000710	124029	20050817	—	—
太仆寺旗	134031	19750612	124031	19880919	124031	20000507	124031	20050902	155198	20090812
镶黄旗	135030	19731105	125030	19930924	125030	19991003	125030	20050808	155198	20090812
	135031	19760520	125031	19930924	125031	20010821	125031	20050917	—	—
正镶白旗	134030	19770619	124031	19880919	124031	20000507	124031	20050902	144980	20090720
	134031	19750612	125030	19930924	125030	19991003	125030	20050808	150752	20090731
正蓝旗	134030	19770619	124030	19870731	124030	20000710	124030	20050902	150752	20090731
	134031	19750612	124031	19880919	124031	20000507	124031	20050902	154793	20090811
	135031	19760520	—	—	—	—	—	—	—	—
多伦县	133030	19750629	123030	19870731	123030	20010706	123030	20050826	150752	20090731
	133031	19800611	123031	19880919	123031	20010519	123031	20050623	—	—

2.2.3 经济社会统计数据

经济社会统计数据主要有两方面作用：第一，基于 GDP、城乡人口等基本经济社会数据，提炼区域经济社会发展历史，分析区域生态系统演变轨迹；第二，基于牲畜饲养、出栏率等翔实数据，开展研究区的草地生态系统载畜压力分析。

研究中的社会经济数据来源于内蒙古自治区的社会经济统计年鉴，具体包括：《锡林郭勒盟年鉴 2000》《锡林郭勒盟年鉴 2001》《锡林郭勒盟年鉴 2002》《锡林郭勒盟年鉴 2003》《锡林郭勒盟年鉴 2004》《锡林郭勒盟年鉴 2005》《锡林郭勒盟年鉴 2006》《锡林郭勒盟年鉴 2007》《锡林郭勒辉煌的五十年》《锡林郭勒辉煌 30 年》《改革开放 30 年的内蒙古》。

2.2.4　政府和农牧户调研资料

野外考察和政府部门、农户调研所得的数据和资料主要有两方面作用：第一，提供野外 LUCC 和生态类型的解译标志点；在遥感图像解译前期，作为遥感解译的基础和依据；在遥感图像解译后期，作为成果检验和精度分析的依据；第二，根据对政府有关部门及相关农牧户的调研，分析区域生态演变、生态工程建设的关键问题和人类活动的驱动机制。

该研究主要的野外考察和政府部门、农户调研共 7 次，主要如下：

（1）2001 年内蒙古师范大学组织的野外 LUCC 考察；

（2）2005 年中国科学院地理科学与资源研究所在内蒙古中部和西部（太仆寺旗、四子王旗、武川县）开展的农牧户调研；

（3）2006 年中国科学院地理科学与资源研究所与内蒙古师范大学联合野外综合考察；

（4）2008 年中国科学院地理科学与资源研究所与内蒙古师范大学联合野外综合考察；

（5）2009 年中国科学院地理科学与资源研究所与内蒙古师范大学联合野外综合考察；

（6）2009 年在内蒙古自治区政府发改委开展的有关自治区生态问题调研；

（7）2009 年在锡林郭勒盟发改委即有关旗县开展的有关锡林郭勒盟生态问题调研。

2.2.5　土壤类型和理化性状数据

土壤数据包含土壤普查数据以及野外土壤采样测试数据。土壤数据主要用于：第一，评价区域土壤类型及其相关理化特征的基本格局；第二，评价土壤理化性状特征随生态系统演变过程而发生的相应变化。

研究使用了根据全国第二次土壤普查（20 世纪 80 年代）成果形成的中国 1∶100 万的土壤类型图以及全国 6 卷本的《中国土种志》、相应省区市的《土种志》。具体来说，该研究使用了中国科学院南京土壤研究所提供的 1∶100 万土壤图；同时根据《内蒙古土种志》，形成了与土壤类型相连接的土壤理化性状数据库。土壤理化性状空间数据的制作流程如下：

（1）在 ArcGIS 环境下，从全国 1∶100 万土壤类型空间分布图上提取锡林郭勒盟土壤类型空间分布图，根据相关文献对土壤空间分布、指示植被、生产力状况、基本理化性质等的描述，河流分布图对水系滩地和 DEM 对地面海拔高程的刻画等资料，并考虑不同类型的土壤对生态系统的特定指示，对锡林郭勒盟的土壤类型图进行修正。

（2）在此基础上，根据《内蒙古土种志》和野外考察和测试分析所得数据，以土壤亚类和土种名称为关键字段，进行空间连接，形成研究区不同土壤基本理化性质的空间分布图。

（3）最后，在 ArcGIS 空间分析模块支持下，通过生态系统类型图和土地退化图与土壤图的叠加，得到不同生态系统和土地退化程度下土壤类型、土壤质地、土层厚度、土壤有机质和土壤养分等基本土壤理化性状；并由此进一步分析不同生态系统类型下，土壤生成功能的变化特点。

2.2.6 土壤侵蚀数据

土壤侵蚀数据主要用于：第一，分析和评价区域土壤侵蚀的空间格局；第二，分析和评价区域土壤侵蚀的变化动态。

研究中使用的土壤侵蚀数据库是水利部、中国科学院遥感所联合研制的数据集。该数据集是依据中华人民共和国《土壤侵蚀分类分级标准》（SL190—96），基于遥感解译方式、建立得到的。在该数据集中，土壤侵蚀数据采用二级分类，包括水蚀、风蚀、冻融侵蚀、工程侵蚀和重力侵蚀 5 个侵蚀类型，微度（无明显侵蚀）、轻度、中度、强度、极强度、剧烈 6 个强度等级，共计 18 个类型与强度组合分类。土壤侵蚀解译的分类和分级代码如表 2-2 所示。

表 2-2　土壤侵蚀编码方案

名称	代码	名称	代码	名称	代码	代码				
土壤侵蚀	2	水力侵蚀	10	微度	1	23	2	10	1	0
				轻度	2	23	2	10	2	0
				中度	3	23	2	10	3	0
				强度	4	23	2	10	4	0
				极强度	5	23	2	10	5	0
				剧烈	6	23	2	10	6	0
		风力侵蚀	20	微度	1	23	2	20	1	0
				轻度	2	23	2	20	2	0
				中度	3	23	2	20	3	0
				强度	4	23	2	20	4	0
				极强度	5	23	2	20	5	0
				剧烈	6	23	2	20	6	0
		冻融侵蚀	30	微度	1	23	2	30	1	0
				轻度	2	23	2	30	2	0
				中度	3	23	2	30	3	0
				强度	4	23	2	30	4	0
		重力侵蚀	40	—	—	23	2	40	0	0
		工程侵蚀	50	—	—	23	2	50	0	0

2.3 遥感解译方法和分类体系

该研究主要开展了两项遥感解译工作：①区域生态系统宏观结构/类型的遥感解译；②区域主导生态系统——草地生态系统的退化解译。对于上述两项遥感解译工作，首先要建立遥感解译的分类系统，然后在依据一定的技术路线，并结合区域生态地理特点，开展计算机辅助下的人工目视判读，最终完成遥感解译工作。

2.3.1 LUCC 遥感分类体系

锡林郭勒盟土地覆被与土地利用（Land Use and Land Cover Change，LUCC）遥感解译使用了刘纪远等在建设"中国 20 世纪土地利用与土地覆被变化时空平台"时所建立的 LUCC 分类系统，如表 2-3 所示。

该分类系统将锡林郭勒盟土地利用/覆被分为耕地、林地、草地、水域、建设用地和未利用土地 6 个一级类和有林地、灌木林、疏林地、其他林地以及高、中、低覆盖度草地等 22 个二级类型。

表 2-3 土地利用/覆被分类系统

一级类型		二级类型		
编号	名称	编号	名称	含义
1	耕地	—	—	指种植农作物的土地，包括熟耕地、新开荒地、休闲地、轮歇地、草田轮作物地；以种植农作物为主的农果、农桑、农林用地；耕种三年以上的滩地和海涂
		11	水田	指有水源保证和灌溉设施，在一般年景能正常灌溉，用以种植水稻，莲藕等水生农作物的耕地，包括实行水稻和旱地作物轮种的耕地
		12	旱地	指无灌溉水源及设施，靠天然降水生长作物的耕地；有水源和浇灌设施，在一般年景下能正常灌溉的旱作物耕地；以种菜为主的耕地；正常轮作的休闲地和轮歇地
2	林地	—	—	指生长乔木、灌木、竹类以及沿海红树林地等林业用地
		21	有林地	指郁闭度大于 30% 的天然林和人工林。包括用材林、经济林、防护林等成片林地
		22	灌木林	指郁闭度大于 40%、高度在 2 m 以下的矮林地和灌丛林地
		23	疏林地	指林木郁闭度为 10%～30% 的林地
		24	其他林地	指未成林造林地、迹地、苗圃及各类园地（果园、桑园、茶园、热作林园等）

一级类型		二级类型		
编号	名称	编号	名称	含义
3	草地	—	—	指以生长草本植物为主，覆盖度在5%以上的各类草地，包括以牧为主的灌丛草地和郁闭度在10%以下的疏林草地
		31	高覆盖度草地	指覆盖度大于50%的天然草地、改良草地和割草地。此类草地一般水分条件较好，草被生长茂密
		32	中覆盖度草地	指覆盖度在20%～50%的天然草地和改良草地，此类草地一般水分不足，草被较稀疏
		33	低覆盖度草地	指覆盖度在5%～20%的天然草地。此类草地水分缺乏，草被稀疏，牧业利用条件差
4	水域	—	—	指天然陆地水域和水利设施用地
		41	河渠	指天然形成或人工开挖的河流及主干常年水位以下的土地。人工渠包括堤岸
		42	湖泊	指天然形成的积水区常年水位以下的土地
		43	水库坑塘	指人工修建的蓄水区常年水位以下的土地
		46	滩地	指河、湖水域平水期水位与洪水期水位之间的土地
5	城乡、工矿、居民用地	—	—	指城乡居民点及其以外的工矿、交通等用地
		51	城镇用地	指大、中、小城市及县镇以上建成区用地
		52	农村居民点	指独立于城镇以外的农村居民点
		53	其他建设用地	指厂矿、大型工业区、油田、盐场、采石场等用地以及交通道路、机场及特殊用地
6	未利用土地	—	—	目前还未利用的土地，包括难利用的土地
		61	沙地	指地表为沙覆盖，植被覆盖度在5%以下的土地，包括沙漠，不包括水系中的沙漠
		63	盐碱地	指地表盐碱聚集，植被稀少，只能生长强耐盐碱植物的土地
		64	沼泽地	指地势平坦低洼，排水不畅，长期潮湿，季节性积水或常年积水，表层生长湿生植物的土地
		65	裸土地	指地表土质覆盖，植被覆盖度在5%以下的土地
		66	裸岩石质地	指地表为岩石或石砾，其覆盖面积大于5%的土地
		67	其他	指其他未利用土地，包括高寒荒漠，苔原等

2.3.2　草地退化遥感分类体系

　　锡林郭勒盟草地退化遥感解译是基于我们自行创建的遥感分类体系。该体系参考了如下两项标准（研究）：①中华人民共和国国家标准《天然草地退化、沙化、盐渍化的分级指标》（GB 19377—2003）；②刘纪远、邵全琴等在三江源地区研究中制定的草地退化遥感的分类系统和分级标准。

　　根据《天然草地退化、沙化、盐渍化的分级指标》（GB 19377—2003）标准，有关草地退化、草地沙化和草地盐渍化等术语的定义如下：

　　（1）草地退化。天然草地在干旱风沙、水蚀、盐碱、内涝、地下水位变化等不利自然因素的影响下，或过度放牧和割草等不合理利用，或滥施、滥割、樵采破坏草地植被，引起草地生态环境恶化，草地牧草生物产量降低，品质下降，草地利用性能降低，甚至失去利用价值的过程。草地退化包括草地的沙化、盐渍化等过程。在该研究中，我们将草地退化进一步分解成草地破碎化、草地盖度降低、草地盐渍化、沼泽化草甸趋干化、固定沙地活化等几种类型。

　　（2）草地破碎化。在自然条件恶化或人类活动的影响下，区域内的连片草地发生分割，形成斑块状分布，草地内出现沙丘、沙堆，或出现农田、各种道路、房舍，由此导致草场的完整性、连通性降低。从而引起草地生态环境恶化，草地服务功能降低的过程。

　　（3）草地盖度降低。因为年景（降水等）差异，导致草地植被盖度整体降低的过程。在该研究中，草地盖度降低过程不涉及草地内部破碎化过程造成的盖度降低，也不涉及沙地范围内的植被盖度降低过程。

　　（4）草地沙化。不同气候带具沙质地表环境的草地受风蚀、水蚀、干旱、鼠虫害和人为不当经济活动等因素影响，使天然草地土壤受侵蚀，土质变粗沙化，土壤有机质含量下降，营养物质流失，草地生产力减退，致使原非沙漠地区的草地，出现以风沙活动为主要特征的类似沙漠景观的草地退化过程。

　　（5）草地盐渍化。干旱、半干旱和半湿润区的河湖平原草地、内陆高原低湿地草地及沿海泥沙质海岸带草地在含盐（碱）地下水和海水浸渍或内涝的作用下，或在人为不合理的放牧与灌溉条件下，土壤处于近代积盐，形成土壤次生盐渍化的过程。

　　（6）沼泽化草甸趋干化。在气候变化、地下水位变化或人类不合理利用水资源等的影响下，沼泽化草甸等隐域性草地植被水分环境恶化，趋于干旱化，湿生和湿中生植物减少或消失，引起草地生产力、覆盖度下降，草地服务功能降低的过程。

　　（7）固定沙地活化。在两个沙地（浑善达克沙地、乌珠穆沁沙地）范围内，由于植被盖度的降低，导致沙地重新活化。在该研究中，草地退化的分类系统及其相应的遥感影像标志如表 2-4 所示。

表 2-4　草地退化分类系统

一级类型	类型含义	编码	二级类型	遥感影像标志
无退化发生草地	基本无变化	3000	基本无变化的草地	草地斑块在色调上基本无变化，内部也没有出现斑点
草地破碎化	草地内出现沙丘、沙堆，或出现农田、各种道路、房舍，由此导致草场的完整性、连通性降低	3011	轻微破碎化草地	草地斑块内部出现少量浅色调斑点
		3012	中度破碎化草地	草地斑块内部出现中等规模的浅色调斑点
		3013	重度破碎化草地	草地斑块内部出现大量规模的浅色调斑点
草地盖度降低	因为年景（降水等）差异，导致草地盖度降低；但不涉及草地内部出现破碎化	3021	轻微盖度降低草地	草地斑块色调总体变浅，但变化幅度较小
		3022	中度盖度降低草地	草地斑块色调总体变浅，变化幅度较大
		3023	重度盖度降低草地	草地斑块色调总体变浅，变化幅度最大
草地盖度降低、破碎化	草地盖度降低、同时出现破碎化	30111	盖度轻微降低、轻微破碎化的草地	草地斑块色调总体变浅，但变化幅度较小；内部出现少量浅色斑点
		30112	盖度轻微降低、中度破碎化的草地	草地斑块色调总体变浅，但变化幅度较小；内部出现中等规模的浅色斑点
		30113	盖度轻微降低、重度破碎化的草地	草地斑块色调总体变浅，但变化幅度较小；内部出现大规模的浅色斑点
		30121	盖度中度降低、轻微破碎化的草地	草地斑块色调总体变浅，变化幅度较大；内部出现少量浅色斑点
		30122	盖度中度降低、中度破碎化的草地	草地斑块色调总体变浅，变化幅度较大；内部出现中等规模的浅色斑点
		30123	盖度中度降低、重度破碎化的草地	草地斑块色调总体变浅，变化幅度较大；内部出现大规模的浅色斑点
		30131	盖度重度降低、轻微破碎化的草地	草地斑块色调总体变浅，变化幅度最大；内部出现少量浅色斑点
		30132	盖度重度降低、中度破碎化的草地	草地斑块色调总体变浅，变化幅度最大；内部出现中等规模浅色斑点
		30133	盖度重度降低、显著破碎化的草地	草地斑块色调总体变浅，变化幅度最大；内部出现大规模浅色斑点
草地盐碱化	位于河湖盆地、河漫滩等低洼地区的草地因地下水位过高、而导致的盐碱化；这类草地可广泛分布于整个锡林郭勒盟	3041	轻微盐碱化的草地	色调总体变青/变灰/变白，但变化幅度较小
		3042	中度盐碱化的草地	色调总体变青/变灰/变白，变化幅度较大
		3043	显著盐碱化的草地	色调总体变青/变灰/变白，变化幅度最大

一级类型	类型含义	编码	二级类型	遥感影像标志
沼泽化草甸趋干化	位于河湖盆地、河漫滩等低洼地区的草地趋干化，但未发生盐碱化过程；这类草地主要局限于锡林郭勒盟东部的东乌珠穆沁旗和西乌珠穆沁旗等地区	3051	轻度趋干化的草甸草地	色调总体变浅，但变化幅度较小
		3052	重度趋干化的草甸草地	色调总体变浅，变化幅度较大
		3053	重度趋干化的草甸草地	色调总体变浅，变化幅度最大
草地好转	草地盖度增加，或者破碎化程度降低，或者盐碱化程度降低，或草甸草原变湿，或者以上同时发生	3060	好转的草地	草地斑块色调总体变深、或者白色、灰色斑点减少
沙地活化	在两个沙地（浑善达克沙地、乌珠穆沁沙地）范围内，因为植被盖度的降低，导致沙地重新活化	3071	活化的固定沙地	沙地范围内的高覆盖草地斑块色调总体变浅、或出现浅色调斑点
		3072	活化的半固定沙地	沙地范围内的中覆盖草地斑块色调总体变浅、或出现浅色调斑点
		3073	活化的半流动沙地	沙地范围内的低覆盖草地斑块色调总体变浅、或出现浅色调斑点
沙地固定	在沙地范围内（浑善达克沙地、乌珠穆沁沙地），因为植被盖度的增加，导致沙地重新固定	3081	向固化发展的半固定沙地	沙地范围内中覆盖草地斑块色调总体变深，或出现深色斑点
		3082	向固化发展的半流动沙地	沙地范围内低覆盖草地斑块色调总体变深，或出现深色斑点
		3083	向固化发展的流动沙地	沙地范围内沙地斑块色调总体变深，或出现深色斑点

2.3.3　遥感解译技术路线

基于遥感的土地利用与土地覆被解译方法大致可以分为两类：① 直接基于遥感影像开展目视解译和分类，形成现状数据；并进而根据解译所得的现状数据，在 GIS 支持下获取动态信息；② 直接基于不同获取时间地表辐射特性变化信息，提取地物的变化动态信息。在上述方法中，前者对于分类标准和解译精度要求较高，需要的工作量比较大，但是它对两时期遥感信息源与时相的一致性要求相对不高。而后者可以形成计算机自动化批量处理，时间效率较高，但是该方式对于遥感信息源的质量、时相以及影像的处理算法要求严格，并且分类结果具有较大的不确定性。显然，上述两种方法都有其不足。

刘纪远等在构建 20 世纪中国土地利用与土地覆被变化时空数据平台过程中，设计了基于遥感信息源的 LUCC 解译技术方案，如图 2-2 所示。该技术方案的核心就是：首先基于计算机屏幕的人机交互判读分类，并形成一期本底数据；继而通过比较每 5 年的两期遥感影像，提取土地利用动态信息；最后将该动态信息与本底数据集成，形成新一期的现状数据。

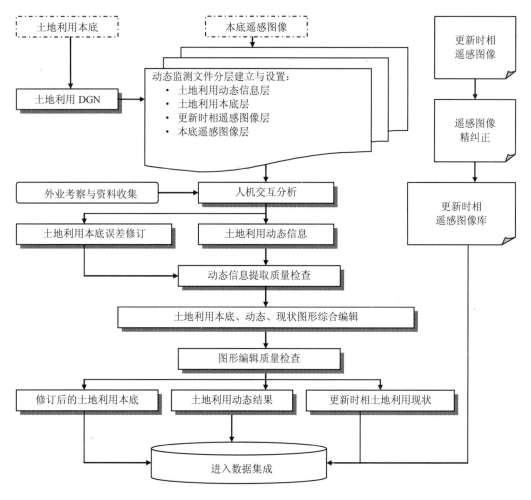

图 2-2 土地利用动态解译技术路线

2.3.4 锡林郭勒盟遥感解译特点

锡林郭勒盟生态系统宏观结构以及草地退化解译的软件环境为 ArcGIS，ERDAS，ENVI。解译时，主要参考了以下资料：1∶10 万地形图、100 多个野外观测点、400 多个样方的野外调查信息及景观照片、1∶400 万植被类型图、1∶150 万地貌类型图、1∶150 万土壤类型图、1∶150 万水资源分布图、内蒙古自治区地图册、内蒙古气候图集、其他资料，如生态建设工程有关数据与图件。

锡林郭勒盟遥感解译具有如下特色：

（1）既参考各类中小比例尺地图，又结合生态建设规划图开展解译。首先，1∶150 万地貌图、1∶400 万植被类型图、1∶150 万土壤类型图和内蒙古气候图集虽然比例尺小，但能充分反映该地区草地和植被的区域性分布规律，对区域 LUCC 类型的宏观分布规律的把握有很好的参考价值。其次，2000 年以来的生态建设工程项目实施情况资料与典型地区的规划实施图上能够反映 2000 年以来各旗县植被盖度提高的情况，是 2000 年以来动态变化的参考依据。解译耕地、林地、草地及沙地之间的变化时要充分利用这些资料。

（2）解译过程中注意土地利用类型分布的地带性规律。在气候区划上，锡林郭勒盟东北狭长的大兴安岭西麓山地丘陵区属温寒湿润半湿润气候区，南部丘陵区属温凉半干旱区，其余的广大高原面均属于干旱区，从东到西北依次为温凉干旱区、温暖干旱区和温热干旱区。随着气候类型的从东南向西北的地带性规律，锡林郭勒盟植被也呈现从东南向西北的水平地带性演替规律。具体来说：

东部和东南部的大兴安岭中低山地海拔高度在 1 200 m 以上的地区为夏绿阔叶林，其次为河谷、河岸杂木林。高原东部和东南部分布草甸草原，占据低山丘陵、波状高平原与宽谷平原，代表群系为贝加尔针茅草原、羊草草原、线叶菊草原。典型草原，也叫干草原或真草原，它居于中温型草原带的中部，是构成锡林郭勒盟草原的主体部分，主要分布于东经 112°30′～117°30′，代表群系有大针茅草原、克氏针茅草原、羊草草原、糙隐子草草原、冰草草原、冷蒿草原、百里香草原、多根葱草原。以小针茅草原、戈壁针茅草原、女蒿草原为代表群系的荒漠草原分布于锡林郭勒盟的最西部，其东界在东经 112°30′。不同植被类型、植物群落的土地利用类型、土地覆被不同，而从影像上提取相关信息时，应正确认识自然地带性规律，充分利用不同自然景观的地域分异界线等。

（3）解译过程中注意地形、地貌以及水资源的控制作用。锡林郭勒盟地貌类型及水资源分布对土地利用类型的控制作用也很明显。除地带性植被外还发育了多种隐域性的植被。具体有：①草甸植被：主要分布于低地、宽谷、干河床、湖盆边缘、内陆河滩、大兴安岭南段岭西海拔 1 400 m 以上地区；②沙地植被，主要分布在浑善达克、嘎亥额勒苏和东乌穆沁旗的一些零散沙地；③荒漠植被，分布于锡林郭勒盟的西部、西北部，处于草原向荒漠的过渡阶段，在荒漠植被中具有草原化的特点，主要群系有两类：珍珠柴草原化荒漠、红砂草原化荒漠；④沼泽植被，分布于乌拉盖河和上都河流域局部河滩低地，主要有两个群系：芦苇沼泽、薹草—中间型莎草沼泽。

上述不同的隐域性植被类型也决定着其分布区内的土地利用类型。此外还有其他的土地利用类型也受地貌和水分的控制。如耕地主要分布在水分条件较好的南部丘陵地区和东部河谷平原地区，天然林分布于低山丘陵区，居民地多沿河流、湖泊、道路分布，裸岩石砾地在西北干旱石漠化地区分布，盐碱地分布在地下水位高的低洼地。微地貌上同一山体阴坡多分布灌丛，而阳坡多分布牧草地。因此在解译的过程中土地利用类型图斑的勾绘要充分利用地貌类型界限。

（4）解译过程中，特别关注草地生态系统的变化。锡林郭勒盟的主体是草地生态系统。在过去的 35 年里，草地生态系统的变化包括：草地的退化与好转、沙地的扩张与缩小、耕地的增加与减少、湖泊、沼泽地的变动等。草地退化一方面体现在由高覆盖草地向低覆盖草地的转化，另一方面体现在草地类型向其他未利用土地类型的转变，如草地向沙地、裸土地、盐碱地等未利用土地类型的转变。

对于草地生态系统的变化过程，要注意以下几点：第一，要注意判断大面积的色调差异是草地退化造成的，还是影像时相差异造成的。这主要通过实地考察、获取解译解译标志解决。第二，要精确配准不同时期的遥感影像，保证动态图斑解译的准确性。第三，草地退化解译要密切结合地形地貌以及人类活动因素。如草地盖度降低、沙地扩张、耕地增加等可能更多的发生在沿着河谷、湖泊、道路、居住地周围等人类活动较强烈的地区，水面减少主要为小湖干枯，盐碱地增加发生在湖泊周围，而耕地减少大多发生在大面积耕地的边缘丘陵缓坡上。

2.4　重要指标的计算方法

2.4.1　转移矩阵和动态度分析

对于土地利用变化（生态系统变化或者任何一种变化）过程，其转换速率、转换方向等特征可以通过转移矩阵、土地利用动态度等两种方法进行刻画。

土地类型转移矩阵可以清楚地显示出监测时段、各类 LUCC 类型之间的转入、转出关系和面积。在经过一定的计算处理后，可以得到用于计算动态度的有关数据。土地类型转移矩阵的形式如表 2-5 所示。

表 2-5　转移矩阵表及其含义

矩阵表	B1	B2	⋯	Bn
A1	C11	C12	⋯	C1n
A2	C21	C22	⋯	C2n
⋯	⋯	⋯	⋯	⋯
An	Cn1	Cn	⋯	Cnn

注：

A1，A2，⋯，An 是监测时段早期（称为 R 时刻）的土地利用类型；

B1，B2，⋯，Bn 是监测时段末期（称为 T 时刻）的土地利用类型；它在具体分类（如农田、森林、草原、水体、荒漠、人居）内容上，与 A 系列内容完全相同；

C11 是表示同时具有 A1 属性、B1 属性的面积总和；也就是在 R 时刻为 A1 类型，但在 T 时刻转变为 B1 类型的土地面积；

C12 是表示同时具有 A1 属性、B2 属性的面积总和；也就是在 R 时刻为 A1 类型，但在 T 时刻转变为 B2 类型的土地面积；

C1n 是表示同时具有 A1 属性、Bn 属性的面积总和；也就是在 R 时刻为 A1 类型，但在 T 时刻转变为 Bn 类型的土地面积；

C21 是表示同时具有 A2 属性、B1 属性的面积总和；也就是在 R 时刻为 A2 类型，但在 T 时刻转变为 B1 类型的土地面积；

C22 是表示同时具有 A2 属性、B2 属性的面积总和；也就是在 R 时刻为 A2 类型，但在 T 时刻转变为 B2 类型的土地面积；

C2n 是表示同时具有 A2 属性、Bn 属性的面积总和；也就是在 R 时刻为 A2 类型，但在 T 时刻转变为 Bn 类型的土地面积。

　　土地利用动态度模型是另一种刻画土地利用变化的方法。它既可以表征单一土地利用类型的变化特点，也可在区域上对全部土地利用动态的综合进行分析。土地利用动态度的定义是：单位时间上变化面积与总面积的比率。根据其定义容易知道，由于该指标是一个比率指标，它可以不受研究区范围、研究时段的影响，从而有利于在各个领域、各个阶段开展比较分析。土地利用动态度模型为：

$$Dyn = \frac{\Delta S}{S} \cdot \frac{1}{t} \times 100\%$$

式中：Dyn ——t 时段对应的土地利用动态度；

　　　　S ——监测开始时间时的土地面积；

　　　　ΔS ——由监测开始至监测结束时间段内土地利用类型的变化面积；

　　　　t——监测时间段。

　　针对于第一，是计算某一特定土地利用类型的动态度，还是计算区域全部土地利用类型动态度？第二，是计算转入动态度，还是计算转出动态度，或是计算综合动态度？等两个问题，在理论上会构成 2×3=6 种情形。即如表 2-6 所示。

表2-6　动态度的种类

种类	转入	转出	综合
单一类型	Dyn_{i-nput}	$Dyn_{i-output}$	$Dyn_{i-general}$
区域总体	Dyn_{input}	Dyn_{output}	$Dyn_{general}$

需要注意的是，对于单一类型土地利用的动态度，其转入动态度、转出动态度是各不相等的，而其综合动态度则是转入动态度与转出动态度的加和（绝对值加和）。

但是对于区域土地变化，在区域这一封闭系统上，转入过程与转出过程实质上是同一个过程，或者说是同一个过程的两个方面。区域上任何一个转入过程，都完全对应该区域上的另一个转出过程；两者在转换数值上完全相等，但是转换方向相反。此时，所谓的区域总体综合动态度与区域总体的转入动态度、区域总体的转出动态度所刻画的也是同一个过程，在数值上，这三个指标都是相等的。

这样，我们一共有4个指标，即单一类型转入动态度、单一类型转出动态度、单一类型综合动态度、区域总体综合动态度。

具体说明如下：

（1）单一类型转入动态度：

$$Dyn_{i-input} = \frac{\sum\limits_{j=1, j \neq i}^{n} S_{i,j->i}}{S_i} \cdot \frac{1}{t} \times 100\%$$

式中：　$Dyn_{i-input}$——t 时段对应的研究区土地转入动态度；

　　　　S_i——监测时段初期第 i 种土地类型的面积；

　　　　$\sum\limits_{j=1, j \neq i}^{n} S_{i,j->i}$——监测时段内由其他土地类型转变为第 i 种土地类型的面积总和；

　　　　t——监测时段，通常以年（a）作为单位。

（2）单一类型转出动态度：

$$Dyn_{i-output} = \frac{\sum\limits_{j=1, j \neq i}^{n} S_{i,i->j}}{S_i} \cdot \frac{1}{t} \times 100\%$$

式中：　$Dyn_{i-output}$——t 时段对应的研究区土地转出动态度；

　　　　S_i——监测时段初期第 i 种土地类型的面积；

$\sum\limits_{j=1,j\neq i}^{n} S_{i,i\to j}$ ——监测时段内由第 i 种土地类型转变为其他土地类型的面积总和;

t ——监测时段,通常以年(a)作为单位。

(3)单一类型综合动态度:

$$Dyn_{i-general} = \frac{\sum\limits_{j=1,j\neq i}^{n} (S_{i,j\to i} + S_{i,i\to j})}{S_i} \cdot \frac{1}{t} \times 100\% = Dyn_{i-input} + Dyn_{i-output}$$

式中: $Dyn_{i-general}$ —— t 时段对应的研究区某一类型土地变化综合动态度;

S_i ——监测时段初期第 i 种土地类型的面积;

$\sum\limits_{j=1,j\neq i}^{n} S_{i,j\to i}$ ——监测时段内由其他土地类型转变为第 i 种土地类型的面积总和;

$\sum\limits_{j=1,j\neq i}^{n} S_{i,i\to j}$ ——监测时段内由第 i 种土地类型转变到其他土地类型的面积总和;

t ——监测时段,通常以年(a)作为单位。

(4)区域总体综合动态度:

$$Dyn_{general} = \frac{\sum\limits_{j=1,j\neq i}^{n} S_{i\to j}}{S} \cdot \frac{1}{t} \times 100\% = Dyn_{input} = Dyn_{output}$$

式中: $Dyn_{general}$ —— t 时段对应的区域总体综合动态度;

S_i ——监测时段初期第 i 种土地利用类型的面积;

$\sum\limits_{j=1,j\neq i}^{n} S_{i,j\to i}$ ——监测时段内由其他类型土地转变为第 i 种土地类型的面积总和;

$\sum\limits_{j=1,j\neq i}^{n} S_{i,i\to j}$ ——监测时段内由第 i 种土地类型转变为其他土地类型的面积总和;

t ——监测时段,通常以年(a)作为单位。

2.4.2 土壤风蚀危险度分析

土壤风蚀危险性评价是依据影响土壤风蚀过程的自然和人类活动关键要素,对未来土壤风蚀发生的可能性、严重性进行评价。GIS 工具与数学建模方法相结合是土壤风蚀危险度评价研究的一个重要研究方向。通过对土壤风蚀危险度进行定量评价,可以为区域环境保护和生态修复提供科学支撑。

　　土壤风蚀危险性评价的基本流程是：选择、确定影响土壤风力侵蚀的重要因子，并构建表征这些因子的空间数据集；继而应用地理信息技术（GIS）与层次分析法，建立土壤风蚀危险度评价模型；最后对研究区进行定量评价，并对土壤风蚀危险度的空间分布格局进行分析。

　　在风蚀危险度评价中，不同的影响因子具有不同的量纲。如果不加处理、直接基于原始数据开展计算和评价，其结果将会被数量级大的指标所控制；而那些数量级较低但重要程度很高的指标将无法体现其影响。因此需要对各项指标进行极差标准化处理。具体公式为：

$$x_i' = \frac{x_i - x_{min}}{x_{max} - x_{min}}$$

式中：　x_i'——i 类评价因子均一化后的数值；

　　　　x_i——第 i 类评价因子的实际值；

　　　　x_{min}——该类评价因子的最小值；

　　　　x_{max}——该类评价因子的最大值。

　　土壤风蚀危险度与风场强度和土壤干燥度成正比，与植被覆盖率和地形起伏度成反比。因此，在完成均一化处理后，可以将各分类区间平均值赋给参与计算的植被覆盖率和地形起伏度相应类别，使所有参与计算的植被覆盖率和地形起伏度的值与风蚀强度成正比。这在 GIS 中，属于重分类操作。如表 2-7 所示。

表 2-7　因子重分类表

评价指标	分类区间	参与运算值
植被覆盖率/%	0.00～0.24	0.82
	0.24～0.35	0.57
	0.35～0.41	0.45
	0.41～0.50	0.38
	0.50～0.64	0.24
	0.64～1.00	0.12
地形起伏度/m	0.00～0.04	0.73
	0.04～0.11	0.38
	0.11～0.19	0.24
	0.19～0.30	0.15
	0.30～0.46	0.07
	0.46～1.00	0.02

在得到上述因子（风场强度、土壤干燥度、地形起伏、植被类型以及地形起伏四个指标）后，可以采用多因子复合分析确定土壤风蚀的危险度。在多因子复合分析时，关键在于确定各层的权重。为此，可以采用 AHP，即层次分析方法，首先由专家确定影响因子之间的相对重要程度，最后由严格的数学方法得到全部要素之间的相对权重系数。最终的判断矩阵如表 2-8 所示。

表 2-8　判断矩阵

因子名称	风场强度/ (m^3/s^3)	植被覆盖率/ %	土壤干燥度/ $(℃/mm)$	地形起伏度	权重
风场强度/ (m^3/s^3)	1	1	3	4	0.313 8
植被覆盖率/%	1	1	2	3	0.284 0
土壤干燥度/ $(℃/mm)$	1/3	1/2	1	2	0.221 1
地形起伏度	1/4	1/3	1/2	1	0.181 1

根据上述所选评价因子及确定的因子权重，可以计算得到土壤风蚀危险度的空间化模型，具体公式为：

$$R = \sum_{i=1}^{n} w_i r_i$$

式中：R——土壤风蚀危险度综合评价指数；

n——评价因子的个数；

w_i——第 i 个评价因子的相对权重；

r_i——第 i 个评价因子的值。

通过上述公式所得的土壤风蚀危险度综合评价指数，可以将土壤侵蚀的危险度分为 5 个等级，即无险型、轻险型、危险型、强险型与极险型。具体的分级标准如表 2-9 所示。

表 2-9　风力侵蚀危险度分级标准

等级	值域
极险型区	>0.70
强险型区	0.45～0.70
危险型区	0.3～0.45
轻险型区域	0.15～0.30
无险型区域	< 0.15

2.4.3 载畜压力分析

内蒙古草原勘察设计院（以下简称"草勘院"）每年均发布自治区载畜平衡公报。该公报在内容上包括内蒙古 33 个牧业旗的冷季牧草生产总量、天然草场、人工、半人工天然草场生产总量，草场利用面积、牧业年度牲畜头只数、建议出栏率等数据项，时间序列为 1996—2008 年。

上述公报的优点和特点是：①公报中有关载畜平衡数据得到内蒙古自治区有关部门认可，具有较高的权威性。②公报提供每个牧业年度冷季产草量的预测数据。该预测是基于草勘院约 3 000 个实际测产点，根据测产数据和 NDVI 数据之间的经验模型推算得到。③公报提供了每个牧业年度年末（每年 6 月份）的牲畜头只数，该数目是内蒙古有关部门动员有关职能部门下乡逐一清点得到的数据，数据相对真实、可靠。

但是，上述公报也存在一些问题，包括：①各个年份公报在报告内容、载畜平衡计算方法上并不完全统一；不同年份的公报数据项常有变化，定义也有所不同。②牲畜出栏率为牧业年度的建议出栏率，并且还存在许多年份没有发布该出栏率的情况。

分析上述情况，可以发现：①草勘院所计算出的牧区冷季产草量数据质量较好；②草勘院所给的出栏率为预测出栏率，而非实际出栏率；③草勘院所给的载畜平衡方法在不同年份之间不一致。因此，该研究结合草勘院公报数据、锡林郭勒盟统计局统计年鉴、政府公报数据，重新计算了实际出栏率，并由此进一步计算得到年末牲畜头只数。具体做法是：

首先，分别界定牧业年度的出栏率、统计年度的出栏率公式。

$$\begin{cases} P = \dfrac{a - Cs}{a} \\ R = \dfrac{a - Cs}{Cs} \end{cases}$$

式中：P——草勘院所提供的冷季牧业年度出栏率；

R——从统计年鉴、地方公报搜集的出栏率；

a——牧业年度的牲畜总头只数（即每年 6 月份的存栏数）；

Cs——当年年末存栏数。

根据上述公式，可得到统计年鉴出栏率和牧业年度出栏率之间的关系，即：

$$P = \frac{R}{1 + R}$$

由于统计年鉴所得的统计年度出栏率（R）是连续、真实的，因此，根据 R 值可以得到全部年份的畜牧年度出栏率（P）。并根据该值，计算得到年末牲畜头只数。

　　在分析锡林郭勒盟的牧草供给能力时，用产草总量和产草量（产草力）两项指标来表达，产草总量为地区总的牧草生产量，以万 t 为单位，而产草力为单位面积的牧草生产能力，以 kg/亩为单位。

　　在分析锡林郭勒盟的草畜平衡时，分别采用了平衡数和压力指数两个指标来表达。

　　平衡数：由理论载畜量 Cl（万羊单位）及当年年末存栏数 Cs（万羊单位）可得到载畜平衡数 M：

$$M = Cl - Cs$$

　　载畜压力指数 IP，指现实载畜量与现理论载畜量之比，具体公式可表达为：

$$IP = \frac{Cs}{Cl}$$

第3章 生态系统宏观格局及其动态

生态系统宏观格局反映了生态系统的空间分布及其内部结构。生态系统宏观格局是控制生态系统服务功能总体水平及其空间分异的基本因素，也是人类针对不同生态区特点实施差别化生态系统保护、利用和恢复措施的依据。生态系统宏观格局的动态变化反映了生态系统的时间演替过程，是有关自然因子和人类活动因子对生态系统施加影响后的综合反应。生态系统动态变化过程研究是追索生态系统演化机理的重要依据，也是剖析各项生态系统保护和利用工程效益的基础。

3.1 锡林郭勒盟生态系统的类型

3.1.1 生态系统类型

生态系统（Ecosystem）的定义在不同学科中有一定的差异。从生物学角度出发，生态系统被定义为：在一定空间范围内，植物、动物、真菌、微生物群落与其非生命环境，通过能量流动和物质循环而形成的相互作用、相互依存的动态复合体。从地理学角度出发，生态系统通常被定义为：由生物群落和与之相互作用的自然环境以及其中的能量流过程构成的系统。

根据生态环境的性质和内容，可以将生态系统划分为陆地生态系统（森林、草原、荒漠、农田等生态系统）、水域生态系统（河流、池塘、淡水湖泊等淡水生态系统以及海洋、咸水湖等咸水生态系统）和湿地生态系统。基于这一分类体系，可以对生态系统类型进一步细分，如表3-1所示。

根据生态系统的经典定义，可见生态系统可以在不同空间尺度上进行定义。生态系统的范围可以是亚马孙雨林中的一棵树，也可能是面积达几千平方公里的大森林。不仅是生态系统的结构特征依赖于研究的具体尺度，生态系统的服务功能的形成也依赖于一定的空间和时间尺度上的生态系统结构与过程。因此，在生态系统生态学的研究中，通常需要辨析生态系统的空间尺度，界定一个具体的分析尺度。

表 3-1　生态系统类型

陆地生态系统	水域生态系统
荒漠	淡水
苔原（冻原）	静水：湖泊、池塘、水库等
极地	流水：河流、溪流等
高山	海洋
草地	远洋
稀树干草原	珊瑚礁
温带针叶林	上涌水流区
亚热带常绿阔叶林	浅海（大陆架）
热带雨林	河口（海湾、海峡、盐沼泽等）
农业生态系统	海岸带
城市生态系统	—

　　现实中并没有一个单一的理想尺度适合所有的综合评估，因此对尺度的选择要依靠分析的目的以及可获得资料的实际情况。对尺度选择的依据是，一个合适的系统在其内部包含了关键的反馈，而在边界之间具有弱的、缓慢的、持续的或者单向性的相互作用。在评估中对尺度的选择，一种是基于对所涉及过程的经验判断，另一种是选择符合人类决策的尺度。不同尺度的生态系统服务功能对不同行政尺度上的利益相关方具有不同的重要性。

3.1.2　锡林郭勒盟生态系统类型

　　根据上面的论述，考虑生态系统监测和评价的便捷性、连续性，尤其是考虑到本次研究强调使用遥感、地理信息系统等现代地球信息技术为支撑，以 1975 年、1990 年、2000 年、2005 年、2009 年五期的遥感解译得到的土地利用和土地覆被（LUCC）数据为依托，结合 1∶100 万中国植被类型图、1∶100 万中国草原类型图、野外科学考察资料，对锡林郭勒盟的生态系统进行了识别和划分。

　　研究将锡林郭勒盟的生态系统划分为 6 个一级类，即农田生态系统、森林生态系统、草地生态系统、水体与湿地生态系统、荒漠生态系统和人居生态系统。在一级类之下，可以分出生态系统二级类。生态系统类型与基于遥感解译得到的 LUCC 分类系统之间的关系如表 3-2 所示。

表 3-2　锡林郭勒盟生态系统类型划分与 LUCC 的关系

生态系统类型	生态系统类型代码	土地利用/土地覆被类型	LUCC 代码
农田生态系统	1	山地耕地	121
		丘陵耕地	122
		平原耕地	123
森林生态系统	2	有林地	21
		灌丛林地	22
		疏林地	23
		其他林地	24
草地生态系统	3	高覆盖度草地	31
		中覆盖度草地	32
		低覆盖度草地	33
水体与湿地生态系统	4	河渠	41
		湖泊	42
		水库	43
		滩地	46
		沼泽地	64
荒漠生态系统	6	沙地	61
		盐碱地	63
		裸土地和裸岩砾石地	66
人居生态系统	5	城镇居民地	51
		农村居民地	52
		工矿建设用地	53

3.2　锡林郭勒盟生态系统宏观格局

3.2.1　1975 年生态系统类型空间分布格局

1975 年锡林郭勒盟生态系统类型的空间分布如图 3-1 所示，各旗县、各生态类型的面积统计则如表 3-3 所示。

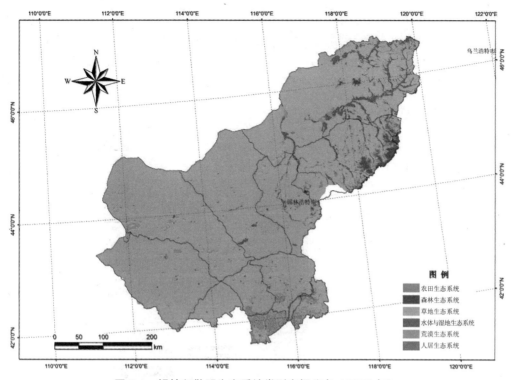

图 3-1　锡林郭勒盟生态系统类型空间分布（1975 年）

表 3-3　锡林郭勒盟各旗县生态系统类型面积统计（1975 年）　　　　　　（单位：km^2）

旗县名称	农田	森林	草地	水体与湿地	荒漠	人居
锡林浩特市	147.8	170.3	14 295.8	431.7	224.5	82.7
东乌珠穆沁旗	281.3	654.7	39 861.6	3 925.1	1 287.4	78.1
西乌珠穆沁旗	117.3	2 850.4	17 601.3	1 338.1	720.6	87.9
阿巴嘎旗	6.5	0.0	25 800.0	177.9	1 178.5	45.0
正蓝旗	289.8	50.3	8 596.6	268.1	931.2	51.9
多伦县	936.0	85.4	2 562.3	93.5	199.2	29.8
正镶白旗	292.0	29.7	5 458.0	32.5	395.8	62.9
太仆寺旗	1 554.2	29.3	1 665.3	34.1	66.4	117.5
镶黄旗	10.5	0.3	4 999.7	3.4	103.0	9.2
苏尼特左旗	0.0	1.4	31 765.1	59.1	2 322.1	31.3
苏尼特右旗	108.7	2.8	24 714.3	66.1	1 064.1	42.5
二连浩特市	0.0	0.0	150.2	2.7	20.1	3.6
总计	3 744.0	3 874.6	177 470.3	6 432.3	8 512.9	642.5

1975 年，全盟草地生态系统面积 17.7 万 km²，占全盟国土面积的 88.4%，是锡林郭勒盟第一大生态系统；第二大生态系统是荒漠生态系统，面积为 0.85 万 km²，占全盟国土面积的 4.2%；第三位的是水体与湿地生态系统（6 432 km²），占全盟国土面积的 3.2%；森林生态系统（3 874 km²）和农田生态系统（3 832 km²）面积相当，各占锡林郭勒盟国土面积的 1.9%，如表 3-3 和图 3-2 所示。

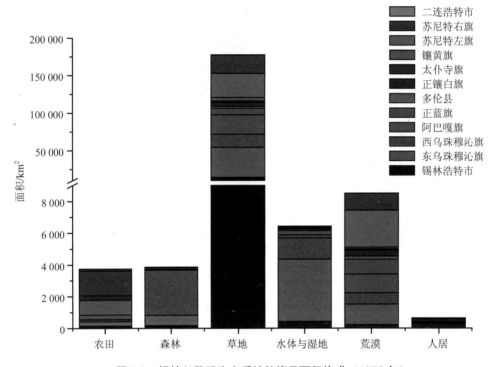

图 3-2　锡林郭勒盟生态系统的旗县面积构成（1975 年）

农田生态系统主要分布在锡林郭勒盟南部的太仆寺旗、多伦县、正镶白旗、正蓝旗，以及东部的东乌珠穆沁旗。其中太仆寺旗农田生态系统面积为 1 554.2 km²，占全盟农田面积的 41.5%；其次是多伦县，农田生态系统面积是 936.0 km²，占全盟农田面积的 25.0%；正镶白旗（292.0 km²）、正蓝旗（289.8 km²）和东乌珠穆沁旗（281.3 km²）拥有的农田面积差别不大，它们占全盟农田面积的比例分别为 7.8%、7.7% 和 7.5%。其他旗县拥有的农田面积比例均在 4% 以下，其总和仅占全盟农田面积的 10.4%。

森林生态系统集中分布在锡林郭勒盟东部地区，即西乌珠穆沁旗和东乌珠穆沁旗。其中西乌珠穆沁旗森林面积是 2 850.4 km²，占全区森林面积的 73.6%；东乌珠穆沁旗森林面积是 654.7 km²，占全区森林面积的 16.9%。其他旗县拥有的森林面积比例均在 4.5%

以下，其总和仅占全区森林面积的 9.5%。

草地生态系统在各旗县均为主导生态系统。86.8% 的草地分布在东乌珠穆沁旗、苏尼特左旗、阿巴嘎旗和苏尼特右旗、西乌珠穆沁旗、锡林浩特市 6 旗市。其中东乌珠穆沁旗草地面积绝对值居全盟之首，面积为 3.98 万 km^2，占全盟草地面积的 22.5%；其后依次是苏尼特左旗、阿巴嘎旗和苏尼特右旗、西乌珠穆沁旗、锡林浩特市，上述各旗市的草地面积分别占全盟草地面积的 17.9%、14.5%、13.9%、9.9% 和 8.1%。其他各旗县拥有的草地面积所占全盟比重均在 5% 以下，其总和仅占全盟草地面积的 13.2%。

水体与湿地生态系统集中分布在锡林郭勒盟东部的东乌珠穆沁旗、西乌珠穆沁旗以及锡林浩特市 3 旗市。其中东乌珠穆沁旗水体与湿地生态系统面积为 3 925.1 km^2，占全盟水体与湿地生态系统总面积的 61.0%，其次是西乌珠穆沁旗和锡林浩特市，它们的水体与湿地面积分别占全盟水体与湿地面积的 20.8% 和 6.7%。其他各旗县所拥有的水体与湿地生态系统面积所占比例均在 5% 以下，其总和仅占全盟水体与湿地面积的 11.5%。

荒漠生态系统在各旗县均有分布，但在苏尼特左旗、东乌珠穆沁旗、苏尼特右旗、阿巴嘎旗、正蓝旗以及西乌珠穆沁旗 6 旗境内分布最广。其中，苏尼特左旗的荒漠面积最大，为 2 322.1 km^2，占全盟荒漠面积的 27.3%。其后依次是东乌珠穆沁旗（1 287.4 km^2）、阿巴嘎旗（1 178.5 km^2）、苏尼特右旗（1 064.1 km^2）、正蓝旗（931.2 km^2）以及西乌珠穆沁旗（720.6 km^2），上述各旗中，荒漠生态系统的面积占全盟荒漠面积的比例分别为 15.1%、13.8%、12.5%、10.9% 和 8.5%。其他各旗县拥有的荒漠面积所占比重均在 5% 以下，其总和仅占全盟荒漠面积的 11.9%。

1975 年，从各旗县内部各生态系统组成上看，如表 3-3 和图 3-3 所示，锡林郭勒盟各旗县占主导地位的生态系统类型均是草地生态系统；除南部的太仆寺旗（48.0%）和多伦县（65.6%）以外，其他各旗县的草地生态系统面积所占本地区比重均在 77.5% 以上。各旗县生态系统类型构成的差别主要体现在第二位、第三位的生态系统类型上。具体来说：

在东部地区（锡林浩特市、东乌珠穆沁旗和西乌珠穆沁旗 3 旗市），锡林浩特市、东乌珠穆沁旗主要生态系统类型基本相同，按比重大小依次排列为草地、水体与湿地、荒漠；西乌珠穆沁旗与前两者的不同之处在于，因境内有大兴安岭林区，森林生态系统比重较高，成为本地区第二大生态系统类型，其主要生态系统类型依次是草地、森林、水体与湿地、荒漠。

在南部地区（太仆寺旗、多伦县、正镶白旗和正蓝旗 4 旗县），农田生态系统比重相对较高。太仆寺旗、多伦县、正镶白旗主要的生态系统类型依照面积比重依次为草地、农田、荒漠；正蓝旗因其境内的浑善达克沙地面积较大，荒漠生态系统的面积比重超过了农田生态系统，其主要生态系统类型按面积比重依次为草地、荒漠、农田。

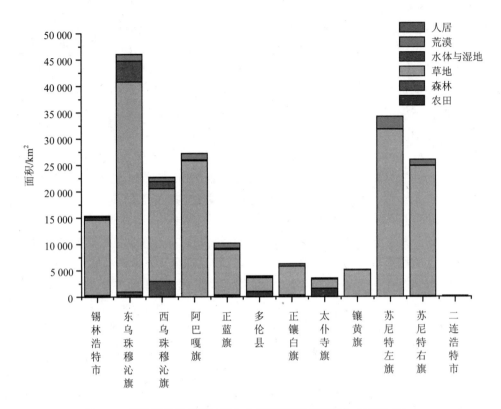

图 3-3 锡林郭勒盟各旗县的生态系统类型面积构成（1975 年）

在北部和西部地区（阿巴嘎旗、镶黄旗、苏尼特左旗、苏尼特右旗和二连浩特市 5 旗市），地区主要生态系统类型为草地、荒漠，这两类生态系统面积比重之和通常在 99% 以上（二连浩特市稍低，为 96.4%）。

3.2.2 1990 年生态系统类型空间分布格局

1990 年锡林郭勒盟生态系统类型的空间分布如图 3-4 所示，各旗县、各生态类型的面积统计则如表 3-4 所示。

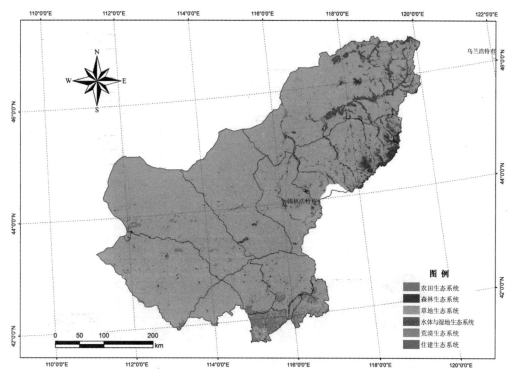

图 3-4 锡林郭勒盟生态系统类型空间分布（1990 年）

表 3-4 锡林郭勒盟各旗县生态系统类型面积统计（1990 年）　　　　（单位：km²）

旗县名称	农田	森林	草地	水体与湿地	荒漠	人居
锡林浩特市	194.0	168.1	14 213.4	416.1	176.8	184.4
东乌珠穆沁旗	663.1	653.2	39 057.6	3 976.6	1 320.2	417.5
西乌珠穆沁旗	106.4	2 844.4	17 396.8	1 343.7	718.4	305.7
阿巴嘎旗	6.8	0.3	25 660.3	176.6	1 217.2	146.7
正蓝旗	291.8	50.3	8 445.9	258.6	1 052.4	88.9
多伦县	935.5	113.2	2 520.8	94.3	203.7	38.6
正镶白旗	294.7	36.2	5 384.0	28.8	439.0	88.3
太仆寺旗	1 556.6	29.0	1 629.6	40.9	61.0	149.8
镶黄旗	23.2	0.3	4 945.2	9.3	120.4	27.7
苏尼特左旗	0.0	1.4	31 694.9	51.5	2 343.4	87.8
苏尼特右旗	123.0	2.8	24 309.1	66.1	1 362.9	134.6
二连浩特市	0.0	0.1	136.3	11.2	22.1	6.7
总计	4 195.2	3 899.4	175 393.8	6 473.8	9 037.5	1 676.9

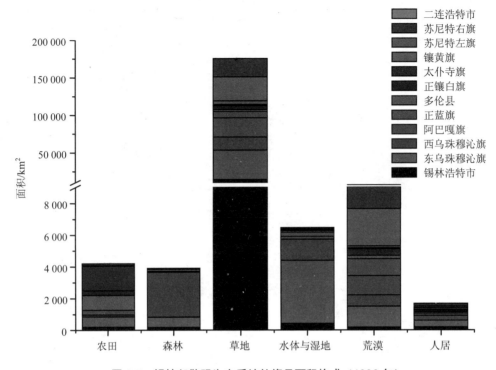

图 3-5 锡林郭勒盟生态系统的旗县面积构成（1990 年）

1990 年，锡林郭勒盟生态格局与 1975 年生态格局大致相同，如图 3-5 所示。具体为：第一大生态系统为草地生态系统，其总面积为 17.5 万 km²，占全盟国土面积的 87.4%，与 1975 年相比，面积绝对值减少了 0.21 万 km²，减少幅度为 1.17%，相对比重下降了 1 个百分点；第二大生态系统为荒漠生态系统，面积为 0.9 万 km²，占全盟国土面积的 4.5%，与 1975 年相比，其面积绝对值增加了 525 km²，增加幅度为 6.5%，相对比重上升了 0.3 个百分点；第三位的是水体与湿地生态系统（6 473 km²），占全盟国土面积的 3.2%，与 1975 年相比，相对比重与 1975 年基本持平，但绝对面积略有上升（40.4 km²），增长幅度仅为 0.6%；1975—1990 年的大规模农田开垦使得农田生态系统摆脱了与森林生态系统并列为第四大生态系统的局面，成为唯一的第四大生态系统类型；农田生态系统类型总面积为 4 195 km²，占全盟面积的 2.1%，与 1975 年相比，其面积绝对值增加了 451 km²，增长了 12.1%，相对比重上升了 0.2 个百分点；第五位为森林生态系统，其面积为 3 899.4 km²，占全盟面积的 1.9%，与 1975 年相比，相对比重与前一时期基本持平，面积绝对值略有增加（24.8 km²），增长幅度为 0.6%。

与 1975 年相比，1990 年该区农田生态系统面积增长了 12.1%，所占比重上升了 0.2

个百分点。农田生态系统主要分布区域基本相同，但内部格局发生了明显变化。农田生态系统主要分布在太仆寺旗、多伦县、东乌珠穆沁旗、正镶白旗以及正蓝旗。其中太仆寺旗（1 556.6 km²）、多伦县（935.5 km²）农田生态系统面积基本未变，依然为全盟农田最多的 2 个旗县，但其在全盟农田生态系统总面积中所占的比例大幅下降，分别从 40.6%和 24.4%下降为 36.1%和 21.7%。东乌珠穆沁旗（663.2 km²）农田面积急剧增加，增长幅度高达 135%，其所占全盟农田面积比例迅速由 7.3%提升为 15.4%，上升了 8.1 个百分点。正镶白旗（294.7 km²）、正蓝旗（328 km²）农田面积与前一期相比，绝对面积变化不大，但它们所占全盟农田面积的比例有所下降为 7%。其他各旗县拥有的农田面积比重均在 4.5%以下，其总和仅占全盟农田面积的 10.8%。

与 1975 年相比，1990 年该区森林生态系统面积比重与上一期相比基本持平，占全盟国土总面积比重依然为 1.9%，面积绝对值则略有增加（+24.8 km²），增长幅度仅为 0.6%。森林生态系统分布地区与前一时期相同，即主要分布在西乌珠穆沁旗和东乌珠穆沁旗。其中西乌珠穆沁旗森林面积是 2 844.4 km²，占全区森林面积的 73.1%，东乌珠穆沁旗森林面积是 653.3 km²，占全区森林面积的 16.8%。其他各旗县森林生态系统面积比重均在 4.3%以下，其总和仅占全盟森林生态系统面积的 10.1%。

与 1975 年相比，1990 年该区草地生态系统面积减少了 0.21 万 km²，减少幅度为 1.2%，草地生态系统所占全盟国土总面积比重下降了 1 个百分点。草地依然是锡林郭勒盟最主要的生态系统类型，在各旗县均为主导生态系统。草地生态系统在锡林郭勒盟的空间分布格局基本没有变化，86.9%的草地主要分布在东乌珠穆沁旗、苏尼特左旗、阿巴嘎旗和苏尼特右旗、西乌珠穆沁旗、锡林浩特市 6 旗。其中东乌珠穆沁旗草地面积绝对值居全盟之首，面积为 3.90 万 km²，占全盟草地面积的 22.3%；其后依次是苏尼特左旗、阿巴嘎旗和苏尼特右旗、西乌珠穆沁旗、锡林浩特市，上述各旗的草地面积分别占全盟草地面积的 18.1%、14.6%、13.9%、9.9%和 8.1%。其他各旗县拥有的草地面积比重均在 5%以下，其草地面积总和仅占全盟草地面积的 13.1%。

与 1975 年相比，1990 年该区水体与湿地生态系统面积和分布格局基本没有变化，占全盟国土总面积比重依然为 3.2%，绝对面积略有上升（+41.4 km²），增长幅度仅 0.6%。水体与湿地生态系统集中分布于东乌珠穆沁旗、西乌珠穆沁旗以及锡林浩特市。其中东乌珠穆沁旗的水体与湿地生态系统面积为 3 976.6 km²，占全盟水体与湿地生态系统总面积的 61.4%，其次是西乌珠穆沁旗和锡林浩特市，这两个旗市的水体与湿地面积分别占全盟水体与湿地面积的 20.8%和 6.4%。其他各旗县所拥有的水体与湿地生态系统面积比重均在 4%以下，其总和仅占全盟水体与湿地面积的 11.4%。

与 1975 年相比，1990 年该区荒漠生态系统面积增加了 525 km²，增加幅度为 6.5%，相对比重上升了 0.4 个百分点，依然是仅次于草地生态系统的第二大类生态系统。荒漠生态系统主要分布的旗县包括苏尼特左旗、东乌珠穆沁旗、苏尼特右旗、阿巴嘎旗、正蓝旗以及西乌珠穆沁旗和正镶白旗 7 个旗，前 6 个旗在 1975—1990 年，其荒漠面积均有不同程度增长，但它们占全盟荒漠面积的比例以及排名基本不变；正镶白旗荒漠面积由 395 km² 增长到 439 km²，增长了 11.1%，其余各旗县荒漠生态系统面积比重均在 5% 以下，其总和仅占全盟荒漠生态系统面积的 6.8%。

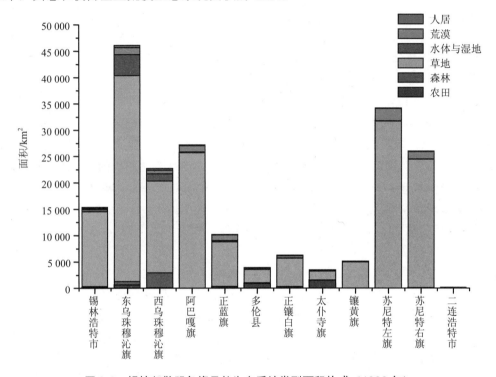

图 3-6　锡林郭勒盟各旗县的生态系统类型面积构成（1990 年）

1990 年，从各旗县内部的各种生态系统组成上看，如图 3-6 所示，锡林郭勒盟各旗县的生态系统类型构成没有发生重大变化，占主导地位的生态系统类型均是草地生态系统；除南部的太仆寺旗（47.0%）和多伦县（64.5%）以外，其他各旗县的草地生态系统面积所占本地区比重均在 76.5% 以上。各旗县生态系统类型构成的差别主要体现在第二位、第三位的生态系统类型上。具体来说：

在东部地区（锡林浩特市、东乌珠穆沁旗和西乌珠穆沁旗 3 旗市），锡林浩特市、东乌珠穆沁旗与 1975 年的主要生态系统类型基本相同，前两大生态系统类型按面积比重大小依次排列为草地、水体与湿地；两者间的差别主要反映在第三大生态系统类型上。锡林浩特市经过 1975—1990 年的草地开垦后，农田生态系统面积超过荒漠生态系统面积，成为第三大生态系统类型；而东乌珠穆沁旗尽管经历了更为高速的农田开垦行为（农田面积增长了135%），但是由于东乌珠穆沁旗的荒漠生态系统面积较大，东乌珠穆沁旗1990年的生态系统格局保持与1975年的格局相同，第三大生态系统依然为荒漠生态系统。至于西乌珠穆沁旗，该区主要生态系统类型次序与1975年相同，按其面积比重依次为草地、森林、水体与湿地、荒漠。

在南部地区（太仆寺旗、多伦县、正镶白旗和正蓝旗4旗县），农田生态系统比重相对较高，农田生态系统与荒漠生态系统处于此长彼消的竞争状态。太仆寺旗、多伦县主要生态系统类型依次为草地、农田、荒漠；而在1975年与太仆寺旗、多伦县具有相同格局的正镶白旗，经历了严重的土地沙化过程后（沙地增长了10.9%），1990年的生态系统格局发生了变化，其结果与正蓝旗的基本格局相同，在这两个旗内，主要生态系统类型按其面积比重依次为草地、荒漠、农田。

在北部和西部地区（阿巴嘎旗、镶黄旗、苏尼特左旗、苏尼特右旗和二连浩特市5旗市），主要生态系统类型没有明显变化，还是草地和荒漠两大类生态系统。它们的面积比重之和在98.5%以上（二连浩特市稍低，为89.7%）。

3.2.3 2000年生态系统类型空间分布格局

2000年锡林郭勒盟生态系统类型的空间分布如图3-7所示，各旗县、各生态类型的面积统计则如表3-5所示。

2000年，锡林郭勒盟生态格局与1990年大致相同，但各类生态系统变化速度显著加快。具体如表3-5和图3-8所示：

锡林郭勒盟第一大生态系统依然为草地生态系统，其总面积为17.3万km^2，占全盟国土面积的86.3%；自1975年以来，呈持续下降趋势，与1990年相比，比重下降了1.1个百分点，面积绝对值比1975年减少了0.23万km^2，下降幅度为1.3%；第二大生态系统为荒漠生态系统，总面积为1.0万km^2，占全盟国土面积的5.2%；自1975年以来，呈持续上升趋势，与1990年相比，所占比重上升了0.7个百分点，面积绝对值增加了1 434 km^2，增长幅度高达15.9%，10年（1990—2000年）的增长是上一个15年（1975—1990年）增长（6.5%）的2.4倍；第三位的是水体与湿地生态系统（6 247.8 km^2），占全盟国土面积的3.1%，比1990年下降了0.1个百分点；绝对面积减少了226.1 km^2，下降幅度达到3.5%；农田生态系统是第四大生态系统，其总面积为4 195.2 km^2，面积比重达到2.5%；农田生态系统维持了自1975年以来继续扩张的趋势，与1990年相比，比重提高了0.4个百分点，面积绝对值增加了838.5 km^2，增长幅度为20%，10年（1990—2000年）的增长是上一个15年（1975—1990年）增长（12.1%）的1.65倍；第五位的森林生态系统（3 970 km^2），占锡林郭勒盟国土面积的比例是2.0%，比1990年提高了0.1个百分点，绝对面积略有增加（70.3 km²），增长幅度为 1.8%。

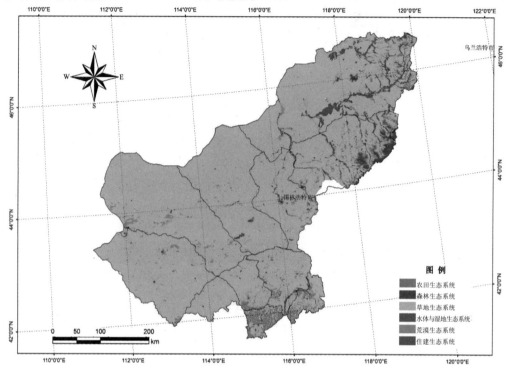

图 3-7　锡林郭勒盟生态系统类型空间分布（2000 年）

表 3-5　锡林郭勒盟各旗县生态系统类型面积统计（2000 年）　　（单位：km²）

旗县名称	农田	森林	草地	水体与湿地	荒漠	人居
锡林浩特市	255.2	150.1	14 033.0	330.2	389.3	195.1
东乌珠穆沁旗	1 225.3	638.6	38 784.0	3 846.4	1 101.8	492.2
西乌珠穆沁旗	78.4	2 898.1	17 193.6	1 323.7	909.8	311.9
阿巴嘎旗	6.5	0.3	25 434.8	185.0	1 428.6	152.7
正蓝旗	413.3	50.8	8 039.6	262.5	1 315.9	105.8
多伦县	927.7	112.8	2 399.2	104.1	321.8	40.7
正镶白旗	352.5	39.1	5 330.3	27.8	416.2	105.1
太仆寺旗	1 588.0	71.4	1 548.6	26.9	78.8	153.1
镶黄旗	57.7	0.3	4 862.3	13.5	162.8	29.7
苏尼特左旗	0.0	1.8	31 290.0	73.1	2 712.9	101.2
苏尼特右旗	129.2	5.9	24 040.5	41.3	1 610.3	171.3
二连浩特市	0.0	0.3	130.8	13.3	23.3	8.9
总计	5 033.7	3 969.7	173 086.6	6 247.6	10 471.5	1 867.6

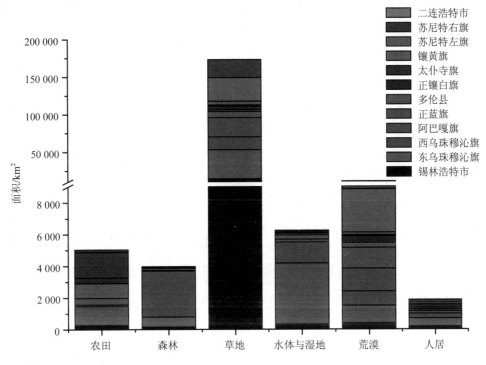

图 3-8　锡林郭勒盟生态系统的旗县面积构成（2000 年）

　　农田生态系统主要分布区域与 1990 年基本相同，但内部格局发生了明显变化。农田生态系统主要分布在太仆寺旗、东乌珠穆沁旗、多伦县、正镶白旗、正蓝旗一带。其中，太仆寺旗（1 588.0 km²）和多伦县（927.7 km²）农田生态系统面积基本未变，但它们在全盟农田生态系统中所占的面积比重继续下降，分别从 1990 年的 36.1%、21.7%下降到 2000 年的 31.5%、18.4%，尽管太仆寺旗依然保持了全盟农田面积最多旗的地位，但多伦县农田面积排序下降到第三位。其他 3 个旗县（东乌珠穆沁旗、正镶白旗、正蓝旗）农田面积增长迅猛，尤其是以东乌珠穆沁旗为最。东乌珠穆沁农田面积（1 225.3 km²）继续急剧增长，绝对面积增长了 562.1 km²，增长幅度达到 84.8%，取代多伦县，成为锡林郭勒盟农田生态系统第二多的旗，占全盟农田面积比重为 22.7%；正蓝旗（451.7 km²）增长了 41.6%，占全盟农田面积的比例提高到 8.2%；正镶白旗的农田生态系统面积则无明显变化，仍然保持在 7.0%的水平。其他各旗县拥有的农田面积比重均在 5.1%以下，其总和仅占全盟农田面积的 10.5%。

　　与 1990 年相比，2000 年该区森林生态系统空间格局保持基本稳定、面积略有扩张，所占比重提高了 0.1 个百分点，绝对面积增加了 69.2 km²，增长率为 1.8%。森林生态系统主要分布在西乌珠穆沁旗和东乌珠穆沁旗；在此期间，西乌珠穆沁旗森林面积有所增加，而东乌珠穆沁旗森林面积则有少量减少。其中西乌珠穆沁旗森林面积是 2 898 km²，占全盟森林面积的 73.1%；东乌珠穆沁旗森林面积是 639 km²，占全区森林面积的 16.1%。其他各旗县森林生态系统面积比重均在 3.8%以下，其总和仅占全盟森林生态系统面积的 10.7%。

与 1990 年相比，2000 年该区草地生态系统面积呈持续下降趋势，面积绝对值减少了 0.23 万 km²；所占比例下降了 1.1 个百分点。草地生态系统依然是锡林郭勒盟最主要的生态系统类型。草地生态系统的空间分布格局基本没有变化，87.1%的草地主要分布在东乌珠穆沁旗、苏尼特左旗、阿巴嘎旗、苏尼特右旗、西乌珠穆沁旗、锡林浩特市 6 旗市。其中东乌珠穆沁旗草地面积绝对值居全盟之首，其草地面积为 3.88 万 km²，占全区草地面积的 22.4%；其后依次是苏尼特左旗、阿巴嘎旗、苏尼特右旗、西乌珠穆沁旗、锡林浩特市，上述各旗市的草地面积分别占全盟草地面积的 18.1%、14.7%、13.9%、9.9%和 8.1%。其他各旗县拥有的草地面积比重均在 4.6%以下，其面积总和仅占全盟草地面积的 12.9%。

与 1990 年相比，2000 年该区水体与湿地生态系统面积明显下降，面积减少了 226.1 km²，下降幅度达到 3.5%，所占比重下降了 0.1 个百分点；但是其分布格局基本没有重大变化。水体与湿地生态系统集中分布在东乌珠穆沁旗、西乌珠穆沁旗以及锡林浩特市境内。其中东乌珠穆沁旗水体与湿地生态系统面积为 3 846.4 km²，占全盟水体与湿地生态系统总面积的 61.6%，其次是西乌珠穆沁旗和锡林浩特市，这两个旗市的水体与湿地面积分别占全盟水体与湿地面积的 21.2%和 5.3%。其他各旗县所拥有的水体与湿地生态系统面积比重均在 4.2%以下，其面积总和仅占全盟水体与湿地面积的 11.9%。

与 1990 年相比，到 2000 年为止，荒漠生态系统面积继续增加，相对比重上升了 0.7 个百分点，面积绝对值增加了 1 434 km²，增长幅度高达 15.9%，本 10 年（1990—2000 年）的增长是上一个 15 年（1975—1990 年）增长（6.5%）的 2.4 倍，依然是仅次于草地生态系统的第二大类生态系统。主要分布区包括苏尼特左旗、苏尼特右旗、阿巴嘎旗、正蓝旗、东乌珠穆沁旗以及西乌珠穆沁旗 6 个旗（合计面积占 86.7%）。与 1990 年相比，苏尼特左旗（+369 km²）、正蓝旗（+263 km²）、苏尼特右旗（+248 km²）、锡林浩特市（+213 km²）、阿巴嘎旗（+211 km²）、西乌珠穆沁旗（+191 km²）、多伦县（+118 km²）等旗县市的荒漠生态系统面积则大幅增加，增加幅度均在 100 km²以上，其中增幅最高的是锡林浩特（120.2%），其次是多伦县（58.0%）、镶黄旗（35.2%）、太仆寺旗（29.2%）等。其余各旗县荒漠生态系统面积比重均在 4.2%以下，其总和仅占全盟荒漠生态系统面积的 13.9%。

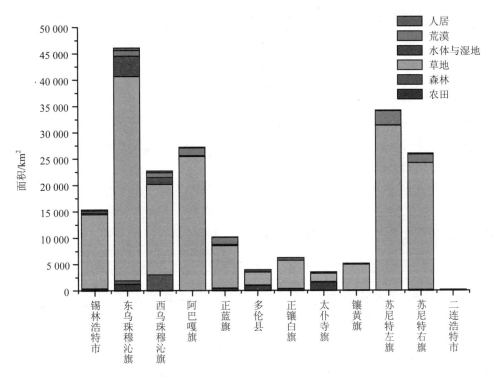

图 3-9　锡林郭勒盟各旗县的生态系统类型面积构成（2000 年）

从各旗县内部的各种生态系统组成上看（图 3-9），除太仆寺旗外，其余各旗县市生态系统总体格局没有发生重大变化。2000 年，太仆寺旗的农田生态系统面积比重（45.8%）首次超过草地生态系统面积比重（44.7%）。此外，除南部的多伦县草地面积比重相对较低（61.4%）外，其他各旗县的草地生态系统面积占本旗县总面积的比重均在 74.0% 以上。各旗县生态系统类型构成的差别主要体现在第二位、第三位的生态系统类型上。具体来说：

在东部地区（锡林浩特市、东乌珠穆沁旗和西乌珠穆沁旗 3 旗市），锡林浩特市荒漠面积迅速增加，超过农田生态系统、水体与湿地生态系统，成为该市第二大生态系统类型，主要生态系统类型按面积比重排序为草地、荒漠、水体与湿地、农田、森林。在东乌珠穆沁旗，持续的大规模农田开垦使得该旗农田生态系统比重增长迅速，农田生态系统首次超过荒漠生态系统成为第三大生态系统，各类生态系统按面积比重大小依次排列为草地、水体与湿地、农田、荒漠生态系统；至于西乌珠穆沁旗，主要生态系统类型次序与 1975 年和 1990 年的格局相同，按其面积比重依次为草地、森林、水体与湿地、荒漠和农田。

在南部地区（太仆寺旗、多伦县、正镶白旗和正蓝旗 4 旗县），农田生态系统比重相对较高，农田生态系统与荒漠生态系统处于此长彼消的竞争状态。2000 年，太仆寺旗的农田生态系统面积比重（45.8%）首次超过草地生态系统面积比重（44.7%），成为锡林郭勒盟唯一一个农田生态系统占主导地位的旗，2000 年，该旗生态系统类型面积比重依次为农田、草地、荒漠、森林、水体与湿地。正镶白旗由于草原开垦行为，导致了农田比例的迅速攀升，比上一时期增加了 0.7 个百分点，仍然低于荒漠生态系统所占比例，因此正镶白旗的生态系统类型，依照面积比重依次为草地、荒漠、农田；多伦县的主要生态系统类型依照面积比重依次为草地、农田、荒漠；至于正蓝旗，因其境内的浑善达克沙地，其主要生态系统类型按其面积比重依次为草地、荒漠、农田、森林，这与 1975 年和 1990 年的格局相同。

在北部和西部地区（阿巴嘎旗、镶黄旗、苏尼特左旗、苏尼特右旗和二连浩特市 5 旗市），主要生态系统类型没有明显变化，仍然以草地、荒漠两大生态系统为主。这两类生态系统面积比重之和通常在 98.0% 以上（二连浩特市稍低，为 87.3%）。

3.2.4 2005 年生态系统类型空间分布格局

2005 年锡林郭勒盟生态系统类型的空间分布如图 3-10 所示，各旗县、各生态类型的面积统计则如表 3-6 所示。

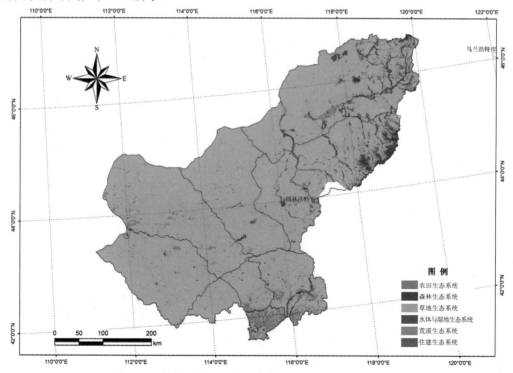

图 3-10 锡林郭勒盟生态系统类型空间分布（2005 年）

表 3-6　锡林郭勒盟各旗县生态系统类型面积统计（2005 年）　　　　（单位：km²）

旗县名称	农田	森林	草地	水体与湿地	荒漠	人居
锡林浩特市	250.0	158.1	14 140.1	333.5	256.0	215.2
东乌珠穆沁旗	1 210.5	662.7	38 733.8	3 031.0	1 928.9	521.3
西乌珠穆沁旗	73.1	2 884.8	17 494.5	1 289.6	660.1	313.4
阿巴嘎旗	5.2	0.3	25 546.7	180.0	1 315.5	160.0
正蓝旗	395.2	42.5	8 218.4	239.8	1 154.9	137.1
多伦县	854.0	115.6	2 520.8	98.1	251.3	66.4
正镶白旗	290.8	32.7	5 575.8	23.8	229.7	118.1
太仆寺旗	1 490.1	184.7	1 527.1	25.3	82.0	157.7
镶黄旗	45.3	0.3	4 939.9	8.6	101.6	30.5
苏尼特左旗	0.0	1.8	30 600.6	57.0	3 413.9	105.7
苏尼特右旗	88.1	5.4	24 606.7	43.8	1 078.0	176.5
二连浩特市	0.0	0.5	144.5	10.1	5.8	15.6
合计	4 702.3	4 089.5	174 048.9	5 340.7	10 477.6	2 017.6

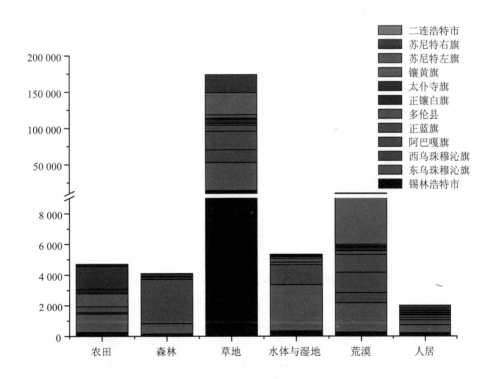

图 3-11　锡林郭勒盟生态系统的旗县面积构成（2005 年）

2005 年，锡林郭勒盟生态系统类型基本格局与 2000 年基本相同，但是生态系统的变化趋势发生了重大变化，如表 3-6 和图 3-11 所示：

锡林郭勒盟第一大生态系统依然为草地生态系统，其分布面积为 17.4 万 km²，占锡林郭勒盟国土面积的 86.7%，相对比重提高了 0.4 个百分点，绝对面积扩大了 0.1 万 km²，面积增长幅度为 0.6%，这是自 1975 年以来草地面积不断缩小的趋势首次出现逆转；第二大生态系统是荒漠生态系统，面积为 1.0 万 km²，占锡林郭勒盟总面积的 5.2%，所占比重与 2000 年相比基本保持稳定，但绝对面积有微弱增加（+6.1 km²），增长幅度仅为 0.06%，可以认为过去 25 年（1975—2000 年）来持续扩张的趋势得到遏制；第三大生态系统为水体与湿地生态系统，其面积持续了自 1990 年以来的下降趋势，并且其面积大幅缩减，总面积为 5 340 km²，所占份额为 2.7%，相对比重下降了 0.4 个百分点，绝对面积减少了 907 km²，面积缩减速率大大加快，5 年（2000—2005 年）间面积减少幅度达到 14.5%，是前一阶段 10 年（1990—2000 年）面积缩减幅度（3.5%）的 4 倍；第四大生态系统为农田生态系统（5 120 km²），自 1975 年以来首次出现减少趋势，面积减少了 331.4 km²，减少幅度为 6.6%，所占国土面积比重为 2.3%，下降了 0.2 个百分点；第五位的森林生态系统基本保持稳定，但总面积略有上升，达到 4 090 km²，绝对面积增加了 120 km²，增加幅度为 3.0%，所占比重依然为 2.0%。

与 2000 年相比，2005 年的农田生态系统面积 5 年间减少了 331.4 km²，减少幅度为 6.6%。这是自 1975 年农田持续扩张的趋势首次在 2000—2005 年得到遏制和逆转。农田生态系统主要分布在太仆寺旗、东乌珠穆沁旗、多伦县、正镶白旗、正蓝旗一带，其中太仆寺旗农田生态系统面积为 1 490.1 km²，占全盟农田生态系统总面积的 29.1%，与前一期相比减少了近 100 km²；东乌珠穆沁旗农田面积（1 210.5 km²）保持稳定，在全盟农田面积总量减少的情况下，其所占比例进一步提高到 25.7%；多伦县、正镶白旗的农田面积也有不同程度的降低，正蓝旗的农田面积所占比例则有轻微升高，占锡林郭勒全盟农田面积比例依次为 18.2%、6.2%、8.4%。

2005 年的森林生态系统与上一期相比，其在全盟国土面积中其所占比重保持稳定，绝对面积增加了 120 km²，增加幅度为 3.0%。森林生态系统主要分布在西乌珠穆沁旗和东乌珠穆沁旗，仅在东乌珠穆沁旗境内森林面积略有增加（0.1%）。主要的森林面积增长发生在太仆寺旗（+113 km²）。

与 2000 年相比，2005 年的草地生态系统面积增长了 962.3 km²，相对比重提高了 0.4 个百分点；1975 年以来草地面积持续缩减的趋势在 2000—2005 年首次得到遏制和逆转。2005 年，草地仍是锡林郭勒盟最主要的生态系统类型，在各旗县均为主导生态系统。87.0% 以上的草地集中分布在东乌珠穆沁旗、苏尼特左旗、阿巴嘎旗、苏尼特右旗、西乌珠穆沁旗和锡林浩特市 6 旗市。其中东乌珠穆沁旗草地面积居各旗县之首，面积为 3.87 万 km²，占全盟草地面积的 22.3%。其后依次是苏尼特左旗、阿巴嘎旗、苏尼特右旗、西乌珠穆沁旗、锡林浩特市，上述各旗的草地面积分别占全盟草地面积的 17.6%、14.7%、14.1%、10.1% 和 8.1%。其他旗县拥有的草地面积仅占全盟草地面积的 13.2%。

与 2000 年相比，2005 年的水体与湿地生态系统分布格局基本没有变化，但其面积是持续了自 1990 年以来继续减少态势，并且其缩减速率与前期相比大大增加，5 年间面积减少幅度达到 14.5%，是前一阶段 10 年（1990—2000 年）面积缩减幅度（3.5%）的 4 倍。水体与湿地生态系统集中分布在东乌珠穆沁旗、西乌珠穆沁旗以及锡林浩特市。其中东乌珠穆沁旗境内水体与湿地生态系统面积为 3 031.1 km²，占全盟水体与湿地生态系统总面积的 56.8%，面积缩减了 21.2%；西乌珠穆沁旗和锡林浩特市水体与湿地面积分别占全盟水体与湿地面积的 24.1% 和 6.2%。其他各旗县水体与湿地生态系统面积总和仅占全盟水体与湿地面积的 12.9%。

与 2000 年相比，2005 年荒漠生态系统面积所占锡林郭勒盟国土面积比重基本保持稳定（5.2%），绝对面积仅有微弱增加（+6.1 km²），增加幅度仅为 0.1%，可以认为过去 25 年（1975—2000 年）来持续扩张的趋势得到遏制；荒漠生态系统依然是仅次于草地生态系统的第二大生态系统。荒漠生态系统主要分布在苏尼特左旗、东乌珠穆沁旗、阿巴嘎旗、正蓝旗、苏尼特右旗以及西乌珠穆沁旗 6 个旗（占 90.8%）。与前一时段相比，苏尼特左旗、东乌珠穆沁旗以及太仆寺旗的荒漠面积有所增加，而其他旗县的荒漠面积则有不同程度的减少。苏尼特左旗的荒漠面积最大，为 3 413.9 km²，占锡林郭勒盟荒漠面积的 32.6%。

从各旗县内部的各种生态系统组成上看（图 3-12），2005 年的基本格局与 1975 年、1990 年相似，与 2000 年的生态系统格局有较大不同。草地生态系统依然是全盟第一大生态系统；除南部的太仆寺旗（44%）和多伦县（64.5%）外，其他旗县草地生态系统面积所占比重均在 77.0% 以上，是各旗县的主导生态系统类型。各旗县生态系统类型构成的差别主要体现在第二位、第三位的生态系统类型上。具体来说：

在东部地区（锡林浩特市、东乌珠穆沁旗和西乌珠穆沁旗 3 旗市），锡林浩特市的荒漠面积大幅减少、东乌珠穆沁旗荒漠面积大幅增加，这两个旗市主要生态系统类型按面积比重排序依次为草地、水体与湿地、荒漠。这一生态系统类型排序格局与 1975 年格局相同，但是各种生态系统类型的具体比重则发生了变化。在西乌珠穆沁旗，主要生态系统按面积比重依次为草地，森林、水体与湿地、荒漠和农田，这与其 1975 年和 1990 年的格局相同。

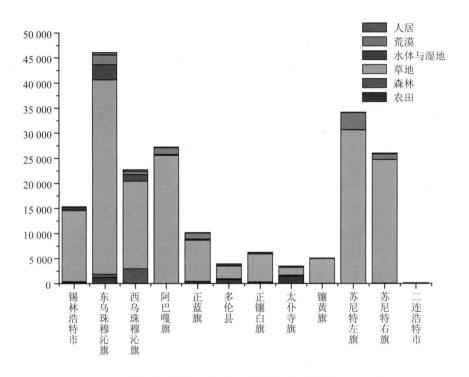

图 3-12　锡林郭勒盟各旗县的生态系统类型面积构成（2005 年）

　　在南部地区（太仆寺旗、多伦县、正镶白旗和正蓝旗 4 旗县），农田生态系统比重相对较高，农田生态系统与荒漠生态系统处于此长彼消的竞争状态。太仆寺旗在经历了大规模的退耕还林还草工程之后，农田生态面积大幅减少，草地生态系统类型重新占据了该旗第一大生态系统类型的地位。因此，太仆寺旗、多伦县、正镶白旗主要生态系统类型按面积比重排序为草地、农田、荒漠；而正蓝旗因其境内的浑善达克沙地，主要生态系统类型按其面积比重依次为草地、荒漠、农田，这与其 1975 年和 1990 年的格局相同。

　　在北部和西部地区（阿巴嘎旗、镶黄旗、苏尼特左旗、苏尼特右旗和二连浩特市 5 旗市），主要生态系统类型没有明显变化，以草地、荒漠为主。这两类生态系统面积比重之和通常在 98.2%以上（二连浩特市稍低，为 85.2%）。

3.2.5　2009 年生态系统类型空间分布格局

　　2009 年锡林郭勒盟生态系统类型的空间分布如图 3-13 所示，各旗县、各生态类型的面积统计如表 3-7 所示。

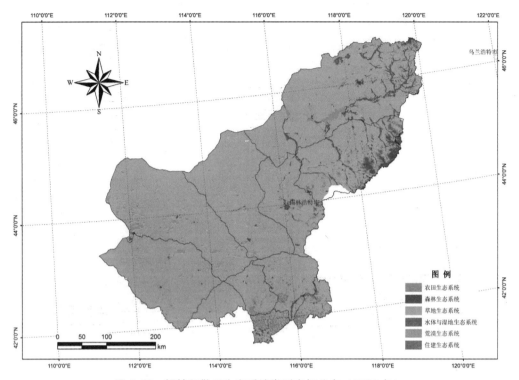

图 3-13　锡林郭勒盟生态系统类型空间分布（2009 年）

表 3-7　锡林郭勒盟各旗县生态系统类型面积统计（2009 年）　　　　　（单位：km²）

旗县名称	农田	森林	草地	水体与湿地	荒漠	人居
锡林浩特市	224.4	157.5	14 145.2	278.2	259.6	287.9
东乌珠穆沁旗	993.9	567.2	39 881.2	2 692.3	1 411.6	542.1
西乌珠穆沁旗	68.2	2 877.8	17 537.2	1 283.0	614.6	334.7
阿巴嘎旗	4.7	0.3	25 742.8	64.1	1 218.6	177.3
正蓝旗	298.4	46.1	8 374.2	216.7	1 113.3	139.3
多伦县	826.5	118.3	2 648.8	95.4	150.2	67.0
正镶白旗	260.5	32.9	5 570.0	27.3	262.1	118.1
太仆寺旗	1 305.2	184.5	1 708.0	28.2	78.1	162.8
镶黄旗	16.5	0.0	4 970.4	5.9	102.6	30.7
苏尼特左旗	0.0	1.8	30 858.2	64.8	3 112.2	141.9
苏尼特右旗	71.6	5.4	24 751.5	42.3	943.6	184.1
二连浩特市	0.0	0.5	128.4	11.2	3.7	32.6
总计	4 070.1	3 992.4	176 316.0	4 809.4	9 270.1	2 218.5

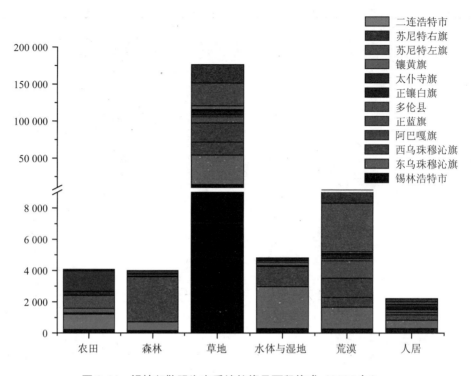

图例：
- 二连浩特市
- 苏尼特右旗
- 苏尼特左旗
- 镶黄旗
- 太仆寺旗
- 正镶白旗
- 多伦县
- 正蓝旗
- 阿巴嘎旗
- 西乌珠穆沁旗
- 东乌珠穆沁旗
- 锡林浩特市

图 3-14　锡林郭勒盟生态系统的旗县面积构成（2009 年）

　　2009 年，锡林郭勒盟生态系统类型基本格局与 2005 年基本相同，生态系统类型的变化延续了 2000—2005 年的变化趋势，如表 3-7 和图 3-14 所示。具体为：

　　锡林郭勒盟第一大生态系统依然为草地生态系统，其分布面积为 17.6 万 km^2，占全盟国土面积的 87.9%，所占比重提高了 0.2 个百分点，比上一期扩张了 0.2 万 km^2，增长幅度为 1.3%，持续了自 2000 年以来面积增加的态势，并且有所加速，其增长幅度是前一时期（2000—2005 年）增长幅度（0.6%）的 2 倍；第二大生态系统是荒漠生态系统，面积为 0.9 万 km^2，占锡林郭勒盟总面积的 4.6%，绝对面积减少了 0.12 万 km^2，减少幅度为 11.5%，相对比重下降了 0.6 个百分点，这是荒漠生态系统面积在 1975—2000 年不断扩张、2000—2005 年面积扩展趋势得以遏制的基础上首次出现了逆转趋势；第三大生态系统是水体与湿地生态系统，其面积保持了自 1990 年以来继续减少态势，面积为 4 809 km^2，在全盟国土面积中所占比例为 2.4%，面积绝对值减少了 531 km^2，比重下降了 0.3 个百分点，面积减少了 9.9%，但减少幅度较前期（14.5%）有所下降；第四大生态系统是农田生态系统，绝对面积为 4 070.1 km^2，所占份额为 2%；它持续了自 2000 年以来的缩减势头，并且该缩减过程得到加速，面积减少了 632.2 km^2，相对比重下降

了 0.3 个百分点，减少幅度为 6.6%，减少幅度比 2000—2005 年的幅度（5.2%）大了约
1 倍；森林生态系统相对比重基本不变，但绝对面积有所减少，森林生态系统所占国土
面积份额为 2.0%，绝对面积为 3 992 km²，比 2005 年减少了 97 km²，减少幅度为 2.4%。

与 2005 年相比，2009 年的农田生态系统持续了自 2000 年以来的缩减态势，并且
该缩减过程得到加速；相对比重下降了 0.3 个百分点，减少幅度为 13.4%，减少幅度比
2000—2005 年的减少幅度（6.6%）大 1 倍多。农田生态系统主要分布在太仆寺旗、东
乌珠穆沁旗、多伦县、正镶白旗、正蓝旗一带，其中太仆寺旗农田生态系统面积为
1 305.2 km²，所占全盟农田生态面积比例为 32.1%，与 2005 年相比，其面积减少了
632.2 km²，减少幅度为 13.4%；东乌珠穆沁旗农田面积大幅减少至 216.6 km²，减少幅度
为 17.9%。在锡林郭勒盟的农田生态系统整体缩减的大背景下，多伦县与正镶白旗的农田
面积的减少速度则显得有些缓慢，在这 5 年间，农田面积比重反而有所上升，分别增加了
20.3%和 6.4%。正蓝旗的农田面积则减少，占锡林郭勒盟农田面积的份额为 7.3%。

与 2005 年相比，2009 年的森林生态系统面积有所缩减（97.1 km²），但相对比重保
持不变，仍然为 2.0%，其空间分布格局上也没有大的变化。森林生态系统主要分布在
西乌珠穆沁旗和东乌珠穆沁旗，但两旗的森林生态系统面积均在减少。西乌珠穆沁旗森
林面积是 2 877.8 km²，占全盟森林面积的 72.1%；东乌珠穆沁旗，森林面积是 567.2 km²，
占全盟森林面积的 14.2%。其余各旗县森林面积总和不足全盟森林面积的 13.7%。

与 2005 年相比，2009 年的草地生态系统持续了自 2000 年以来面积增加的态势，并
且有所加速；其相对比重提高了 1.2 个百分点，增长幅度为 1.3%，该增长幅度是前一时
期（2000—2005 年）增长幅度（0.5%）的 2 倍。草地生态系统依然是锡林郭勒盟最主
要的生态系统类型。87.0%以上的草地主要分布在东乌珠穆沁旗、苏尼特左旗、阿巴嘎
旗、苏尼特右旗、西乌珠穆沁旗、锡林浩特市 6 旗。其中东乌珠穆沁旗草地面积居各旗
县之首，面积为 3.99 万 km²，占全盟草地总面积的 22.6%。其后依次是苏尼特左旗、阿
巴嘎旗、苏尼特右旗、西乌珠穆沁旗、锡林浩特市，上述各旗市的草地面积分别占全盟
草地面积的 17.5%、14.6%、14.0%、9.9%和 8.0%。

与 2005 年相比，2009 年的水体与湿地生态系统面积和分布格局基本没有变化，但绝
对面积仍然维持自 1990 年以来持续下降的趋势；面积缩减了 531 km²，比重下降了 0.3 个
百分点，面积减少了 9.9%，但减少幅度较前期（14.5%）有所下降。水体与湿地生态系统
集中分布在东乌珠穆沁旗、西乌珠穆沁旗以及锡林浩特市境内。其中东乌珠穆沁旗的水体
与湿地生态系统面积为 2 692.3 km²，占全盟水体与湿地生态系统总面积的 56.0%；其次是
西乌珠穆沁旗和锡林浩特市，分别占全盟水体与湿地面积的 26.7%和 5.8%。其他各旗县
所拥有的水体与湿地生态系统面积总和仅占全盟水体与湿地面积的 11.5%。

与 2005 年相比，2009 年的荒漠生态系统总面积为 0.9 万 km²，占锡林郭勒盟总面

积的 4.6%，绝对面积减少了 0.12 万 km²，减少幅度为 11.5%，相对比重下降了 0.6 个百分点；这是在 2000—2005 年遏制住荒漠区扩大的基础上，荒漠面积开始出现显著缩减的趋势。但是，荒漠生态系统依然是仅次于草地生态系统的第二大生态系统类型。90% 以上的荒漠生态系统主要分布在苏尼特左旗、东乌珠穆沁旗、阿巴嘎旗、苏尼特右旗、正蓝旗以及西乌珠穆沁旗 6 个旗。其中苏尼特左旗的荒漠面积最大，为 3 112.2 km²，占锡林郭勒盟荒漠面积的 33.6%。

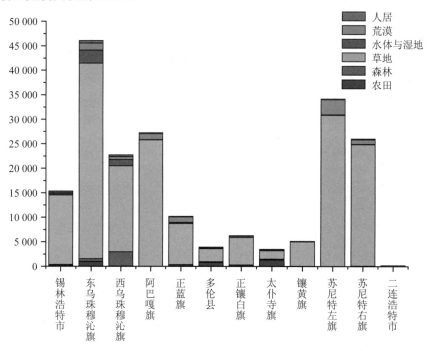

图 3-15　锡林郭勒盟各旗县的生态系统类型面积构成（2009 年）

从各旗县内部的各种生态系统组成上看，如图 3-15 所示，2009 年的生态格局与 2005 年基本格局相似。草地生态系统是全盟各旗县的第一大生态系统；除南部的太仆寺旗（49.3%）和多伦县（67.8%）外，草地生态系统面积占本旗县国土面积比重均在 77.2% 以上，是各旗县的主导生态系统类型。各旗县生态系统类型构成的差别主要体现在第二位、第三位的生态系统类型上。具体来说：

在东部地区（锡林浩特市、东乌珠穆沁旗和西乌珠穆沁旗 3 旗市），3 个旗市的主要生态系统类型次序与 2005 年的完全相同。即在锡林浩特市和东乌珠穆沁旗，按面积比重排序依次为草地、水体与湿地、荒漠、农田、森林。在西乌珠穆沁旗，主要生态系统类型按其面积比重依次为草地、森林、水体与湿地、荒漠和农田。

在南部地区（太仆寺旗、多伦县、正镶白旗和正蓝旗 4 旗县），各旗县的生态系统类型结构与 2005 年完全相同，即太仆寺旗、多伦县、正镶白旗主要生态系统类型按面积比重排序为草地、农田、荒漠；而正蓝旗因其境内的浑善达克沙地类型，其主要生态系统类型按其面积比重依次为草地、荒漠、农田。

在北部和西部地区（阿巴嘎旗、镶黄旗、苏尼特左旗、苏尼特右旗和二连浩特市 5 旗市），主要生态系统类型没有明显变化，主要生态系统类型为草地、荒漠，这两类生态系统面积比重之和在 98.1% 以上（二连浩特市稍低，为 82.2%）。

3.3　生态系统类型转换的时空特征

3.3.1　1975—1990 年生态系统类型转换的时空特征

1975—1990 年的生态系统变化特征是：以草地生态系统面积的缩减为代价，支持其他各类陆地生态系统面积的扩张进程；水体与湿地生态系统面积基本稳定，仅有微弱增加。具体表现为：

与 1975 年相比，1990 年草地生态系统面积减小 0.21 万 km^2，减少幅度为 1.17%，所占比重下降了 1 个百分点。除草地生态系统之外的其他各类生态系统面积和比重均有所增加，面积增加最大的生态系统类型为农田生态系统和荒漠生态系统。其中，农田生态系统增加的面积为 480 km^2，增长了 12.5%，相对比重提高了 0.2 个百分点；荒漠生态系统面积增加了 525 km^2，增长了 6.5%，相对比重提高了 0.3 个百分点。水体与湿地生态系统所占比重与 1975 年基本持平，但绝对面积略有上升（40.4 km^2）。

从各个生态系统类型的转出情况来看，如表 3-8 和图 3-16 所示。

表 3-8　锡林郭勒盟生态系统类型转移矩阵（1975—1990 年）　　　（单位：km^2）

1975 \ 1990	农田	森林	草地	水体与湿地	荒漠	人居	转出合计	总计
农田	3 642.0	1.0	56.9	22.9	0.2	20.9	102.0	3 744.0
森林	5.0	3 860.5	0.5	0.0	0.0	8.6	14.1	3 874.6
草地	546.0	37.9	174 986.5	17.7	901.8	980.3	2 483.8	177 470.3
水体与湿地	2.2	0.0	49.8	6 152.0	213.6	14.7	280.3	6 432.3
荒漠	0.0	0.0	300.0	281.1	7 921.9	9.9	591.0	8 512.9
人居	0.0	0.0	0.0	0.0	0.0	642.5	0.0	642.5
转入合计	553.2	39.0	407.2	321.8	1 115.7	1 034.4	3 471.2	—
总计	4 195.2	3 899.4	175 393.7	6 473.8	9 037.5	1 676.9	—	200 676.8

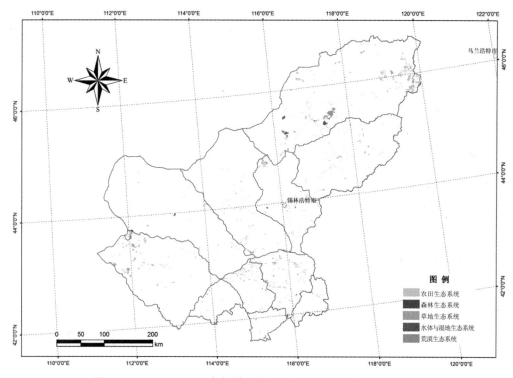

图 3-16　1975—1990 年锡林郭勒盟生态系统转出类型空间分布

　　1975—1990 年，发生转出的农田生态系统总面积为 102.0 km²，占所有类型转出总面积的 2.9%。农田生态系统主要转出为草地、水体与湿地生态系统以及人居生态系统，面积分别为 56.9 km²、22.9 km² 和 20.9 km²，三者之和占转出农田面积的 98.8%。在空间上，农田生态系统的转出集中分布在南部以农耕为主的地区。

　　森林生态系统的转出面积在 1975—1990 年并不大，转出总面积仅为 14.1 km²，占全部类型转出面积的 0.4%。主要去向为农田与人居生态系统；空间分布上，森林转为农田主要分布在西乌珠穆沁旗东北部，面积仅为 5.0 km²；森林转为人居生态系统，主要是转化为人居生态系统（主要为道路），呈线状，广泛分布在锡林郭勒盟各个旗县境内，面积为 8.6 km²。

　　草地生态系统在 1975—1990 年发生转出的面积最大，为 2 483.8 km²，占各类型转出面积的 71.6%。在此阶段，草地生态系统主要转为人居、荒漠与农田生态系统，面积分别为 980.1 km²、901.8 km² 和 546.0 km²，分别占转出草地面积的 39.5%、36.3% 与 22.0%。从空间分布上看，转出为人居生态系统（主要为道路）的草地呈线状，广泛分布在锡林郭勒盟各个旗县，转出为农田生态系统的草地主要分布在东乌珠穆沁旗东部；转出为荒漠生态系统的草地则主要分布在苏尼特右旗西部、阿巴嘎旗、正镶白旗等沙地有广泛分布的西部与南部旗县。其中东乌珠穆沁旗草地生态系统面积减少了 804.0 km²，西乌珠穆沁旗境内草地减少了 204.5 km²，苏尼特右旗草地生态系统面积减少了 405.2 km²，正蓝旗草地生态系统面积减少了 150.8 km²。转出为农田生态系统的草地主要分布在东乌珠穆沁旗东部地区。

水体与湿地生态系统在 1975—1990 年转出面积为 280.3 km²，占各类型转出面积的 8.1%。水体与湿地生态系统主要去向为荒漠生态系统，变化面积达到 213.6 km²，占总转出面积的 76.2%，主要分布在东乌珠穆沁旗境内；其次是转为草地，面积为 49.8 km²，占总转出面积的 17.8%，零星分布于锡林浩特市、苏尼特左旗、正镶白旗境内；再次是转出为人居生态系统，占水体转出面积的 5.3%。

荒漠生态系统在 1975—1990 年的转出总面积为 591.0 km²，占各类型转出面积的 17.0%，主要转出为水体与湿地生态系统以及草地生态系统，两者的面积之和高达 581.1 km²，占总转出面积的 98.32%；在空间分布上，它们主要分布在东乌珠穆沁旗中南部与锡林浩特市西北部，在正镶白旗、正蓝旗、西乌珠穆沁旗境内也有零星分布。

人居生态系统具有内在的稳定性和转化的单向性，它在本阶段无转出变化。

从各个生态系统类型的转入情况来看，如表 3-8 和图 3-17 所示。

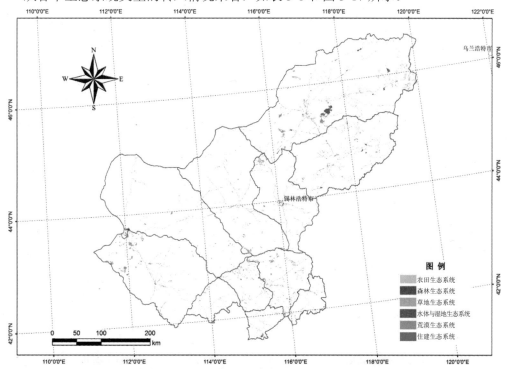

图 3-17　1975—1990 年锡林郭勒盟生态系统转入类型空间分布

1975—1990 年，转入为农田生态系统面积为 553.2 km²，占各类型全部转入面积的 15.9%。主要转入源为草地，占总转入面积的 98.7%以上。在地区分布上，变化主要发生在东乌珠穆沁旗，农田面积净转入 381.9 km²，占全盟农田增长的 84.6%。

转入为森林生态系统的面积仅有 39.0 km²，仅占各类型全部转入面积的 1.1%。主要从草地转入，空间上无明显分布特征。

1975—1990 年，转入为草地生态系统的面积为 407.2 km²，占各类型全部转入面积的 11.7%。主要从荒漠生态系统与农田生态系统以及水体与湿地生态系统转入，面积分别为 300.0 km²、56.9 km² 和 49.8 km²，集中分布在东乌珠穆沁旗、锡林浩特市、西乌珠穆沁旗、正镶白旗、正蓝旗等区域。

水体与湿地生态系统类型的转入面积为 321.8 km²，占各类型全部转入面积的 9.3%。主要从荒漠生态系统和农田生态系统转入。其中，仅从荒漠生态系统转入面积就达到 281.1 km²，占全部转入面积的 87.4%，主要分布于东乌珠穆沁旗，此外，在苏尼特左旗、二连浩特市、正镶白旗、太仆寺旗境内也有零星分布。

1975—1990 年转入为荒漠生态系统的总面积为 1 115.7 km²，占各类型全部转入面积的 32.1%，是这一时段转入面积最大的生态系统类型。转入为荒漠的生态系统的主要来源是草地、水体与湿地生态系统。其中，转入源面积最大者为草地，为 901.8 km²，所占比重高达 80.8%；其次为水体与湿地生态系统，面积为 213.6 km²，所占比重 19.2%。荒漠生态系统的转入主要发生在东乌珠穆沁旗、正蓝旗、苏尼特右旗等旗县，其中正蓝旗荒漠生态系统面积增加了 121.2 km²，苏尼特右旗荒漠生态系统面积增加了 298.7 km²。

1975—1990 年转入为人居生态系统的总面积达到 1 034.4 km²，占各类型全部转入面积的 29.8%，成为该时段第二大转入面积的生态系统类型。人居生态系统主要由草地生态系统转入，转入面积高达 980.3 km²，占总转入为人居生态系统面积的 94.8%；空间分布上，由于草地转为人居生态系统中道路最多，因此其分布广泛，呈线状分布于各旗县境内。

对发生变化的生态系统类型在各旗县的分布情况进行统计如表 3-9 所示。

总体上，1975—1990 年，发生变化的农田生态系统主要集中在锡林郭勒盟南部和东部，其中多伦县、东乌珠穆沁旗和锡林浩特市等旗市面积变化较突出。发生变化的草地生态系统主要分布在锡林郭勒盟南部、东部和西部，在东乌珠穆沁旗、苏尼特右旗、正蓝旗和正镶白旗等旗县变化较突出。发生变化的荒漠生态系统主要分布在正蓝旗、苏尼特右旗和东乌珠穆沁旗。

表3-9　1975—1990 年各旗县生态系统类型变化面积统计　（单位：km²）

旗县名称	农田	森林	草地	水体与湿地	荒漠	人居
锡林浩特市	46.3	−2.2	−82.4	−15.6	−47.7	101.7
东乌珠穆沁旗	381.9	−1.5	−804.0	51.4	32.8	339.4
西乌珠穆沁旗	−10.9	−5.9	−204.5	5.6	−2.1	217.8
阿巴嘎旗	0.3	0.3	−139.8	−1.3	38.8	101.7
正蓝旗	2.1	0.0	−150.8	−9.5	121.2	37.0
多伦县	−0.5	27.8	−41.5	0.9	4.5	8.8
正镶白旗	2.8	6.5	−74.0	−3.8	43.3	25.4
太仆寺旗	2.4	−0.3	−35.8	6.8	−5.4	32.2
镶黄旗	12.6	0.0	−54.5	5.9	17.4	18.5
苏尼特左旗	0.0	0.0	−70.2	−7.6	21.2	56.6
苏尼特右旗	14.3	0.0	−405.2	0.1	298.7	92.1
二连浩特市	0.0	0.1	−14.0	8.6	2.1	3.2
总计	451.2	24.8	−2 076.5	41.4	524.7	1 034.4

农田生态系统的变化主要发生在东乌珠穆沁旗、正镶白旗和正蓝旗，其中东乌珠穆沁旗农田面积净增加 381.9 km²，锡林浩特市农田面积净增加 46.3 km²。

森林生态系统类型的变化主要发生在多伦县、东乌珠穆沁旗、西乌珠穆沁旗、镶白旗，其中多伦县森林生态系统面积增加了 27.8 km²，正镶白旗增加了 6.5 km²，东乌珠穆沁旗减少了 1.5 km²，西乌珠穆沁旗减少了 5.9 km²。

在所有生态类型变化中，草地生态系统发生变化面积最大，各旗县都有减少。其中，东乌珠穆沁旗、苏尼特右旗、西乌珠穆沁旗、正蓝旗、阿巴嘎旗减少面积在 1 700 km² 以上。

水体与湿地生态系统类型面积变化以增加为主，除了锡林浩特市、阿巴嘎旗、正蓝旗、正镶白旗、苏尼特左旗的水体面积发生减少外，其他旗县的水体与湿地生态系统面积均有增加。

发生变化的荒漠生态系统集中分布在锡林浩特市、正蓝旗、苏尼特右旗、正镶白旗等地，其中锡林浩特市荒漠面积减少了 47.7 km²，正蓝旗荒漠生态系统面积增加了121.2 km²，苏尼特左旗荒漠生态系统面积增加了 298.7 km²，正镶白旗荒漠增加了43.3 km²。

3.3.2　1990—2000 年生态系统类型转换的时空特征

1990—2000 年生态系统变化特征是：继续维持 1975—1990 年的变化态势，即以草地生态系统面积的缩减为代价，支持其他各类陆地生态系统面积的扩张进程；同时，水体与湿地生态系统面积开始减少。具体体现为：

与 1990 年相比，2000 年草地生态系统面积减少了 0.23 万 km^2，面积缩减幅度为 1.3%，相对比重下降了 1.1 个百分点；水体和湿地生态系统面积减小 225 km^2，下降幅度达到 3.5%，所占全盟国土面积份额由 3.2%下降到 3.1%，下降了 0.1 个百分点；农田生态系统呈继续扩张趋势，与 1990 年相比，增加了 388.5 km^2，增长幅度为 20%，比 1975—1990 年 12.1%的增长高出 1.65 倍，其面积比重达到 2.5%，比 1990 年提高了 0.4 个百分点；荒漠生态系统维持了自 1975 年以来的扩张趋势，与 1990 年相比，面积绝对值增加了 1 434 km^2，增长幅度高达 15.9%，所占面积比重比 1990 年上升了 0.7 个百分点。

从不同生态系统的转出情况来看，如表 3-10 和图 3-18 所示。

与 1975—1990 年相比，农田生态系统的转出面积在 1990—2000 年继续增长，为 234.6 km^2，占各类型全部转出面积的 3.5%。其中转出为草地生态系统的面积最大，为 207.5 km^2，占农田生态系统类型全部转出面积的 88.5%；其次为转向水体与湿地生态系统，面积为 18.4 km^2，占 7.8%。在地区分布上，转出的农田生态系统主要分布在东乌珠穆沁旗东部、多伦县南部、太仆寺旗北部、正蓝旗南部以及苏尼特右旗东南部。森林生态系统在 1990—2000 年主要转向草地生态系统与农田生态系统，转出总面积为 55.4 km^2，占各类型全部转出面积的 0.8%。其中，转出为草地生态系统的森林面积就达到了 52.1 km^2，占森林总转出面积的 94.0%。发生变化的森林生态系统的大部分布在东乌珠穆沁旗与锡林浩特市境内，在正蓝旗、正镶白旗、太仆寺旗与苏尼特右旗境内也有零星分布。

表 3-10　锡林郭勒盟生态系统类型转移矩阵（1990—2000 年）　　　（单位：km^2）

1990 \ 2000	农田	森林	草地	水体与湿地	荒漠	人居	转出合计	总计
农田	3 960.6	2.6	207.5	18.4	1.1	5.0	234.6	4 195.2
森林	3.3	3 844.0	52.1	0.0	0.0	0.1	55.4	3 899.4
草地	1 058.9	122.9	171 182.0	67.3	2 786.3	176.2	4 211.7	175 393.7
水体与湿地	10.5	0.1	426.6	5 806.5	225.5	4.6	667.3	6 473.8
荒漠	0.4	0.0	1 218.3	355.4	7 458.6	4.7	1 578.9	9 037.5
人居	0.0	0.0	0.0	0.0	0.0	1 676.9	0.0	1 676.9
转入合计	1 073.1	125.7	1 904.5	441.1	3 012.8	190.6	6 747.9	—
总计	5 033.7	3 969.7	173 086.6	6 247.6	10 471.5	1 867.6	—	200 676.6

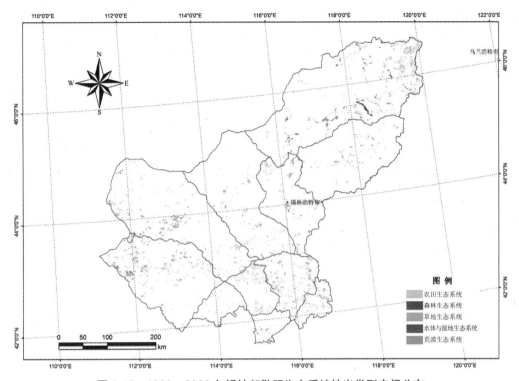

图 3-18 1990—2000 年锡林郭勒盟生态系统转出类型空间分布

转出的草地面积在 1990—2000 年持续扩张，高达 4 211.7 km²，占各类型全部转出面积的 62.4%。在此阶段，草地生态系统转出为荒漠与农田生态系统的面积分别为 2 786.3 km²、1 058.9 km²，占整个转出草地面积的 66.2% 与 25.1%。从地区分布来看，转出草地主要集中分布在东乌珠穆沁旗东部、西乌珠穆沁旗中部、多伦县、太仆寺旗、正蓝旗中南部、苏尼特左旗西北部以及苏尼特右旗西部。

水体与湿地生态系统的转出在 1990—2000 年也有所扩张，面积达 667.3 km²，占地区各类型转出面积的 9.9%。主要转出方向为草地与荒漠生态系统，两者面积分别为 426.6 km²、225.5 km²，占本类型转出总面积的 97.7%。主要分布在东乌珠穆沁旗东南部、锡林浩特市北部，其他旗县也有较广泛分布。

荒漠生态系统在 1990—2000 年的转出面积也有大幅扩张，成为此时段第二大转出生态系统类型，面积为 1 578.9 km²，占各类型转出面积的 23.4%。主要转出方向为草地生态系统和水体与湿地生态系统，其中，转出为草地的面积达到 1 218.3 km²，占转出荒漠面积的 77.2%，转出为湿地生态系统面积为 355.4 km²，占荒漠转出总面积的 22.5%。

转出的荒漠主要分布在东乌珠穆沁旗、阿巴嘎旗东南部、正镶白旗北部、正蓝旗、多伦县中部以及苏尼特左旗、苏尼特右旗境内。

人居生态系统具有内在的稳定性和转化的单向性，它在本阶段无转出变化。

从各个生态系统类型的转入情况来看，如表 3-10 和图 3-19 所示。

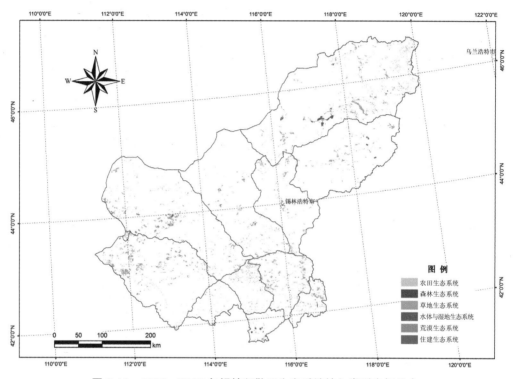

图 3-19 1990—2000 年锡林郭勒盟生态系统转入类型空间分布

1990—2000 年，农田生态系统的转入面积大幅增加，增加面积高达 1 073.1 km^2，占各类型转入面积的 15.9%。该时段内，草地是农田生态系统的最主要转入源，面积达到 1 058.9 km^2，占转入农田总面积的 98.7%。除此之外，水体与湿地生态系统也有 10.5 km^2 转化农田生态系统。从其地区分布上看，增加的农田生态系统主要分布在东乌珠穆沁旗东部、多伦县南部、正蓝旗南部、太仆寺旗、正镶白旗南部、镶黄旗东南部以及苏尼特右旗东南部。

1990—2000 年，森林生态系统的转入面积有所增加，为 125.7 km^2，占各类型转入面积的 1.9%。主要转入源为草地，面积达 122.9 km^2，占森林总转入面积的 97.8%。农田生态系统也有 2.6 km^2 转化为森林生态系统。发生转入的森林主要分布在西乌珠穆沁旗东部与太仆寺旗南部。

草地生态系统在 1990—2000 年的转入面积较 1975—1990 年有明显增加，为 1 904.5 km²，占各类型转入面积的 28.2%。其主要的转入源为荒漠生态系统，面积高达 1 218.3 km²，占转入草地总面积的 64%；其次是从水体与湿地生态系统转入，面积为 426.6 km²，占 22.4%；再次为农田生态系统从草地系统转入，面积约 207.5 km²，占 10.9%。草地的转入集中分布在东乌珠穆沁旗东部与正镶白旗北部、太仆寺旗北部、多伦县南部，也有呈星散分布于苏尼特左旗、苏尼特右旗、阿巴嘎旗、锡林浩特市境内。

水体与湿地生态系统在 1990—2000 年共转入了 441.1 km²，较 1975—1990 年有轻微增加，占各类型转入面积的 6.5%。主要转入源为荒漠生态系统，仅荒漠生态系统的转入面积就高达 355.4 km²，占 80.6%。除此之外，草地生态系统转入为水体与湿地生态系统的面积为 67.3 km²、从耕地转入的面积为 18.4 km²。水体与湿地生态系统转入集中分布在东乌珠穆沁旗境内，星散分布在阿巴嘎旗、正蓝旗、太仆寺旗、苏尼特左旗、镶黄旗境内，零星分布在苏尼特右旗、正镶白旗、多伦县境内。

荒漠生态系统在 1990—2000 年的转入面积是最大的，面积达到了 3 012.8 km²，占此时期各类型转入面积的 44.6%。其主要的转入源中，面积最大的为草地，为 2 786.3 km²，占整个荒漠转入面积的 92.5%。其次为水体与湿地生态系统，转入面积为 225.5 km²，占转入总面积的 7.5%。此外，也有小面积的农田生态系统转入为荒漠生态系统。荒漠生态系统转入主要分布在东乌珠穆沁旗南部、西乌珠穆沁旗中部、锡林浩特市北部、多伦县北部、正蓝旗东部与西部、正镶白旗北部、苏尼特左旗、苏尼特右旗北部等地区。

人居生态系统在 1990—2000 年的转入面积继续增加，但其增加量比 1975—1990 年明显减少，为 190.6 km²，占各类型转入面积的 2.8%。其中，草地生态系统仍然是最大转入源，为 176.2 km²，占总转入面积的 92.4%，此外，除了森林生态系统没有转入为人居生态系统之外，其他类型均有小面积转入：农田转入约 5.0 km²、水体与湿地转入约 4.6 km²、荒漠转入约 4.7 km²。人居生态系统的转入主要分布在东乌珠穆沁旗东部、北部、苏尼特左旗北部、苏尼特右旗西部和正蓝旗、正镶白旗境内。

对发生变化的生态系统类型在各旗县的分布进行统计表明，如表 3-11 所示：

总体上讲，发生变化的农田生态系统主要集中在锡林郭勒盟南部和东部，其中在多伦县、东乌珠穆沁旗和太仆寺旗境内发生变化的面积较突出。发生变化的草地生态系统主要分布在锡林郭勒盟南部、东部和西部；按行政单元统计，则东乌珠穆沁旗、苏尼特右旗、正蓝旗和正镶白旗等旗县变化较突出。发生变化的荒漠生态系统主要分布在正蓝旗、苏尼特右旗和东乌珠穆沁旗。

表 3-11　1990—2000 年各旗县生态系统类型变化面积统计　　　（单位：km²）

旗县名称	农田	森林	草地	水体与湿地	荒漠	人居
锡林浩特市	61.1	−18.0	−180.5	−85.9	212.5	10.7
东乌珠穆沁旗	562.1	−14.6	−273.6	−130.2	−218.4	74.7
西乌珠穆沁旗	−28.0	53.7	−203.3	−20.0	191.3	6.2
阿巴嘎旗	−0.2	0.0	−225.5	8.4	211.3	6.0
正蓝旗	121.4	0.6	−406.2	3.9	263.5	16.9
多伦县	−7.8	−0.4	−121.6	9.7	118.1	2.0
正镶白旗	57.7	3.0	−53.7	−1.0	−22.8	16.8
太仆寺旗	31.4	42.4	−80.9	−14.1	17.9	3.3
镶黄旗	34.5	0.0	−83.0	4.1	42.4	2.0
苏尼特左旗	0.0	0.4	−404.9	21.6	369.5	13.3
苏尼特右旗	6.2	3.1	−268.6	−24.8	247.5	36.6
二连浩特市	0.0	0.2	−5.5	2.1	1.1	2.1
总计	838.5	70.3	−2 307.2	−226.1	1 433.9	190.6

农田生态系统的变化主要发生在东乌珠穆沁旗、正蓝旗和正镶白旗，其中东乌珠穆沁旗农田面积净增加 562.1 km²，正蓝旗农田面积净增加 121.4 km²，正镶白旗农田面积净增加 57.7 km²，整个锡林郭勒盟农田面积增加 838.5 km²。

森林生态系统类型的变化主要发生在太仆寺旗和西乌珠穆沁旗，其中西乌珠穆沁旗森林生态系统面积增加了 53.7 km²，太仆寺旗森林生态系统面积增加了 42.4 km²。

发生变化的草地生态系统面积最大，各旗县都有减少，多数旗县草地面积减少超过 200 km²，这与这一时期草地开垦为耕地的加剧和草地的退化有很大关系。

水体与湿地生态系统类型面积变化主要发生在东乌珠穆沁旗和锡林浩特市，其中东乌珠穆沁旗水体与湿地生态系统面积减少了 130.2 km²，锡林浩特市境内减少了 85.9 km²。

发生变化的荒漠生态系统主要分布在正蓝旗、苏尼特左旗、苏尼特右旗、多伦县、锡林浩特市、阿巴嘎旗和东乌珠穆沁旗等地，其中正蓝旗荒漠生态系统面积增加了 263.5 km²，苏尼特左旗荒漠面积增加了 369.5 km²，锡林浩特市荒漠面积增加了 212.5 km²，阿巴嘎旗荒漠面积增加了 211.3 km²，苏尼特右旗荒漠面积增加了 247.5 km²。

人居生态系统面积变化主要发生在苏尼特右旗和东乌珠穆沁旗，其中苏尼特右旗面积增加了 36.6 km²，东乌珠穆沁旗面积增加了 74.7 km²。

3.3.3 2000—2005 年生态系统类型转换的时空特征

2000—2005 年生态系统变化特征是：自 1975—2000 年以来的草地与农田之间的转换进程得以迅速控制和逆转；自 1975—2000 年以来的荒漠化进程得到遏制；水体与湿地生态系统类型继续加速缩减。具体表现为：

与 2000 年相比，2005 年草地生态系统相对比重提高了 0.4 个百分点，绝对面积扩大了 0.1 万 km^2，这是自 1975 年以来，其变化趋势首次逆转；水体与湿地生态系统面积保持自 1990 年以来的下降趋势，且面积是大幅缩减，相对比重下降了 0.4 个百分点，绝对面积减少了 906.9 km^2。而农田生态系统自 1975 年以来首次出现减少趋势，减少了 331.4 km^2，减少幅度为 6.6%，相对比重下降了 0.2 个百分点；荒漠生态系统相对比重与 2000 年相比基本保持稳定，但绝对面积有微弱增加（6.1 km^2）。

从各生态系统转出情况来看，如表 3-12 和图 3-20 所示。

与 1990—2000 年相比，农田生态系统的转出面积在 2000—2005 年有大幅增长，为 447.9 km^2，占各类型转出面积的 5.6%。其中转出为草地生态系统的面积最大，为 411.1 km^2，占本类型转出总面积的 91.8%；其次为向人居生态系统转出，面积为 21.6 km^2，占本类型转出面积的 4.8%。在地区分布上，转出的农田生态系统主要分布在东乌珠穆沁旗东部、多伦县南等区域。

森林生态系统在 2000—2005 年主要向草地生态系统与农田生态系统转出，转出面积为 83.9 km^2，占各类型转出面积的 1.1%。其中，转出为草地生态系统的森林面积就达到了 82.3 km^2，占本类型转出总面积的 98%。发生转化的森林生态系统的大部分分布在西乌珠穆沁旗境内，较为分散。

表 3-12 锡林郭勒盟生态系统类型转移矩阵（2000—2005 年）　　　　（单位：km^2）

2005〱2000	农田	森林	草地	水体与湿地	荒漠	人居	转出合计	总计
农田	4 585.8	10.5	411.1	1.8	2.9	21.6	447.9	5 033.7
森林	0.9	3 885.8	82.3	0.1	0.0	0.6	83.9	3 969.7
草地	106.4	190.0	170 140.5	27.0	2 505.9	116.7	2 946.0	173 086.6
水体与湿地	8.6	0.2	285.1	5 122.4	827.3	4.1	1 125.2	6 247.6
荒漠	0.6	3.1	3 129.9	189.4	7 141.5	6.9	3 329.9	10 471.5
人居	0.0	0.0	0.0	0.0	0.0	1 867.6	0.0	1 867.6
转入合计	116.5	203.7	3 908.3	218.3	3 336.1	150.0	7 933.0	6 747.9
总计	4 702.3	4 089.5	174 048.9	5 340.7	10 477.6	2 017.6	—	200 676.6

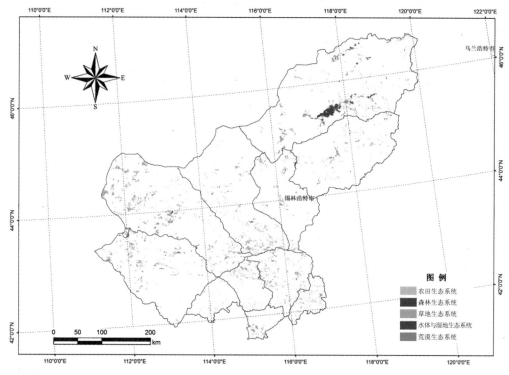

图 3-20　2000—2005 年锡林郭勒盟生态系统转出类型空间分布

　　2000—2005 年，草地的大面积转出局势得到逆转，草地转出的面积仅为上个 10 年（1990—2000 年）的近一半，为 2 946.0 km²，占各类型转出面积的 37.1%。在此阶段，草地生态系统主要转出为荒漠与森林生态系统，面积分别为 2 505.9 km²、190 km²，占整个转出草地面积的 85.1% 与 6.4%。从地区分布上来看，主要分布在苏尼特左旗西北部、苏尼特右旗、阿巴嘎旗、锡林浩特市南部、正蓝旗与太仆寺旗等地区。

　　水体与湿地生态系统的转出在 2000—2005 年大幅增加，转出面积达到 1 125.2 km²，占各类型转出总面积的 14.2%。主要转出去向为荒漠生态系统，面积为 827.3 km²，占本类型转出面积的比例高达 73.5%。转出的水体与湿地主要分布在东乌珠穆沁旗、阿巴嘎旗、苏尼特左旗境内，其中仅东乌珠穆沁旗境内的水体与湿地生态系统就净减少了 815.3 km²。

　　荒漠生态系统在 2000—2005 年的转出面积也有大幅扩张，变为此时的第一大转出生态系统类型，面积为 3 329.9 km²，占各类型转出面积的 42.0%。荒漠生态系统主要转出为草地生态系统和水体与湿地生态系统，其中，转出为草地的面积就达到 3 129.9 km²，占转出荒漠面积的 94%，转变为湿地生态系统的面积为 189.4 km²，占荒漠转出总面积的 5.7%。转出的荒漠广泛分布在锡林郭勒盟除太仆寺旗以外的其他境内。

人居生态系统具有内在的稳定性和转化的单向性，它在本阶段无转出变化。

从各个生态系统类型的转入情况来看，如表 3-12 和图 3-21 所示：

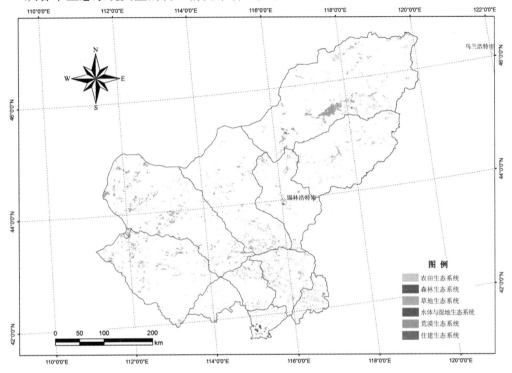

图 3-21　2000—2005 年锡林郭勒盟生态系统转入类型空间分布

2000—2005 年，农田生态系统的转入面积发生大幅度缩小，增加的面积仅为 116.5 km²，占各类型转入面积的 1.5%。该时段内，草地仍为农田生态系统的最主要转入源，面积达到 128.2 km²，占转入农田总面积的 92.7%。除此之外，水体与湿地生态系统也有 8.6 km² 转化为农田生态系统。从其地区分布来看，增加的农田生态系统主要分布在东乌珠穆沁旗东部、多伦县北部、正蓝旗南部、正镶白旗南部等地区。

2000—2005 年，森林生态系统的转入面积继续增加，为 203.7 km²，占各类型转入面积的 2.6%。主要转入源为草地，转化面积达到 190 km²，占森林总转入面积的 93.3%。农田生态系统也有 10.5 km² 转化为森林生态系统。发生转入的森林主要分布在西乌珠穆沁旗东北部与太仆寺旗西南部。

草地生态系统在 2000—2005 年的转入面积较 1990—2000 年发生大幅度增长，为 3 908.3 km²，占各类型转入面积的 49.3%，成为此时段第一大转入的生态系统类型。其主要的转入源为荒漠生态系统，面积高达 3 129.9 km²，占总转入草地面积的 80.1%；其次为农田生态系统，为 411.1 km²，占 10.5%；再次为水体与湿地生态系统，面积约 285 km²，占 7.3%。草地的转入主要分布在浑善达克沙地及乌珠穆沁沙地地区。

水体与湿地生态系统在 2000—2005 年共转入了 218.3 km²，占各类型转入面积的 2.8%，较 1990—2000 年有所回落（441.1 km²）。主要转入源为荒漠生态系统，由荒漠生态系统转入面积高达 189.4 km²，占 80.8%。除此之外，草地生态系统转入为水体、湿地生态系统的面积为 27 km²、从耕地转入的面积为 1.8 km²；水体与湿地生态系统转入集中分布在东乌珠穆沁旗境内。

荒漠生态系统在 2000—2005 年转入面积仍持续增加，成为该时段第二大转入生态系统类型，面积增加到 3 336.1 km²，占各类型转入面积的 42.1%。其主要的转入源中，面积最大的仍是草地，为 2 505.9 km²，占整个荒漠转入面积的 75.1%。其次为水体与湿地生态系统，转入面积为 827.3 km²，占转入总面积的 24.8%。此外，也有小面积的农耕生态系统转入为荒漠生态系统。从地区分布上来看，荒漠生态系统转入集中分布在东乌珠穆沁旗、苏尼特左旗两个旗县；分散分布在苏尼特右旗、巴嘎旗、正镶白旗、正蓝旗、锡林浩特市等沙地分布区。

人居生态系统在 2000—2005 年的转入面积较 1990—2000 年有轻微增加，为 150.0 km²，占各类型全部转入面积的 1.9%。其中，草地生态系统仍然是最大转入源，为 116.7 km²，占总转入面积的 77.8%，其次为农田生态系统，转入面积为 21.6 km²，占人居总转入面积的 14.4%。此外，其他类型均有转入，但面积较小：森林转入约为 0.6 km²、水体与湿地转入约 4.1 km²、荒漠转入约 6.9 km²。从其地区分布上来看，人居生态系统的转入主要分布在锡林浩特市、正镶白旗、正蓝旗等旗县境内。

对发生变化的生态系统类型在各旗县的分布进行统计，如表 3-13 所示。

表 3-13　2000—2005 年各旗县生态系统类型变化面积统计　　　　　（单位：km²）

旗县名称	农田	森林	草地	水体与湿地	荒漠	人居
锡林浩特市	−5.2	8.0	107.1	3.3	−133.3	20.0
东乌珠穆沁旗	−14.8	24.1	−50.2	−815.3	827.1	29.1
西乌珠穆沁旗	−5.3	−13.3	300.9	−34.1	−249.7	1.4
阿巴嘎旗	−1.3	0.0	112.0	−4.9	−113.0	7.3
正蓝旗	−18.1	−8.4	178.8	−22.7	−161.0	31.4
多伦县	−73.7	2.8	121.6	−6.0	−70.5	25.8
正镶白旗	−61.7	−6.4	245.5	−4.0	−186.5	13.0
太仆寺旗	−97.9	113.2	−21.5	−1.6	3.1	4.6
镶黄旗	−12.3	0.0	77.6	−4.9	−61.2	0.8
苏尼特左旗	0.0	0.0	−689.4	−16.1	701.0	4.5
苏尼特右旗	−41.1	−0.5	566.2	2.5	−532.4	5.2
二连浩特市	0.0	0.2	13.7	−3.2	−17.5	6.8
总计	−331.4	119.8	962.3	−906.9	6.1	150.0

　　总体上，发生变化的农田生态系统主要集中在锡林郭勒盟的南部和西部，其中太仆寺旗、多伦县、正镶白旗、苏尼特右旗境内的面积变化较突出。发生变化的草地生态系统主要分布在锡林郭勒盟的南部、东部和西部，在东乌珠穆沁旗、苏尼特右旗、正蓝旗和正镶白旗等旗县的变化较突出。发生变化的荒漠生态系统主要分布在苏尼特左旗、苏尼特右旗、东乌珠穆沁旗、正镶白旗、正蓝旗等旗县。

　　农田生态系统的变化主要发生在太仆寺旗、多伦县和正镶白旗、苏尼特右旗正蓝旗和东乌珠穆沁旗，其中太仆寺旗旗农田面积净减少约 100 km²，多伦县农田面积净减少 73.7 km²，正镶白旗农田面积净减少 61.7 km²，整个锡林郭勒盟农田面积减少了 331.4 km²。

　　森林生态系统类型的变化主要发生太仆寺旗和东乌珠穆沁旗，其中东乌珠穆沁旗森林生态系统面积增加了 24.1 km²，太仆寺旗森林生态系统面积增加了 113.2 km²。

　　发生变化的草地生态系统面积最大，除了东乌珠穆沁旗、太仆寺旗和苏尼特左旗的草地生态系统面积有所减少外，其他各旗县均有增加，其中，增加较大的为苏尼特右旗，为 566.2 km²，其次为西乌珠穆沁旗，为 300.9 km²，再次为正镶白旗，为 245.5 km²。上述数据表明在锡林郭勒盟实行的退耕还草还林工程得到了显著的成效。

　　水体与湿地生态系统类型面积变化主要发生在东乌珠穆沁旗和正蓝旗，其中东乌珠穆沁旗水体与湿地生态系统面积减少了 815.3 km²，正蓝旗水体与湿地生态系统面积减少了 16.1 km²。

　　发生变化的荒漠生态系统主要为东乌珠穆沁旗、苏尼特右旗、苏尼特左旗、西乌珠穆沁旗、正镶白旗、正蓝旗等地。其中，除了东乌珠穆沁旗与苏尼特左旗的荒漠面积大幅增加外，其余旗县境内荒漠生态系统的面积均在减少。

　　人居生态系统面积变化主要发生在锡林浩特市、东乌珠穆沁旗、正蓝旗以及多伦县，其中正蓝旗面积增加了 31.4 km²，东乌珠穆沁旗面积增加了 29.1 km²。

3.3.4　2005—2009 年生态系统类型转换的时空特征

　　2005—2009 年锡林郭勒盟生态系统变化的基本特征是：延续 2000—2005 年以来的变化趋势，草地生态系统面积进一步扩张，农田生态系统面积进一步减小；荒漠生态系统面积在 2000—2005 年得以遏制的前提下，首次出现逆转；但是水体与湿地生态系统延续了继续缩减的趋势，但缩减速率较前期大大减小。具体表现为：

　　草地生态系统比上一期扩展了 0.2 万 km²，相对比重提高了 0.2 个百分点，保持了自 2000 年以来面积增加的态势；水体与湿地生态系统面积保持了自 1990 年以来继续减少态势，5 年间，其面积减少了 531 km²，所占比重下降了 0.3 个百分点，面积减少了 9.9%，但减少幅度较前期（14.5%）有所减慢。农田生态系统面积继续保持了自 2000 年以来的减量势头，并呈现加速减少态势，绝对面积减少了 632.2 km²，比重下降了 0.3 个百分点，减少幅度为 13.4%，减少幅度比 2000—2005 年的幅度（6.6%）大了约 1 倍；荒漠生态系统绝对面积减少了 0.12 万 km²，比重下降了 0.6 个百分点，是在 1975—2000 年面积不断增加、2000—2005 年面积基本稳定的基础上首次出现了逆转趋势。

从各生态系统转出情况来看，如表 3-14 和图 3-22 所示。

表 3-14　锡林郭勒盟生态系统类型转移矩阵（2005—2009 年）　　　（单位：km²）

2005 \ 2009	农田	森林	草地	水体与湿地	荒漠	人居	转出合计	总计
农田	3 985.6	8.0	706.0	0.0	0.1	2.6	716.7	4 702.3
森林	0.2	3 970.2	117.3	0.0	0.0	1.8	119.3	4 089.5
草地	78.8	14.0	173 250.0	13.5	504.9	187.7	798.9	174 048.9
水体与湿地	5.1	0.2	431.4	4 693.3	208.2	2.4	647.3	5 340.7
荒漠	0.4	0.0	1 811.3	102.6	8 556.9	6.4	1 920.7	10 477.6
人居	0.0	0.0	0.0	0.0	0.0	2 017.6	0.0	2 017.6
转入合计	84.5	22.2	3 066.0	116.1	713.2	200.9	4 203.0	—
总计	4 070.1	3 992.4	176 316.0	4 809.4	9 270.1	2 218.5	—	200 676.6

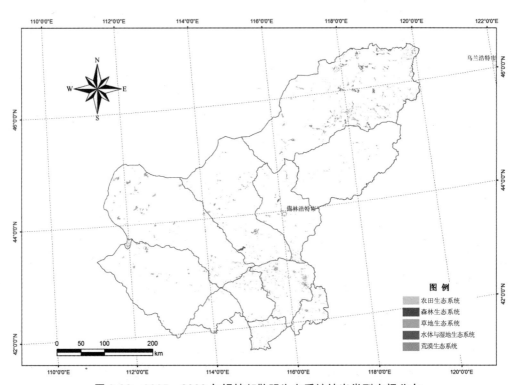

图 3-22　2005—2009 年锡林郭勒盟生态系统转出类型空间分布

2005—2009 年，农田生态系统的转出持续了 2000—2005 年的趋势，增长了 716.7 km²，占各类型转出面积的 17.1%。其中转出为草地生态系统的面积最大，为 706.6 km²，占总转出面积的 98.5%；其次是向森林生态系统转出，面积为 8.0 km²，占本类型转出面积的 1.1%。在地区分布上，转出的农田生态系统主要分布在东乌珠穆沁旗东部、太仆寺旗、多伦县南部等区域。

森林生态系统在 2005—2009 年主要转出为草地生态系统与人居生态系统，转出面积为 119.3 km²，占各类型转出总面积的 2.8%。其中，转出为草地生态系统的森林面积就达到了 117.3 km²，占本类型转出总面积的 98.3%。发生转化的森林生态系统的大部分布在东乌珠穆沁旗境内，较为分散。

2005—2009 年，草地生态系统的转出承续了上个时期（2000—2005 年）的趋势，转出面积继续缩小，为 798.9 km²，占各类型全部转出面积的 19.0%。在此阶段，草地生态系统主要转出仍为荒漠、人居与农田生态系统，面积分别为 504.9 km²、187.7 km² 和 73 km²，占整个转出草地面积的 63.7%、23.5、9.2%。在地区分布上，转出草地主要分布在苏尼特左旗、阿巴嘎旗东南部、锡林浩特市南部、正蓝旗与正镶白旗的沙地分布区。

水体与湿地生态系统的转出在 2005—2009 年较上个时间段发生减少，总面积为 674.3 km²，占各类型全部转出面积的 15.4%。在此阶段，水体与湿地生态系统主要转出为草地生态系统与荒漠生态系统，面积为 431.4 km² 和 208.2 km²，两者之和在整个转出的水体与湿地生态系统中所占的比例高达 98.0%。转出的水体与湿地主要分布在东乌珠穆沁旗、锡林浩特市以及阿巴嘎旗境内。

荒漠生态系统在 2005—2009 年仍然是第一大转出生态系统类型，但转出面积较上个时段有所减少，面积为 1 920.7 km²，占各类型全部转出面积的 45.7%。荒漠生态系统主要转出为草地生态系统和水体与湿地生态系统。其中，转出为草地的面积就达到 1 811.3 km²，占转出荒漠面积的 94.3%，向水体与湿地生态系统转出的面积为 102.6 km²，占荒漠转出总面积的 5.3%。从其地区分布上来看，转出的荒漠主要分布在东乌珠穆沁旗、阿巴嘎旗、苏尼特左旗、苏尼特右旗、正蓝旗以及正镶白旗境内。

人居生态系统具有内在的稳定性和转化的单向性，它在本阶段无转出变化。

从各个生态系统类型的转入情况来看，如表 3-14 和图 3-23 所示。

2005—2009 年，农田生态系统的转入面积发生大幅度缩小，延续了上个时段（2000—2005 年）的减少趋势，增加的面积降到了 84.5 km²，占各类型转入总面积的 2.0%。该时段内，草地仍为农田生态系统的最主要转入源，面积达到 78.8 km²，占转入农田总面积的 93.2%。除此之外，水体与湿地生态系统也有 5.1 km² 转化农田生态系统。从其地区分布上来看，增加的农田生态系统主要分布在东乌珠穆沁旗东部和锡林浩特市境内。

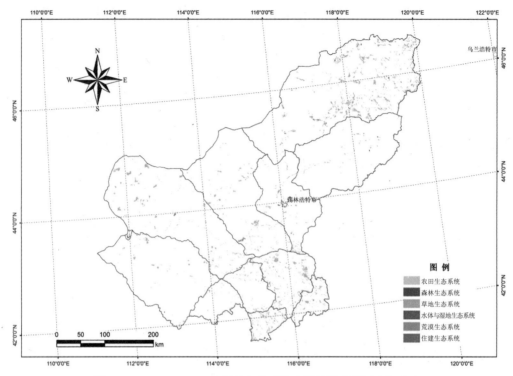

图 3-23　2005—2009 年锡林郭勒盟生态系统转出类型空间分布

2005—2009 年，森林生态系统的转入面积也减少到 22.2 km²，仅占各类型全部转入面积的 0.5%。主要转入源为草地，面积 14.0 km²，占森林总转入面积的 63.2%。农田生态系统也有 8.0 km² 的面积转化为森林生态系统。发生转入的森林主要分布在西乌珠穆沁旗东北部。

草地生态系统在 2005—2009 年的转入面积较 2000—2005 年（3 908.3 km²）有所减少，为 3 066.0 km²，占各类型全部转入面积的 72.9%，成为此时段第一大转入的生态系统类型。其主要的转入源为荒漠生态系统，面积高达 1 811.3 km²，占总转入草地面积的 59.1%；其次为农田生态系统，为 706.3 km²，占 23.0%；再次为水体与湿地生态系统，面积约 431.4 km²，占 14.1%。草地的转入主要集中东乌珠穆沁旗东部、苏尼特左旗西北部、苏尼特右旗、阿巴嘎旗、锡林浩特市、太仆寺旗、正蓝旗西北部以及东部、多伦县。

水体与湿地生态系统在 2005—2009 年共转入了 116.1 km²，占各类型全部转入面积的 2.8%，较 2000—2005 年继续减少。主要转入源为荒漠生态系统，仅荒漠生态系统的转入面积就高达 102.6 km², 占 88.4%。除此之外, 草地生态系统转入为水体与湿地生态系统的面积为 13.5 km²; 从其地区分布上来看, 水体与湿地生态系统转入主要分布在东乌珠穆沁旗和苏尼特左旗境内。

荒漠生态系统在 2005—2009 年的转入面积承续了上个时段的降低趋势, 面积减少到 713.2 km², 占地区全部转入面积的 17.0%。其主要的转入源中, 面积最大的仍是草地, 为 504.9 km², 占整个荒漠转入面积的 70.8%。其次为水体与湿地生态系统, 转入面积为 208.2 km², 占转入总面积的 29.2%。荒漠生态系统转入分散分布在苏尼特左旗、阿巴嘎旗、锡林浩特市、正镶白旗, 广泛分布于正蓝旗境内。

人居生态系统在 2005—2009 年的转入面积较 2000—2005 年 (150.0 km²) 有所增加, 为 200.9 km², 占各类型全部转入面积的 4.8%。其中, 草地生态系统仍然是最大转入源, 为 116.7 km², 占总转入面积的 77.8%, 其次是从农田生态系统转入, 面积为 21.6 km², 占人居总转入面积的 14.4%。此外, 其他类型均有转入, 但面积较小: 从水体与荒漠生态系统转入的面积约为 4.1 km²、从森林转入的面积约为 0.6 km²。人居生态系统的转入分布在苏尼特左旗、阿巴嘎旗、锡林浩特市以及西乌珠穆沁旗等旗县境内。

对发生变化的生态系统类型在各旗县的分布进行统计, 如表 3-15 所示。

表 3-15 2005—2009 年各旗县生态系统类型变化面积统计表　　　　　（单位: km²）

旗县名称	农田	森林	草地	水体与湿地	荒漠	人居
锡林浩特市	−25.6	−0.6	5.2	−55.3	3.6	72.8
东乌珠穆沁旗	−216.6	−95.5	1 147.4	−338.7	−517.4	20.8
西乌珠穆沁旗	−5.0	−7.0	42.7	−6.6	−45.5	21.4
阿巴嘎旗	−0.5	0.0	196.1	−116.0	−96.9	17.3
正蓝旗	−96.8	3.6	155.8	−23.1	−41.6	2.1
多伦县	−27.4	2.7	128.0	−2.7	−101.2	0.6
正镶白旗	−30.3	0.2	−5.8	3.5	32.4	0.0
太仆寺旗	−184.9	−0.2	180.9	2.9	−3.8	5.1
镶黄旗	−28.8	−0.3	30.5	−2.7	1.0	0.2
苏尼特左旗	0.0	0.0	257.6	7.9	−301.7	36.2
苏尼特右旗	−16.4	0.0	144.8	−1.6	−134.4	7.6
二连浩特市	0.0	0.0	−16.1	1.2	−2.0	17.0
总计	−632.2	−97.1	2 267.1	−531.2	−1 207.5	200.9

总体上，发生变化的农田生态系统主要集中在锡林郭勒盟的南部和东部，其中太仆寺旗、正蓝旗、东乌珠穆沁旗境内的面积变化较突出。发生变化的草地生态系统主要分布于锡林郭勒盟的南部、东部和西部，在东乌珠穆沁旗、苏尼特右旗、正蓝旗和正镶白旗等旗县变化较突出。发生变化的荒漠生态系统主要分布在苏尼特左旗、苏尼特右旗、东乌珠穆沁旗、多伦县等旗县。

农田生态系统的变化主要发生在太仆寺旗、正蓝旗和东乌珠穆沁旗，其中太仆寺旗农田面积净减少 184.9 km^2，正蓝旗净减少 96.8 km^2，东乌珠穆沁旗净减少 216.6 km^2，整个锡林郭勒盟农田面积减少了 632.2 km^2。

森林生态系统类型的变化主要发生在东乌珠穆沁旗，其中东乌珠穆沁旗森林生态系统面积减少了 95.5 km^2，其他旗县的森林生态系统基本保持稳定，无明显的动态变化。

发生变化的草地生态系统面积最大，除正镶白旗和二连浩特市的草地生态系统面积有所减少外，其他各旗县均有增加。其中，面积增加较大的为东乌珠穆沁旗，为 1 147.4 km^2，其次为苏尼特左旗，为 257.6 km^2，再次为阿巴嘎旗，为 196.1 km^2。这一现象延续了上个 5 年（2000—2005 年）的锡林郭勒盟生态系统趋于恢复的趋势。

水体与湿地生态系统类型面积变化主要发生在东乌珠穆沁旗和阿巴嘎旗，其中东乌珠穆沁旗水体与湿地生态系统面积减少了 338.7 km^2，正蓝旗境内的水体与湿地生态系统面积减少了 116.0 km^2。

发生变化的荒漠生态系统主要为东乌珠穆沁旗、苏尼特左旗、苏尼特右旗、多伦县以及阿巴嘎旗。其中，除正镶白旗的荒漠化生态系统面积少量增加、锡林浩特市、太仆寺旗、镶黄旗、二连浩特市的基本保持不变外，其余旗县境内的荒漠生态系统减少面积大约为 90 km^2。

人居生态系统面积变化主要发生在锡林浩特市、苏尼特左旗、东乌珠穆沁旗、西乌珠穆沁旗，其中锡林浩特市面积增加了 72.8 km^2，苏尼特左旗面积增加了 36.2 km^2。

3.4 生态系统类型转换的动态度分析

3.4.1 锡林郭勒盟生态系统类型变化动态度

根据动态度计算方法，我们可以对锡林郭勒盟 1975—2009 年的各个生态系统类型的转入、转出、综合动态度进行计算，同时也计算得到锡林郭勒盟这一研究区的区域综合动态度。具体如表 3-16 所示。

表 3-16 1975—2009 年锡林郭勒盟各生态系统类型变化动态度 （单位：%）

生态类型	1975—1990 年			1990—2000 年			2000—2005 年			2005—2009 年		
	转出	转入	综合	转出	转入	综合	转出	转入	综合	转出	转入	综合
农田	0.18	0.98	1.17	0.56	2.56	3.12	1.78	0.46	2.24	3.81	0.45	4.26
森林	0.02	0.07	0.09	0.14	0.32	0.46	0.42	1.03	1.45	0.73	0.14	0.87
草地	0.09	0.02	0.11	0.24	0.11	0.35	0.34	0.45	0.79	0.11	0.44	0.56
水体与湿地	0.29	0.33	0.62	1.03	0.68	1.71	3.60	0.70	4.30	3.03	0.54	3.57
荒漠	0.46	0.87	1.34	1.75	3.33	5.08	6.36	6.37	12.7	4.58	1.70	6.28
人居	0.00	10.7	10.7	0.00	1.14	1.14	0.00	1.61	1.61	0.00	2.49	2.49
区域总体	0.12	0.12	0.12	0.34	0.34	0.34	0.79	0.79	0.79	0.52	0.52	0.52

3.4.2 1975—2009 年生态系统转出动态度

从各生态系统类型变化的转出动态度看，如表 3-16 和图 3-24 所示：

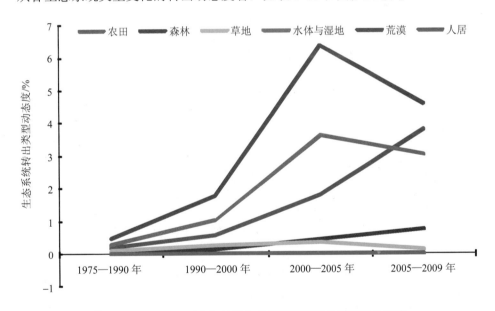

图 3-24 1975—2009 年各类生态系统类型变化的转出动态度

农田生态系统（紫色线条）转出动态度呈现持续攀升态势，由 1975—1990 年的 0.18%、1990—2000 年的 0.56%大幅上升到 2000—2005 年的 1.78%，并在 2005—2009 年出现最高点 3.81%。显然，1975—2009 年农田生态系统的转出部分原因是农民的撂荒、弃耕行为所致，从某种意义上讲，这是由于既有农田因地力耗尽、农民被迫放弃的行为；

但是，2000 年之后（2000—2005 年和 2005—2009 年）较高的农田生态系统动态度，是由于在此期间存在大量的退耕还林还草工程而造成的，这是政府倡导下的主动的生态修复行为。

森林生态系统（深绿色线条）的转出动态度一直保持在较低水平，并且一般均低于 0.73%。但其转出动态度在过去的 34 年表现为持续的、缓慢增加，这反映了人类对于森林生态系统的侵入过程正在逐渐增强。

草地生态系统（淡绿色线条）的转出动态在 2000 年之前持续的、缓慢攀升，并且在 2000—2005 年达到最高（0.34%），随后则迅速下降。2005—2009 年的转出动态度（0.11%）与 1975—1990 年的转出动态度基本相当（0.09%），远远小于 1990—2000 年和 2000—2005 年的动态度水平（分别为 0.24% 和 0.34%）。2000 年之前草地转出动态度呈现持续走高的趋势，这主要是两大过程所致，即草地生态系统大量开垦转变为农田生态系统以及气候干暖化导致草地生态系统转变为荒漠生态系统类型。2000 年之后，随着各项生态工程的开展，草地生态系统类型土地的转出过程受到了遏制，草地转出动态度则相应下降，并基本恢复到 1975—1990 年的水平。

水体与湿地生态系统（蓝色线条）的转出动态度在 1975—1990 年仅为 0.29%，但是从 1990 年开始，其动态度迅猛增加（1.03%），直到 2000—2005 年达到其最高值（3.6%）；2005—2009 年虽有所下降（3.03%），但是其值仍然远高于 1990—2000 年的水平（1.03%）。对上述过程的原因进行探究可知，这主要是：①该区水体与湿地生态系统总面积相对较小，生态系统一旦出现变化，动态度这一指标反应灵敏；②1990—2009 年，转出动态度较高，其主因是区域气候干暖化所造成的；但就 2000 年之后的变化，这一时期该区经济模式由农牧业经济向工矿业经济转型、工业截流和工业耗水迅猛增加，这也是一项不可忽视的因素。

荒漠生态系统（棕色线条）的转出动态度变化态势与水体与湿地生态系统的变化态势相似，但是其转出动态度的绝对值在各个时段均高于其他任何类型的转出动态度值。荒漠生态系统转出动态度在 1975—1990 年仅为 0.46%，但是从 1990 年开始，其动态度迅猛增加（1.75%），直到 2000—2005 年达到最高值（6.36%）；2005—2009 年虽有所下降（4.58%），但是其值仍然远高于 1990—2000 年（1.75%）的水平。较高的荒漠生态系统转出动态度指示本地区荒漠生态系统与其他相关生态系统类型（尤其是草地生态系统中的低覆盖草地）转换迅速。

人居生态系统（红色线条）的转出动态度在各时段均为 0，即人居生态系统不存在向其他任何生态系统转化的过程，这体现了人工生态系统所特有稳定性和转换的单向性。

3.4.3 1975—2009 年生态系统转入动态度

从各生态系统类型变化的转入动态度看，如表 3-16 和图 3-25 所示：

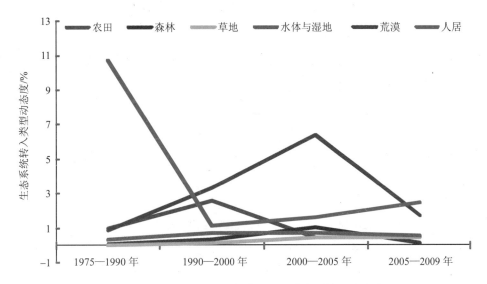

图 3-25 1975—2009 年各类生态系统类型转入动态度

农田生态系统（紫色线条）转入动态度在 2000 年之前是持续攀升的，最高点出现在 1990—2000 年，达到 2.56%，此后，农田生态系统的转入动态度处于持续下降态势，2000—2005 年以及 2005—2009 年，其转入动态度仅分别为 0.46%和 0.45%，上述值甚至低于 1975—1990 年（0.98%）的水平。2000 年之前的持续走高是因为农民不断开垦、促使耕地面积不断扩展；2000 年之后转入动态度的持续下降则指示了 2000 年开始的各项生态保护政策和措施，对农田开垦起了明显的抑制作用。

森林生态系统（深绿色线条）的转入动态度在 2005 年之前一直呈现增加态势，在 2000—2005 年达到最高值（1.03%），随后下降至 2005—2009 年的 0.14%；2005—2009 年的转入动态度水平高于 1975—1990 年（0.07%）水平，低于 1990—2000 年（0.32%）的水平。森林生态系统的上述变化过程主要反映了人类对森林生态的经营活动（植树造林）在逐步增强，这一植树造林过程 2000—2005 年反映最为明显。需要强调的是，指植树造林是一个需要较长时间才能逐渐显现效果的过程。也就是说，森林生态系统过程转入动态度的变化过程与实际的植树造林过程相比，存在一个时间滞后的问题。

草地生态系统（淡绿色线条）的转入动态变化在一直呈增加趋势。尤其是在 2000 年之后，其转入动态度均保持在 0.45%之上，2000—2005 年和 2005—2009 年的转入动态度分别为 0.45% 和 0.44%。这反映了 2000 年之后，随着各项生态工程的开展，该区的草地生态系统得到保护，面积有所增加的事实。

水体与湿地生态系统（蓝色线条）的转入动态度总体表现为持续走高，从 1975—1990 年和 1990—2000 年的 0.33% 和 0.68%，上升至 2000—2005 年达到最高值（0.70%），在此之后，其转入动态度持续下降至 0.54%。

荒漠生态系统（棕色线条）的转入动态度是各类生态系统转入动态度水平最高的类型。自 1975 年，其值就一直保持在 0.8% 以上。在 2000—2005 年甚至达到了 6.37% 的最高值。荒漠生态系统转入动态度水平较高的现象指示：在过去的 34 年里，该区荒漠生态系统接受了众多生态系统类型（尤其是草地生态系统中的低覆盖草地）土地；2005年之后荒漠生态系统类型转入动态度降低的现象则表明由于各类生态工程开展，荒漠化过程开始得到遏制。

人居生态系统（红色线条）呈现 V 字形的发展过程。其转入动态度在 1975—1990 年最高，达到 10.7%；但是从 1990 年起，其转入动态度存在一个缓慢增加的过程，即从 1990—2000 年的 1.14%，逐步上升到 2000—2005 年和 2005—2009 年的 1.61% 和 2.49%。促使形成上述变化形态的原因有：①1975 年的生态数据是基于 80 m 分辨率的 MSS 影像，这对于解译工业和民用建设用地来说，是存在极大困难的，事实上造成了大量的 1975 年人居生态系统对象没有被解译出来。而 1990 年的生态数据源是 30 m 分辨率的 TM 影像，在此影像上能够提取规模较小的、MSS 上不被辨认的人工建设用地。由此可见，1990 年的信息提取结果上已补充 1975 年已有，但没有被解译出的人居生态系统部分。因此，在 1975—1990 年的动态度上，则表现为一个极高值；②1990 年之后人居生态生态系统动态度逐步上升的事实表明：随着改革开放、西部大开发等重要决策的开展和实施，该区城镇建设、工矿建设、道路建设获得巨大进展，并且逐步加速。

3.4.4 1975—2009 年生态系统综合动态度

从各生态系统类型变化的综合动态度看，如表 3-16 和图 3-26 所示：

农田生态系统（紫色线条）综合动态度呈现波动式上升态势，1990—2000 年和 2005—2009 年分别出现了 2 个高点（分别为 3.12% 和 4.26%），在 1975—1990 年和 2000—20005 年出现了 2 个低点（分别为 1.17% 和 2.24%）。1990—2000 年出现较高综合动态度，其主因是此期间进行大幅度的草地开垦，耕地转入动态度远大于耕地转出动态度；2000—2009 年出现最高动态度，其主因则是退耕还林还草使 2000 年之前大量其他类型（主要是草地）转变为农田生态系统的情况得到逆转，耕地的转出动态度远大于转入动态度。

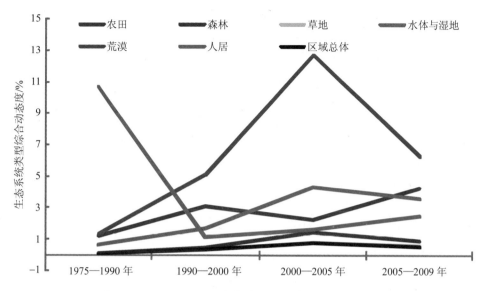

图 3-26 1975—2009 年各类生态系统类型综合动态度

森林生态系统（深绿线条）的综合动态度总体上呈现上升趋势，并在 2000—2005 年达到最高值。2000—2005 年的高值，其主因是这一时期高的转入动态度促成的。森林生态系统综合动态度持续走高的现象主要反映了人类对森林生态系统经营活动（毁林开荒与植树造林）的强度在增强。

草地生态系统（浅绿线条且基本被黑色线条所掩盖）的综合动态度总体上呈现上升趋势，并在 2000—2005 年达到最高值。在 2000 年之前草地综合动态度持续升高，其主因是：草地转出动态度是此阶段综合动态度的主体，并且它是持续走高的；这也表明此阶段存在大量的草地生态系统转变为其他生态系统类型。2000 年之后，随着各项生态工程的开展，草地生态系统类型土地的转出过程受到了遏制，而转入动态度基本维持了 2000—2005 年的水平，因此综合动态度也就受到抑制。

水体与湿地生态系统（蓝色线条）的综合动态度总体上呈现上升趋势，并在 2000—2005 年达到最高值（4.3%），随后在 2005—20009 年有所下降（3.57%），但依然高于 1975—2000 年的水平。较高的综合动态度主要反映了该区的水体与湿地生态系统对于气候干暖化、人类活动过程非常敏感。

荒漠生态系统（棕色线条）的综合动态度是各类生态系统中动态度水平最高的类型。总体上呈现上升趋势，并在 2000—2005 年达到最高值（12.7%）。荒漠生态系统动态度水平较高的事实表明，在锡林郭勒盟，荒漠生态系统与其他相关生态系统类型（尤其是草地生态系统中的低覆盖草地）转换迅速的事实；而 2005 年之后其综合动态度的逐步降低，主要反映在此期间由于各类生态工程开展，荒漠生态系统面积逐步稳定的现象。

人居生态系统（红色线条）由于其固有的稳定性和转类过程中的单向变化特性，这使得人居生态系统综合动态度完全取决于转入动态度。人居生态系统综合动态度呈现 V 字形的发展过程，具体的驱动机制与前文当中有关人居生态系统转入动态度变化形态的说明完全相同。

对于区域总体综合动态度（黑色线条），根据图 3-24 可以看出，它基本上与草地生态系统的动态度变化曲线完全重合，这反映了该区生态系统以草地生态系统为主体、生态系统变化中又以草地生态系统的变化为主体的特征。

3.5 草地生态系统二级结构及其动态变化

3.5.1 草地生态系统类型的空间格局

从空间上看，如图 3-27 所示，锡林郭勒盟由东向西主要分布着温性草甸草原、温性草原、温性荒漠草原，对各个旗县的草原类型统计见表 3-17。

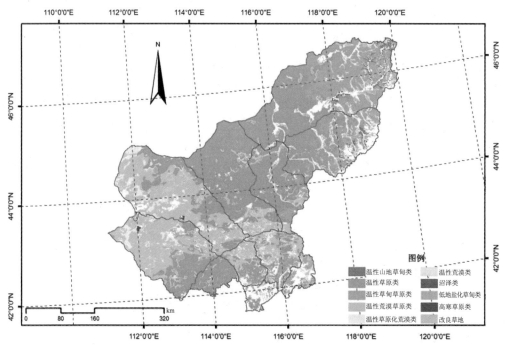

图 3-27 锡林郭勒盟草地生态系统植被类型空间分布（2000 年）

温性草甸草原主要分布在东乌珠穆沁旗、西乌珠穆沁旗和多伦县,总面积为 2.1 万 km²。其中,东北部地区的东乌珠穆沁旗东部、西乌珠穆沁地区东部草地覆盖度最高。

温性草原广泛分布在锡林郭勒盟各个旗县,总面积达 8.4 万 km²,为锡林郭勒盟第一大植被类型。其中,锡林郭勒盟中部和南部,即在东部的东乌珠穆沁旗中西部、西乌珠穆沁旗中西部、锡林浩特市、阿巴嘎旗以及南部正蓝旗、多伦县、正镶白旗、太仆寺旗、镶黄旗等地区的草地覆盖度中等。

温性荒漠草原广泛分布于锡林郭勒盟的东乌珠穆沁旗、西乌珠穆沁旗、多伦县以外的各个旗县内,总面积达 4.3 万 km²,为锡林郭勒盟草原的第二大植被类型。锡林郭勒盟西部地区的苏尼特左旗、苏尼特右旗、二连浩特市等地区,草地覆盖度度较低。

表 3-17　锡林郭勒盟各旗县各草类面积统计（2000 年）　　　　（单位：km²）

旗县	低地盐化草甸类	改良草地	温性草原化荒漠类	温性山地草甸类	温性草原类	温性草甸草原类	温性荒漠类	温性荒漠草原类	非草地
锡林浩特市	1 817.2	74.1	0.0	0.0	10 576.7	907.4	0.0	657.5	0.0
东乌珠穆沁旗	4 606.6	116.3	0.0	1 138.7	17 872.7	15 040.7	0.0	0.0	1.4
西乌珠穆沁旗	2 705.3	0.0	0.0	528.5	9 988.6	3 924.7	0.0	0.0	46.3
阿巴嘎旗	1 367.9	31.3	0.0	0.0	20 937.6	39.7	0.0	3 054.4	3.6
正蓝旗	918.1	22.4	0.0	0.0	2 820.6	348.7	0.0	3 808.5	121.3
多伦县	334.7	498.5	0.0	0.0	0.0	749.3	0.0	307.3	509.2
正镶白旗	627.3	34.5	0.0	0.0	2 516.1	0.0	0.0	2 110.5	41.8
太仆寺旗	166.9	0.0	0.0	0.0	814.3	14.1	0.0	0.0	553.3
镶黄旗	316.8	88.1	0.0	0.0	4 380.4	1.9	0.0	1.3	73.5
苏尼特左旗	1 414.8	70.7	3 060.5	0.0	7 574.8	0.0	17.8	19 095.9	50.0
苏尼特右旗	2 725.5	68.1	1 255.9	0.0	6 442.4	30.4	27.2	13 423.4	7.0
二连浩特市	0.0	0.0	0.0	0.0	0.0	0.0	0.0	130.7	0.0
总计	17 001.2	1 004.0	4 316.3	1 667.2	83 924.0	21 056.8	45.0	42 589.5	1 407.3

3.5.2　不同覆盖度等级草地的分布格局

1975 年,草地生态系统总面积为 17.7 万 km²,占锡林郭勒盟总面积的 88.4%。其中高覆盖度草地面积为 7.6 万 km²,占草地生态系统面积的 42.7%,中覆盖度草地面积为 7.5 万 km²,占草地生态系统面积的 42.4%,低覆盖度草地面积为 2.6 km²,占草地生态系统面积的 14.9%,如图 3-28 和表 3-18 所示。

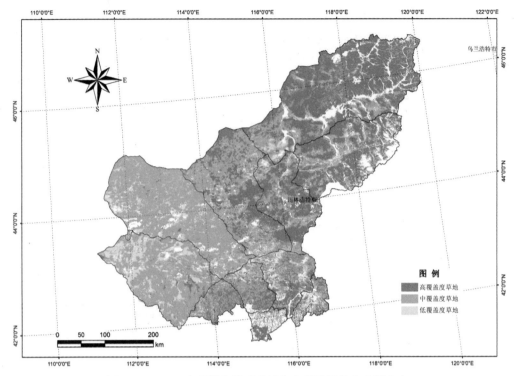

图 3-28　1975 年锡林郭勒盟草地生态系统覆盖度空间分布

表 3-18　1975 年锡林郭勒盟各旗县不同覆盖度草地面积及其在该旗县草地面积比重

旗县	高覆盖度草地		中盖度草地		低盖度草地	
	面积/km²	比重/%	面积/km²	比重/%	面积/km²	比重/%
锡林浩特市	8 990.3	62.9	4 192.4	29.3	1 113.1	7.8
东乌珠穆沁旗	29 503.0	74.0	8 236.9	20.7	2 121.7	5.3
西乌珠穆沁旗	12 289.1	69.8	4 152.6	23.6	1 159.6	6.6
阿巴嘎旗	10 972.5	42.5	12 122.7	47.0	2 704.7	10.5
正蓝旗	4 141.3	48.2	2 242.7	26.1	2 212.6	25.7
多伦县	1 655.9	64.6	580.8	22.7	325.5	12.7
正镶白旗	2 634.8	48.3	1 945.3	35.6	877.9	16.1
太仆寺旗	1 111.8	66.8	444.3	26.7	109.3	6.6
镶黄旗	2 383.6	47.7	1 804.4	36.1	811.8	16.2
苏尼特左旗	808.8	2.5	24 186.4	76.1	6 769.9	21.3
苏尼特右旗	1 303.2	5.3	15 242.4	61.7	8 168.6	33.1
二连浩特市	1.1	0.7	80.4	53.5	68.8	45.8

从高、中、低覆盖度草地的空间分布格局看，高覆盖度草地主要分布在锡林郭勒盟的东部和东南部，这些地区水资源条件较好，草被生长茂盛，草地覆盖度在 50% 以上；低覆盖度草地集中分布在锡林郭勒盟的西部，如苏尼特左旗、苏尼特右旗等地区，这些区域属于干旱地区，水分条件欠缺，草被稀疏，覆盖度在 5%～20%，牧业利用条件差；在高覆盖草地和低覆盖草地之间的广大地区，则为中覆盖草地这一过渡类型，它在锡林郭勒盟各地均有分布，这些区域草被较稀疏，覆盖度在 20%～50%。

1990 年，草地生态系统面积为 17.5 万 km²，占锡林郭勒盟总面积的 87.4%。其中高覆盖度草地面积为 7.3 万 km²，占草地生态系统面积的 41.7%，中覆盖度草地面积为 7.6 万 km²，占草地生态系统面积的 43.4%，低覆盖度草地面积为 2.6 万 km²，占草地生态系统面积的 14.9%，如图 3-29 和表 3-19 所示。

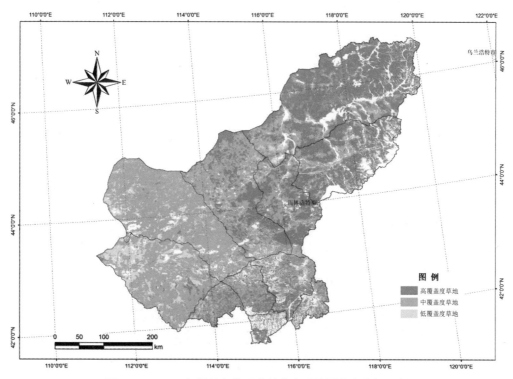

图 3-29　1990 年锡林郭勒盟草地生态系统覆盖度空间分布

表 3-19 1990 年锡林郭勒盟各旗县不同覆盖度草地面积及其在该旗县草地面积比重

旗县	高覆盖度草地		中盖度草地		低盖度草地	
	面积/km²	比重/%	面积/km²	比重/%	面积/km²	比重/%
锡林浩特市	8 011.7	56.4	4 926.2	34.7	1 275.5	9.0
东乌珠穆沁旗	28 889.9	74.0	7 969.1	20.4	2 198.6	5.6
西乌珠穆沁旗	12 445.5	71.5	3 885.2	22.3	1 066.1	6.1
阿巴嘎旗	10 114.2	39.4	12 872.9	50.2	2 673.1	10.4
正蓝旗	3 911.6	46.3	2 401.1	28.4	2 133.2	25.3
多伦县	1 567.4	62.2	594.6	23.6	358.8	14.2
正镶白旗	2 546.4	47.3	2 005.9	37.3	831.7	15.4
太仆寺旗	1 074.1	65.9	444.6	27.3	110.8	6.8
镶黄旗	2 353.0	47.6	1 750.4	35.4	841.9	17.0
苏尼特左旗	820.7	2.6	24 329.6	76.8	6 544.6	20.6
苏尼特右旗	1 336.2	5.5	14 946.9	61.5	8 026.0	33.0
二连浩特市	0.8	0.6	80.4	59.0	55.0	40.4

从高、中、低覆盖度草地的空间分布格局看，高、中、低覆盖度草地的空间分布格局与前期相同，即高覆盖度草地主要分布在东部和东南部等水资源条件较好地区，低覆盖度草地集中分布在西部等干旱地区。在高覆盖草地和低覆盖草地之间以中覆盖草地这一过渡类型为主体。

2000 年草地生态系统面积为 17.3 万 km²，占锡林郭勒盟总面积的 86.3%。其中高覆盖度草地面积为 6.9 万 km²，占草地生态系统面积的 39.9%，中覆盖度草地面积为 7.6 万 km²，占草地生态系统面积的 44.1%，低覆盖度草地面积为 2.8 万 km²，占草地生态系统面积的 16.0%。高、中、低覆盖度草地的空间分布基本格局不变，如图 3-30 和表 3-20 所示。

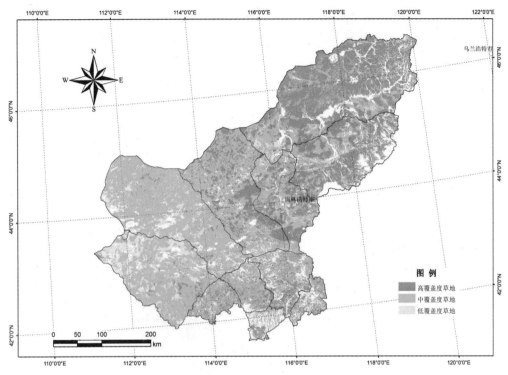

图 3-30 2000 年锡林郭勒盟草地生态系统覆盖度空间分布

表 3-20 2000 年锡林郭勒盟各旗县不同覆盖度草地面积及其在该旗县草地面积比重

旗县	高覆盖度草地		中盖度草地		低盖度草地	
	面积/km²	比重/%	面积/km²	比重/%	面积/km²	比重/%
锡林浩特市	6 801.0	48.5	5 384.4	38.4	1 847.6	13.2
东乌珠穆沁旗	28 079.2	72.4	8 763.9	22.6	1 940.8	5.0
西乌珠穆沁旗	11 411.1	66.4	4 530.7	26.4	1 251.7	7.3
阿巴嘎旗	9 876.9	38.8	12 922.4	50.8	2 635.4	10.4
正蓝旗	3 718.4	46.3	2 330.8	29.0	1 990.4	24.8
多伦县	1 467.2	61.2	636.9	26.5	295.0	12.3
正镶白旗	2 205.8	41.4	2 176.7	40.8	947.8	17.8
太仆寺旗	915.1	59.1	510.1	32.9	123.4	8.0
镶黄旗	2 123.0	43.7	1 602.5	33.0	1 136.7	23.4
苏尼特左旗	1 098.4	3.5	23 206.2	74.2	6 985.4	22.3
苏尼特右旗	1 338.6	5.6	14 271.6	59.4	8 430.3	35.1
二连浩特市	1.5	1.2	34.5	26.4	94.8	72.5

2005 年，草地生态系统面积为 17.4 万 km^2，占锡林郭勒盟总面积的 86.7%。其中高覆盖度草地面积为 6.9 万 km^2，占草地生态系统面积的 40.1%，中覆盖度草地面积为 7.8 万 km^2，占草地生态系统面积的 44.1%，低覆盖度草地面积为 2.8 万 km^2，占草地生态系统面积的 15.7%。高、中、低覆盖度草地的空间分布基本格局不变，如图 3-31 和表 3-21 所示。

2009 年，草地生态系统面积为 17.6 万 km^2，占锡林郭勒盟总面积的 87.9%。其中高覆盖度草地面积为 7.1 km^2，占草地生态系统面积的 40.2%，中覆盖度草地面积为 7.8 万 km^2，占草地生态系统面积的 44.1%，低覆盖度草地面积为 2.8 万 km^2，占草地生态系统面积的 15.7%。高、中、低覆盖度草地的空间分布与前几个时期一致，如图 3-32 和表 3-22 所示。

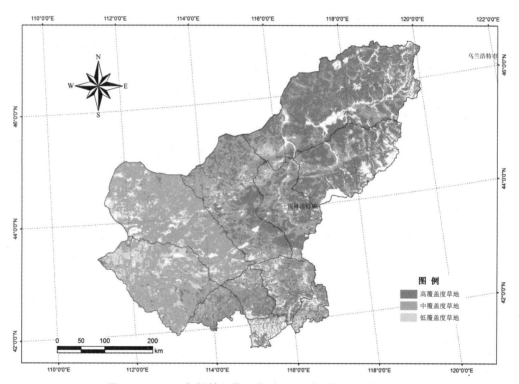

图 3-31 2005 年锡林郭勒盟草地生态系统覆盖度空间分布

表 3-21　2005 年锡林郭勒盟各旗县不同覆盖度草地面积及其在该旗县草地面积比重

旗县	高覆盖度草地		中盖度草地		低盖度草地	
	面积/km²	比重/%	面积/km²	比重/%	面积/km²	比重/%
锡林浩特市	7 132.3	50.4	5 043.8	35.7	1 963.9	13.9
东乌珠穆沁旗	26 507.5	68.4	9 640.8	24.9	2 585.5	6.7
西乌珠穆沁旗	12 500.4	71.5	3 981.0	22.8	1 013.1	5.8
阿巴嘎旗	10 487.1	41.1	12 206.2	47.8	2 853.4	11.2
正镶白旗	3 804.0	46.3	2 473.0	30.1	1 941.4	23.6
正蓝旗	1 563.3	62.0	601.4	23.9	356.1	14.1
多伦县	2 552.2	45.8	2 067.4	37.1	956.2	17.1
太仆寺旗	846.7	55.4	548.9	35.9	131.5	8.6
镶黄旗	2 156.7	43.7	1 905.3	38.6	877.9	17.8
苏尼特左旗	833.8	2.7	22 558.3	73.7	7 208.5	23.6
苏尼特右旗	1 362.3	5.5	15 355.1	62.4	7 889.3	32.1
二连浩特市	2.6	1.8	89.5	61.9	52.5	36.3

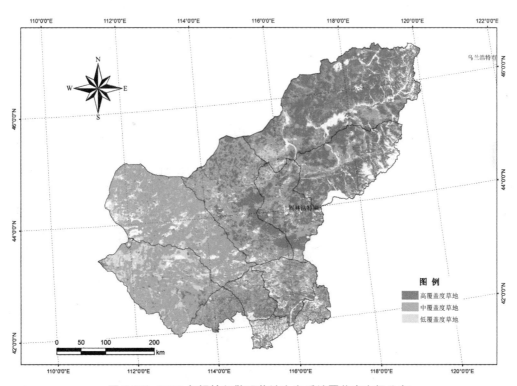

图 3-32　2009 年锡林郭勒盟草地生态系统覆盖度空间分布

表 3-22　2009 年锡林郭勒盟各旗县不同覆盖度草地面积及其该旗县草地面积比重

旗县	高覆盖度草地		中盖度草地		低盖度草地	
	面积/km²	比重/%	面积/km²	比重/%	面积/km²	比重/%
锡林浩特市	7 411.1	52.4	5 042.6	35.6	1 691.5	12.0
东乌珠穆沁旗	27 269.2	68.4	9 439.4	23.7	3 172.7	8.0
西乌珠穆沁旗	12 394.6	70.7	4 130.3	23.6	1 012.2	5.8
阿巴嘎旗	10 431.9	40.5	12 636.6	49.1	2 673.3	10.4
正蓝旗	3 858.6	46.1	2 615.5	31.2	1 900.1	22.7
多伦县	1 672.1	63.1	709.5	26.8	267.2	10.1
正镶白旗	2 580.5	46.3	2 045.4	36.7	944.1	17.0
太仆寺旗	993.4	58.2	580.7	34.0	133.9	7.8
镶黄旗	2 244.3	45.2	2 061.0	41.5	665.1	13.4
苏尼特左旗	744.1	2.4	22 808.1	73.9	7 306.0	23.7
苏尼特右旗	1 348.8	5.4	15 583.9	63.0	7 818.9	31.6
二连浩特市	2.1	1.6	82.4	64.2	43.9	34.2

3.5.3　不同覆盖度等级草地的动态变化

对于不同覆盖度等级的草地时间序列变化，可以从不同的视角开展分析：第一种视角是从不同覆盖度的草地出发，对其不同时期的变化轨迹进行分析，具体成果如表 3-23 和图 3-33 所示；第二种视角则是从不同时期出发，对不同覆盖度草地的空间分异规律进行刻画，具体成果如表 3-24 至表 3-26 所示。

从不同覆盖度草地的时间变化视角出发，如表 3-23 和图 3-33 所示，主要结论如下：

就高覆盖草地动态变化而言，1975—2000 年，高覆盖草地呈持续减少态势，25 年间共减少了 6 759.2 km²，它在全部草地中所占的面积也由 42.7%下降到 39.9%。自 2000—2009 年，高覆盖草地面积有所回升，19 年间增加了 1 914.0 km²。但直到 2009 年，其面积仍未恢复到 1990 年水平。

中覆盖草地动态变化过程是：1975—2009 年，无论是其绝对面积，还是它在全部草地中的相对比重，均呈现持续增加趋势。在 2000 年之后，其所占全部草地面积的比重保持在 44.0%左右。1975—2009 年，中覆盖草地共增加了 2 405.0 km²，中覆盖草地面积的增加主要来自于高覆盖草地和低覆盖草地；但是在不同时期，构成其主要变化的来源地并不相同。1990—2000 年，中覆盖草地增加面积主要来源于高覆盖草地；在 2000—2009 年以低覆盖草地向中覆盖草地转化为主。这实际上反映了前一时期是主要由于草地退化造成中覆盖草地面积增加，而后一时期则是各类生态修复工程导致该区生态有所恢复，低覆盖草地开始好转。

低覆盖度草地动态变化趋势相对复杂。1975—1990 年，其绝对面积是减少的，但
1990—2005 年，其面积则不断增加；在 2005—2009 年，面积再次出现减少。这一变
化过程的主要原因是：1975—1990 年，由于该区生态系统逐步退化，高中低等各类型
草地面积都普遍减少；1990—20005 年，由于 1990—2000 年中覆盖草地的转入增加以
及 2000—2005 年因生态修复导致的部分荒漠生态系统转入，而低覆盖草地类型逐步增
加；2005—2009 年期间从荒漠生态系统转入面积趋于稳定，甚至减少，中覆盖草地转出
面积减少，因此，低覆盖草地面积又逐步缩减。

表 3-23　1975—2009 年不同覆盖度草地生态系统类型面积及比重统计

年份	各草地覆盖度占草地生态系统面积及比重					
	高覆盖度草地		中覆盖度草地		低覆盖度草地	
	面积/km²	比重/%	面积/km²	比重/%	面积/km²	比重/%
1975	75 795.5	42.7	75 231.3	42.4	26 443.5	14.9
1990	73 071.5	41.7	76 206.9	43.4	26 115.3	14.9
2000	69 036.3	39.9	76 371.0	44.1	27 679.3	16.0
2005	69 748.8	40.1	76 470.9	43.9	27 829.1	16.0
2009	70 950.8	40.2	77 735.3	44.1	27 629.0	15.7

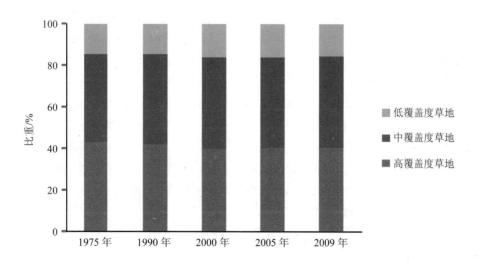

图 3-33　1975—2009 年不同覆盖度草地生态系统类型比重变化

从不同时期的草地内部结构变化空间格局，如表 3-24 至表 3-26 所示，可以得出的主要结论有：

1975—1990 年，高覆盖度草地面积减少最多的锡林浩特市，高覆盖度草地面积减少了 978.7 km²，其次是阿巴嘎旗，高覆盖度草地面积减少了 857.3 km²；中覆盖度草地总面积在增加，中覆盖度草地面积增加最多的是阿巴嘎旗，增加了 750.1 km²，其次是锡林浩特市，面积增加了 733.9 km²；低覆盖度草地面积总体有减少的趋势，苏尼特左旗低覆盖度草地面积减少最多，为 225.2 km²。

1990—2000 年，高覆盖度草地面积减少严重，其中锡林浩特市和西乌珠穆沁旗高覆盖度草地面积减少最多，其次是东乌珠穆沁旗和正镶白旗。具体来说，西乌珠穆沁旗高覆盖度草地面积减少了 1 034.4 km²，锡林浩特市高覆盖度草地面积减少了 1 210.7 km²，东乌珠穆沁旗高覆盖度草地面积减少了 810.7 km²，正镶白旗高覆盖度草地面积减少了 544.9 km²，该时期锡林郭勒盟高覆盖度草地面积共减少了 4 035.3 km²；中覆盖度草地的变化主要发生在苏尼特左旗、苏尼特右旗、东乌珠穆沁旗和西乌珠穆沁旗，其中苏尼特左旗和苏尼特右旗中覆盖度草地面积分别减少了 1 123.3 km² 和 675.3 km²，而东乌珠穆沁旗和西乌珠穆沁旗中覆盖度草地面积分别增加了 794.8 km² 和 645.5 km²；低覆盖度草地总面积有增加，其中锡林浩特市低覆盖度草地面积增加最多，增加了 572.0 km²，其次是苏尼特左旗和苏尼特右旗，苏尼特左旗低覆盖度草地面积增加了 440.7 km²，苏尼特右旗低覆盖度草地面积增加了 404.4 km²。

2000—2005 年，高覆盖度草地总体有所增加，增加面积最多的是西乌珠穆沁旗，高覆盖度草地面积增加了 1 089.3 km²，但东乌珠穆沁旗高覆盖度草地面积在减少，明显高于 2000 年之前高覆盖度草地面积的减少趋势，这期间面积共减少了 1 571.7 km²；中覆盖度草地面积总体变化不大，但各旗县的中覆盖度草地面积变化明显，苏尼特右旗中覆盖度草地面积增加最多，面积增加了 1 083.5 km²，阿巴嘎旗中覆盖度草地面积减少最多，面积减少了 716.2 km²；东乌珠穆沁旗低覆盖度草地面积增加最多，面积增加了 644.7 km²，苏尼特右旗低覆盖度草地面积减少最多，面积减少了 541.1 km²。

2005—2009 年，高覆盖度草地面积总体呈增加趋势，东乌珠穆沁旗高覆盖度草地面积增加最多，面积增加了 761.6 km²，其次是锡林浩特市，其高覆盖度草地面积增加了 278.8 km²；中覆盖度草地面积增加最多的是阿巴嘎旗，面积增加了 430.4 km²，而东乌珠穆沁旗中覆盖度草地面积减少了 201.4 km²，总体而言，该时期中覆盖度草地面积呈增加趋势；低覆盖度草地面积有减少趋势，但东乌珠穆沁旗低覆盖度草地面积增加了 587.2 km²。

表3-24　1975年以来锡林郭勒盟各旗县高、中、低覆盖度草地生态系统面积统计

（单位：km²）

旗县	1975年			1990年			2000年			2005年			2009年		
	高	中	低	高	中	低	高	中	低	高	中	低	高	中	低
锡林浩特市	29 503.0	8 236.9	2 121.7	28 889.9	7 969.1	2 198.6	28 079.2	8 763.9	1 940.8	26 507.5	9 640.8	2 585.5	27 269.2	9 439.4	3 172.7
东乌珠穆沁旗	1.1	80.4	68.8	0.8	80.4	55.0	1.5	34.5	94.8	2.6	89.5	52.5	2.1	82.4	43.9
西乌珠穆沁旗	1 655.9	580.8	325.5	1 567.4	594.6	358.8	1 467.2	636.9	295.0	1 563.3	601.4	356.1	1 672.1	709.5	267.2
阿巴嘎旗	1 111.8	444.3	109.3	1 074.1	444.6	110.8	915.1	510.1	123.4	846.7	548.9	131.5	993.4	580.7	133.9
正蓝旗	4 141.3	2 242.7	2 212.6	3 911.6	2 401.1	2 133.2	3 718.4	2 330.8	1 990.4	3 804.0	2 473.0	1 941.4	3 858.6	2 615.5	1 900.1
多伦县	2 634.8	1 945.3	877.9	2 546.4	2 005.9	831.7	2 205.8	2 176.7	947.8	2 552.2	2 067.4	956.2	2 580.5	2 045.4	944.1
正镶白旗	1 303.2	15 242.4	8 168.6	1 336.2	14 946.9	8 026.0	1 338.6	14 271.6	8 430.3	1 362.3	15 355.1	7 889.3	1 348.8	15 583.9	7 818.9
太仆寺旗	808.8	24 186.4	6 769.9	820.7	24 329.6	6 544.6	1 098.4	23 206.2	6 985.4	833.8	22 558.3	7 208.5	744.1	22 808.1	7 306.0
镶黄旗	12 289.1	4 152.6	1 159.6	12 445.5	3 885.2	1 066.1	11 411.1	4 530.7	1 251.7	12 500.4	3 981.0	1 013.1	12 394.6	4 130.3	1 012.2
苏尼特左旗	8 990.3	4 192.4	1 113.1	8 011.7	4 926.2	1 275.5	6 801.0	5 384.4	1 847.6	7 132.3	5 043.8	1 963.9	7 411.1	5 042.6	1 691.5
苏尼特右旗	2 383.6	1 804.4	811.8	2 353.0	1 750.4	841.9	2 123.0	1 602.5	1 136.7	2 156.7	1 905.3	877.9	2 244.3	2 061.0	665.1
二连浩特市	10 972.5	12 122.7	2 704.7	10 114.2	12 872.9	2 673.1	9 876.9	12 922.4	2 635.4	10 487.1	12 206.2	2 853.4	10 431.9	12 636.6	2 673.3
总计	75 795.5	75 231.3	26 443.5	73 071.5	76 206.9	26 115.3	69 036.3	76 371.0	27 679.3	69 748.8	76 470.9	27 829.1	70 950.8	77 735.3	27 629.0

表 3-25　1975 年以来锡林郭勒盟各旗县草地生态系统面积占各旗县草地面积的比重　　　　　（单位：%）

旗县	1975 年			1990 年			2000 年			2005 年			2009 年		
	高	中	低	高	中	低	高	中	低	高	中	低	高	中	低
锡林浩特市	74.0	20.7	5.3	74.0	20.4	5.6	72.4	22.6	5.0	31.0	32.0	33.0	68.4	23.7	8.0
东乌珠穆沁旗	0.7	53.5	45.8	0.6	59.0	40.4	1.2	26.4	72.5	68.4	24.9	6.7	1.6	64.2	34.2
西乌珠穆沁旗	64.6	22.7	12.7	62.2	23.6	14.2	61.2	26.5	12.3	1.8	61.9	36.3	63.1	26.8	10.1
阿巴嘎旗	66.8	26.7	6.6	65.9	27.3	6.8	59.1	32.9	8.0	62.0	23.9	14.1	58.2	34.0	7.8
正蓝旗	48.2	26.1	25.7	46.3	28.4	25.3	46.3	29.0	24.8	55.4	35.9	8.6	46.1	31.2	22.7
多伦县	48.3	35.6	16.1	47.3	37.3	15.4	41.4	40.8	17.8	46.3	30.1	23.6	46.3	36.7	17.0
正镶白旗	5.3	61.7	33.1	5.5	61.5	33.0	5.6	59.4	35.1	45.8	37.1	17.1	5.4	63.0	31.6
太仆寺旗	2.5	76.1	21.3	2.6	76.8	20.6	3.5	74.2	22.3	5.5	62.4	32.1	2.4	73.9	23.7
镶黄旗	69.8	23.6	6.6	71.5	22.3	6.1	66.4	26.4	7.3	2.7	73.7	23.6	70.7	23.6	5.8
苏尼特左旗	62.9	29.3	7.8	56.4	34.7	9.0	48.5	38.4	13.2	71.5	22.8	5.8	52.4	35.6	12.0
苏尼特右旗	47.7	36.1	16.2	47.6	35.4	17.0	43.7	33.0	23.4	50.4	35.7	13.9	45.2	41.5	13.4
二连浩特市	42.5	47.0	10.5	39.4	50.2	10.4	38.8	50.8	10.4	43.7	38.6	17.8	40.5	49.1	10.4

表 3-26　1975 年以来锡林郭勒盟各旗县草地生态系统变化面积统计　　　　　　　　（单位：km²）

旗县	1975—1990 年				1900—2000 年				2000—2005 年				2005—2009 年			
	高	中	低	合计	高	中	低	合计	高	中	低	合计	高	中	低	合计
锡林浩特市	-613.1	-267.8	76.9	-804.0	-810.7	794.8	-257.8	-273.6	-1 571.7	876.8	644.7	-50.2	761.6	-201.4	587.2	1 147.4
东乌珠穆沁旗	-0.3	0.1	-13.7	-14.0	0.7	-45.9	39.7	-5.5	1.1	55.0	-42.3	13.7	-0.5	-7.1	-8.6	-16.1
西乌珠穆沁旗	-88.6	13.8	33.3	-41.5	-100.1	42.3	-63.8	-121.6	96.0	-35.5	61.1	121.6	108.9	108.0	-88.9	128.0
阿巴嘎旗	-37.7	0.4	1.5	-35.8	-159.0	65.5	12.6	-80.9	-68.4	38.8	8.1	-21.5	146.6	31.8	2.5	180.9
正蓝旗	-229.7	158.4	-79.5	-150.8	-193.2	-70.2	-142.8	-406.2	85.6	142.2	-49.0	178.8	54.7	142.5	-41.3	155.8
多伦县	-88.4	60.6	-46.2	-74.0	-340.6	170.8	116.1	-53.7	346.3	-109.3	8.4	245.5	28.3	-22.1	-12.1	-5.8
正镶白旗	33.0	-295.5	-142.7	-405.2	2.4	-675.3	404.4	-268.6	23.7	1 083.5	-541.1	566.2	-13.5	228.7	-70.4	144.8
太仆寺旗	11.9	143.1	-225.2	-70.2	277.7	-1 123.3	440.7	-404.9	-264.6	-647.9	223.1	-689.4	-89.6	249.7	97.5	257.6
镶黄旗	156.4	-267.3	-93.5	-204.5	-1 034.4	645.5	185.6	-203.3	1 089.3	-549.7	-238.7	300.9	-105.7	149.3	-0.9	42.7
苏尼特左旗	-978.7	733.9	162.4	-82.4	-1 210.7	458.2	572.0	-180.5	331.4	-340.7	116.4	107.1	278.8	-1.1	-272.5	5.2
苏尼特右旗	-30.6	-54.0	30.1	-54.5	-230.0	-147.8	294.9	-83.0	33.7	302.8	-258.9	77.6	87.6	155.7	-212.7	30.5
二连浩特市	-858.3	750.1	-31.6	-139.8	-237.3	49.6	-37.7	-225.5	610.2	-716.2	217.9	112.0	-55.2	430.4	-180.0	195.1
总计	-2 723.9	975.7	-328.3	-2 076.5	-4 035.3	164.1	1 564.0	-2 307.2	712.6	99.9	149.9	962.3	1 201.9	264.4	-200.1	2 266.2

3.6 生态系统宏观格局及其变化小结

通过对锡林郭勒盟过去 34 年（1975—2009 年）生态系统宏观格局、生态系统类型转换特征以及锡林郭勒盟主体生态系统（草地生态系统）内部二级类型的宏观空间格局、动态转换特征进行深入分析，可以得到以下基本结论：

（1）草地生态系统是锡林郭勒盟主体生态系统类型。1975 年以来，尽管自然环境的变化和人类活动对该地区生态环境产生了重要影响，但是草地生态系统始终是锡林郭勒盟主导的生态系统，草地生态系统的面积占全区国土面积的比重始终在 86% 以上，绝对面积在 17.3 万 km² 以上。草地生态系统始终在锡林郭勒盟的一级生态类型组成中占据主导地位；就旗县一级的生态系统类型组成而言，除 2000 年的太仆寺旗外，草地生态系统在其他所有年份、所有旗县都是占地最广的生态系统一级类型。

在草地生态系统内部，中覆盖度草地生态系统占据了优势地位，面积为 7.7 万 km²，占草地生态系统面积的 44% 以上；其次为高覆盖度草地，其面积为 7.0 万 km²，占草地生态系统面积的 40% 左右；再次则为低覆盖度，其面积为 2.7 km²，占草地生态系统面积的 15%。

（2）自东向西的植被梯度特征、自南向北的农牧过渡，是自然地带性与人类活动共同作用的结果。锡林郭勒盟的生态系统格局同时呈现了两种变化特征。一种是自东向西的自然生态系统变化，即表现为"森林—草甸草原—典型草原—荒漠草原—草原化荒漠"的植被类型转化；另一种则是自南向北的"农业—农牧交错—牧业"的转换。上述两种梯度变换，是自然地带性与人类活动共同作用的结果，即一方面表现生态系统内部有关植被盖度、生态系统建群种的变化，另一方面表现为人工干预类型和程度的分界和过渡。

锡林郭勒盟东部地区以草地生态系统为主导，其次为森林生态系统、水体与湿地生态系统；在南部和中部仍然以草地生态系统为主导，但是南部地区的农田生态系统跃升为仅次于草地的重要生态系统类型，并成为支撑这些旗县经济发展的重要类型；在西部和北部地区，尽管草地生态系统类型仍然是主导生态系统，但是荒漠生态系统类型比例增加迅猛，并且两者之间界限模糊、转换迅速。

草原生态系统类型的植被覆盖程度来说，也存在类似的自东向西、自南向北的规律性变化。高覆盖度草地主要分布在锡林郭勒盟的东部和东南部，这些地区水资源条件较好，草被生长茂盛，草地覆盖度在 50% 以上；低覆盖度草地集中分布在锡林郭勒盟的西部，如苏尼特左旗、苏尼特右旗等地区，这些区域属于干旱地区，水分条件欠缺，草被稀疏，覆盖度在 5%～20%，牧业利用条件差；在高覆盖草地和低覆盖草地之间的广大地区，则为中覆盖草地这一过渡类型，它在锡林郭勒盟各地均有分布，这些区域草被较稀疏，覆盖度在 20%～50%。

（3）1975 年以来锡林郭勒盟生态系统变化显著；生态系统变化的方向和速率明显受到人类活动影响。锡林郭勒盟生态系统类型转变过程的基本特征为：生态系统的转变过程明显以 2000 年为界，人类活动的影响叠加于气候变化之上，共同对区域生态系统变化造成重大影响。2000 年之前，以草地生态系统面积的持续减少为代价，促成荒漠生态系统、农田生态系统以及森林生态系统等陆地生态系统类型面积的增加；2000 年之后，草地生态系统的面积减少，与此同时，农田和荒漠生态系统类型面积持续增加趋势得到遏制和逆转。上述生态系统时空变化过程有着明确、清晰的气候变化和人类活动影响背景。

首先，区域气候变化是该区生态系统变化的主要推动力。这种驱动机制直接体现在水体与湿地生态系统不断萎缩的进程上，同时也体现在该区长期以来草地生态系统呈现退化的大趋势上。水体与湿地生态系统在 1975—1990 年基本保持稳定，1990—2000 年开始出现显著的面积缩减，在 2000—2005 年面积缩减速率进一步加快，到 2005—2009 年，面积缩减趋势有所缓和。联系到区域气候变化历史，即在过去 34 年，区域气温不断上升，而降水未见显著变化，区域干燥度不断提高。因此，水体与湿地生态系统，作为草原上最不容易受人类活动影响的生态系统类型，它的面积变化规律基本上反映了区域的自然因子（主要是区域气候变化）的控制作用。

其次，在区域气候变化的本底之上，该区生态系统变化受到人类活动的影响极为显著。这些影响主要体现在：第一，自 1970 年以来，中央政府即在该区开始实施"三北防护林"工程，这是该区森林生态系统虽然在局部地区有所缩减，但总体上呈持续增加趋势的基础原因；第二，以 2000 年为节点，锡林郭勒盟生态系统变化趋势有着根本性的不同：2000 年之前草地持续缩减，荒漠和农田等陆地生态系统面积持续增加，2000 年之后，草地面积开始恢复，农田、荒漠等生态系统面积扩张趋势得到遏制和逆转。这是与该地区在 2000 年后积极实施"京津风沙源治理工程"（主要措施为退耕还林还草、围封禁牧）和"草原三牧"（主要措施为禁牧、休牧和轮牧）等生态工程直接关联的。第三，人类活动对于生态系统变化的影响，还体现在各种类型生态系统的变化速率（动态度指标）的变化态势上。1975—2009 年，人类活动强度的增强以及 2000 年前后人类活动类型的转变过程（从无限制利用生态系统，尤其是草地生态系统，向为保护生态环境、维持区域生态平衡，而开展多项生态修复工程），它们都可以通过具体的生态系统转入动态度、转出动态度、区域综合动态度等指标加以表征、解析。

第4章　草地退化—改善与沙地固化—活化过程的监测与评估

草地生态系统作为锡林郭勒盟主体生态系统，它决定了锡林郭勒盟生态系统服务功能的基础内容、基本水平以及稳定维持，并且其在调节区域气候，涵养水源，防风固沙，保持水土，净化空气，美化环境，促进观光旅游等方面也有着其他生态系统不可替代的作用。针对1975—2009年锡林郭勒盟草地生态系统的动态变化，本章在开展草地退化解译的基础上，重点关注全盟范围的草地退化—改善过程以及沙区中沙地的活化—固化过程。

4.1　草地生态系统变化过程的监测和评估

4.1.1　生态系统变化过程的监测和评估

草地生态系统的退化已成为当前我国干旱、半干旱地区草原面临的最主要的生态和经济问题，它是指由于人为活动或不利的自然因素所引起的草地质量衰退过程。草地生态系统的恢复、重建和改善也是当前我国各个脆弱生态系统在实施诸多生态修复工程之后的一个重要过程，对这一过程的监测和评估，是当前各级政府为评估既有工程，开展新一期工程规划的基础。对上述两个过程开展监测和评价，是发现生态问题、评估工程成效的基础。

国内外研究人员已经就草地退化的现象、过程、效应、驱动机制等展开了丰富的研究，但是对于生态系统的恢复和改善过程的研究则刚刚起步。已经有研究人员指出，过去有关草地退化过程的研究存在两大问题：第一是退化评价指标的不确定；第二是对评价基准的误用。其中，对评价基准的误用，会导致评价整体方向的错误。其原因有以下几个方面：

（1）区域气候变化总是具有一定的周期性，关键气候生态因子（如降水量）的年际差异会造成草地生长的"歉年"和"丰年"，从而影响草地生态系统的各项生态服务功能。以生态工程的成效评估为例，如果简单地以某一特定年份为基础（也就是通常所说的本底年）进行生态评估，会导致结论差距很大，甚至完全相反。举例说：如果本底年为"丰年"，则有可能低估工程实施的成效，甚至得到工程毫无成效的结论；如果本底年为"歉年"，则有可能高估工程实施成效，甚至将自然因子变化所致效果也无端归结到工程成效上。显然，简单地以一个"本底年"或者说"基准年"为基础，将会使评估结果缺乏科学性和公正性。

（2）如果一个特定的"本底年"（基准年）不足以开展后续评估，那么3年或者4年的平均概况是否能够来开展相关评价了呢？答案也是否定的。首先，不管是3年还是4年，这一时间尺度仍然不够长；其次，以平均概况来展开评价的路线也不合理。

具体来说：短时间尺度（如3年或者4年）的监测数据不足以体现生态系统长期以来的变化趋势，也不可能就此把握住生态系统变化的速率变化；而掌握生态系统的这种变化的方向、范围、速率、加速度等指标，这对于科学准确地开展生态系统变化过程评估是至关重要的。首先，就气候变化影响生态系统来说，区域气候变化的时间尺度可能就是10年周期，甚至为更长；其次，就生态建设成效评估来说，生态系统的恢复也是一个漫长的过程，不可能在短期通过工程措施得以迅速和彻底的扭转，目前的工程措施仅仅有可能在短期减缓或局部遏制生态系统的退化态势。

因此，对生态系统变化过程的监测和评价，绝不应该是简单的两期生态环境现状（current）的对比，而应该是针对区域气候和生态环境长期演变趋势（trend）的分析，是对区域生态环境变化过程方向、加速度的分析。这里所称的长期演变趋势是指过去二三十年生态系统的变化状况，而不是具体某一个年份，且比较的重点和关键则在于比较两个过程（变化）的方向、范围、速率、加速度等。

4.1.2　草地变化过程的分类和分级

根据前面对整个生态系统宏观结构及其动态变化的分析，鉴于以下两方面原因：第一，锡林郭勒盟生态系统的主体是草地生态系统，生态系统变化的主要类型是草地生态系统内部组成和结构的变化；第二，锡林郭勒盟内部的浑善达克沙地、乌珠穆沁沙地是该地区重要的隐域性地理单元，它们的存在对于本地区土地荒漠化过程、大气环境质量等具有重要意义。因此在本章中，我们重点关注全盟范围的草地退化—改善过程以及两大沙区中沙地的活化—固化过程。

草地变化类型及其遥感解译标识是开展退化过程评价的基础，在锡林郭勒盟，具体如表4-1所示。在类型体系创建过程中参考了如下两项标准（研究）：①中华人民共和国国家标准《天然草地退化、沙化、盐渍化的分级指标》（GB 19377—2003）；②刘纪远、邵全琴等在三江源地区研究中制定的草地退化遥感的分类系统和分级标准。

表 4-1　锡林郭勒盟草地变化分类系统

一级类型	类型含义	编码	二级类型	遥感影像标志
无退化发生草地	基本无变化	3000	基本无变化的草地	草地斑块在色调上基本无变化，内部也没有出现斑点
草地破碎化	草地内出现沙丘、沙堆，或出现农田、各种道路、房舍，由此导致草场的完整性、连通性降低	3011	轻微破碎化草地	草地斑块内部出现少量浅色调斑点
		3012	中度破碎化草地	草地斑块内部出现中等规模的浅色调斑点
		3013	重度破碎化草地	草地斑块内部出现大量规模的浅色调斑点
草地盖度降低	因为年景（降水等）差异，导致草地盖度降低，但不涉及到草地内部出现破碎化	3021	轻微盖度降低草地	草地斑块色调总体变浅，但变化幅度较小
		3022	中度盖度降低草地	草地斑块色调总体变浅，但变化幅度较大
		3023	重度盖度降低草地	草地斑块色调总体变浅，但变化幅度最大
草地盖度降低、破碎化	草地盖度降低且同时出现破碎化	30111	盖度轻微降低、轻微破碎化的草地	草地斑块色调总体变浅，但变化幅度较小；内部出现少量浅色斑点
		30112	盖度轻微降低、中度破碎化的草地	草地斑块色调总体变浅，但变化幅度较小；内部出现中等规模的浅色斑点
		30113	盖度轻微降低、重度破碎化的草地	草地斑块色调总体变浅，但变化幅度较小；内部出现大量规模的浅色斑点
		30121	盖度中度降低、轻微破碎化的草地	草地斑块色调总体变浅，但变化幅度较大；内部出现少量浅色斑点
		30122	盖度中度降低、中度破碎化的草地	草地斑块色调总体变浅，但变化幅度较大；内部出现中等规模的浅色斑点
		30123	盖度中度降低、重度破碎化的草地	草地斑块色调总体变浅，但变化幅度较大；内部出现大量规模的浅色斑点
		30131	盖度重度降低、轻微破碎化的草地	草地斑块色调总体变浅，但变化幅度最大；内部出现少量浅色斑点
		30132	盖度重度降低、中度破碎化的草地	草地斑块色调总体变浅，但变化幅度最大；内部出现中等规模浅色斑点
		30133	盖度重度降低、显著破碎化的草地	草地斑块色调总体变浅，但变化幅度最大；内部出现大量规模浅色斑点

一级类型	类型含义	编码	二级类型	遥感影像标志
草地盐碱化	位于河湖盆地、河漫滩等低洼地区的草地因地下水位过高导致的盐碱化；这类草地可广泛分布于整个锡林郭勒盟	3041	轻微盐碱化的草地	色调总体变青/变灰/变白，但变化幅度较小
		3042	中度盐碱化的草地	色调总体变青/变灰/变白，但变化幅度较大
		3043	显著盐碱化的草地	色调总体变青/变灰/变白，但变化幅度最大
沼泽化草甸趋干化	位于河湖盆地、河漫滩等低洼地区的草地趋干化，但未发生盐碱化过程；这类草地主要局限于锡林郭勒盟东部的东乌珠穆沁旗和西乌珠穆沁旗等地区	3051	轻度趋干化的草甸草地	色调总体变浅，但变化幅度较小
		3052	重度趋干化的草甸草地	色调总体变浅，但变化幅度较大
		3053	重度趋干化的草甸草地	色调总体变浅，但变化幅度最大
草地好转	草地盖度增加，或者破碎化程度降低，或者盐碱化程度降低或草甸草原变湿，或者以上同时发生	3060	好转的草地	草地斑块色调总体变深、或者白色、灰色斑点减少
沙地活化	在两个沙地(浑善达克沙地、乌珠穆沁沙地)范围内，因为植被盖度的降低，导致沙地重新活化	3071	活化的固定沙地	沙地范围内的高覆盖草地斑块色调总体变浅、或出现浅色调斑点
		3072	活化的半固定沙地	沙地范围内的中覆盖草地斑块色调总体变浅、或出现浅色调斑点
		3073	活化的半流动沙地	沙地范围内的低覆盖草地斑块色调总体变浅、或出现浅色调斑点
沙地固定	在沙地范围内(浑善达克沙地、乌珠穆沁沙地)，因为植被盖度的增加，导致沙地重新固定	3081	向固化发展的半固定沙地	沙地范围内中覆盖草地斑块色调总体变深，或出现深色斑点
		3082	向固化发展的半流动沙地	沙地范围内低覆盖草地斑块色调总体变深，或出现深色斑点
		3083	向固化发展的流动沙地	沙地范围内沙地斑块色调总体变深，或出现深色斑点

4.2　草地退化—改善过程空间格局和动态

4.2.1　草地退化—改善过程的空间格局

为了把握锡林郭勒盟在不同时期的草地退化、草地改善过程所发生的空间分布位置、程度以及过程特征，我们对不同时期的草地退化和改善过程进行了制图，并以各旗县为统计单元，对锡林郭勒盟草地变化情况进行了统计分析。根据表 4-2 至表 4-5 的统计，同时参考图 4-1 至图 4-5，可以发现：

1975—1990 年，锡林郭勒盟草地以退化过程为主，稍有草地恢复过程。草地退化类型以覆盖度降低与破碎化为主，在具体程度上又以中度盖度降低、中度破碎化为主要形式。上述两类退化过程主要分布在锡林浩特市、阿巴嘎旗北部、西乌珠穆沁旗境内，在东乌珠穆沁旗、镶黄旗也有少量分布。此外，在正蓝旗北部地区，也可以见到明显的沙地活化现象。草地恢复过程则主要分布在东乌珠穆沁旗、西乌珠穆沁旗以及锡林浩特市北部边远地区。

1990—2000 年，锡林郭勒盟草地同时发生有大范围的草地退化和草地恢复过程，但是整体上退化过程占据绝对优势；与上一期草地退化相比，草地退化范围大、种类复杂。草地退化类型以覆盖度降低与草地破碎化为主，并且分布于整个锡林郭勒盟；草地盖度降低与破碎化相伴发生集中分布在阿巴嘎旗，零星分布在苏尼特左旗、西乌珠穆沁旗、镶黄旗境内。在浑善达克沙地、乌珠穆沁沙地，可以见到明显的沙地活化过程。与此同时，草地的好转与沙地固化过程在锡林郭勒盟各旗县均有零散分布。

2000—2005 年，与上一期相似，锡林郭勒盟草地同时发生有大范围的草地退化和草地恢复过程，但是两者面积基本持平。恢复的主要形式为草地的好转与沙地的固化。草地的好转主要分布在锡林郭勒盟北部各旗县的中间及其北部地区。在浑善达克沙地、乌珠穆沁沙地地区，则分布有广泛的沙地固化过程。在草地退化过程方面，草地盖度降低是这一时期最主要的草地退化类型，主要分布在苏尼特左旗、阿巴嘎旗、锡林浩特市北部以及东乌珠穆沁旗；草地破碎化、盖度降低和破碎化同时发生等退化类型的范围较上两个时段都有缩小，零星分布在锡林郭勒盟各旗县与居民点、交通道路设施临近的地区。

2005—2009 年，锡林郭勒盟草地同时发生有草地退化和草地恢复过程，但是与上一期相比，两者面积大幅缩小；并且草地好转面积明显超过草地退化面积。草地好转主要分布在阿巴嘎旗、锡林浩特市以及东乌珠穆沁旗，在其他旗县也有零星分布；沙地固化变得更为明显，主要集中分布在浑善达克沙地南部各旗县。在草地退化过程方面，草地破碎化过程在锡林浩特市区与西乌珠穆沁旗的交通线上表现明显；草地盖度降低的面积虽然大于破碎化，但在空间上并不连续，零星分布在锡林郭勒盟各旗县。

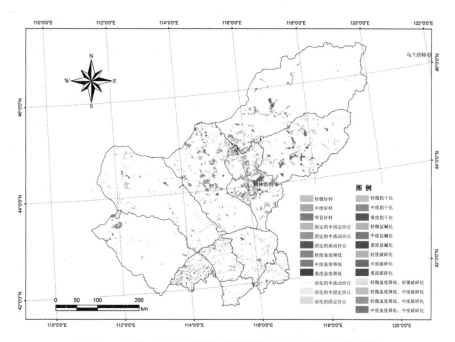

图 4-1　1975—1990 年锡林郭勒盟草地变化过程遥感解译图

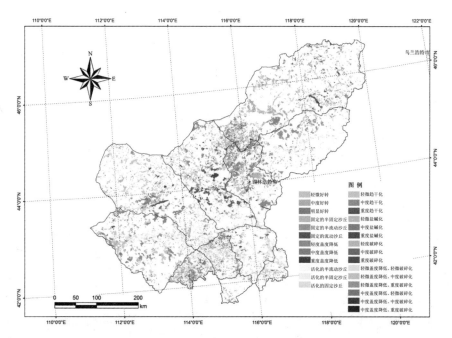

图 4-2　1990—2000 年锡林郭勒盟草地变化过程遥感解译图

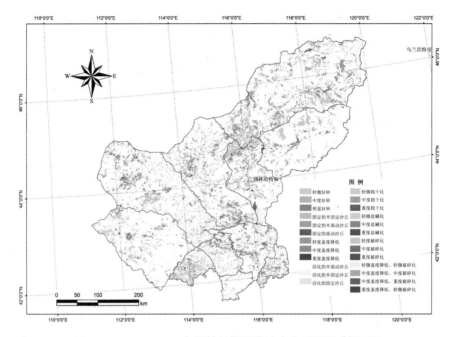

图 4-3 2000—2005 年锡林郭勒盟草地变化过程遥感解译图

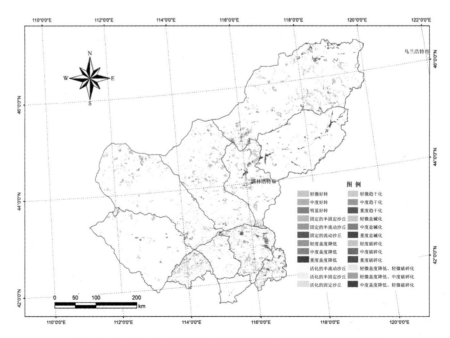

图 4-4 2005—2009 年锡林郭勒盟草地变化过程遥感解译图

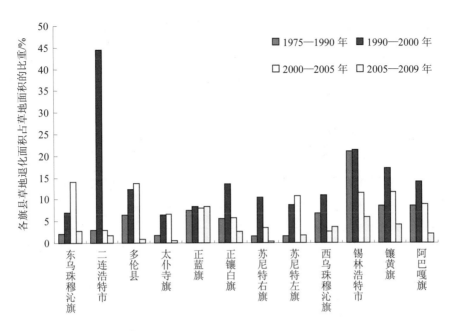

图 4-5　锡林郭勒盟各旗县草地退化统计

表 4-2　锡林郭勒盟各旗县草地退化面积及其比重

旗县	1975—1990 年		1990—2000 年		2000—2005 年		2005—2009 年	
	面积/km²	比重/%	面积/ km²	比重/%	面积/ km²	比重/%	面积/ km²	比重/%
锡林浩特市	3 097.3	21.09	3 091.8	21.34	1 625.5	11.38	862.8	5.94
东乌珠穆沁旗	891.4	2.08	2 944.5	7.01	5 532.9	14.07	1 185.8	2.79
西乌珠穆沁旗	1 280.5	6.76	2 066.2	10.86	471.8	2.66	697.8	3.67
阿巴嘎旗	2 182.7	8.44	3 629.4	14.07	2 313.3	8.91	528.7	2.04
正蓝旗	657.3	7.45	710.0	8.26	676.6	8.06	720.3	8.31
正镶白旗	295.6	5.47	692.2	13.56	298.4	5.73	137.1	2.62
多伦县	168.8	6.44	317.0	12.27	336.0	13.74	24.3	0.9
太仆寺旗	29.6	1.79	98.4	6.36	96.1	6.6	7.7	0.5
镶黄旗	426.3	8.56	848.7	17.24	575.8	11.65	209.9	4.23
苏尼特左旗	519.3	1.63	2 753.0	8.64	3 391.8	10.85	528.8	1.7
苏尼特右旗，二连浩特市	24 614.3	1.48	24 554.3	10.66	24 889.0	3.39	24 993.3	0.3

表 4-3　锡林郭勒盟各旗县草地轻度退化面积及其比重

旗县	1975—1990 年		1990—2000 年		2000—2005 年		2005—2009 年	
	面积/ km²	比重/%	面积/ km²	比重/%	面积/ km²	比重/%	面积/ km²	比重/%
锡林浩特市	2 686.0	18.29	2 731.7	18.86	1 197.0	8.38	711.8	4.90
东乌珠穆沁旗	650.1	1.52	2 469.0	5.88	4 938.3	12.56	858.0	2.02
西乌珠穆沁旗	828.4	3.65	1 731.7	9.19	372.8	2.10	379.4	1.99
阿巴嘎旗	1 855.6	7.18	2 351.4	9.12	1 819.3	7.01	440.4	1.70
正蓝旗	379.7	4.30	153.5	1.79	285.1	3.39	354.7	11.61
正镶白旗	167.2	3.10	442.9	8.68	190.7	3.66	49.5	0.95
多伦县	102.8	3.92	135.9	5.26	206.5	8.44	10.0	0.37
太仆寺旗	25.9	1.56	90.5	5.85	84.8	5.82	2.1	0.14
镶黄旗	359.7	2.03	652.7	13.26	463.3	9.37	147.3	2.97
苏尼特左旗	438.0	1.38	2 054.9	6.45	2 564.2	8.2	417.8	1.35
苏尼特右旗，二连浩特市	269.7	1.1	320.1	1.3	606.4	2.44	859.7	2.02

表 4-4　锡林郭勒盟各旗县草地中度退化面积及其比重

旗县	1975—1990 年		1990—2000 年		2000—2005 年		2005—2009 年	
	面积/ km²	比重/%	面积/ km²	比重/%	面积/ km²	比重/%	面积/ km²	比重/%
锡林浩特市	340.9	2.32	249.9	1.72	212.8	1.49	84.2	0.58
阿巴嘎旗	222.7	0.86	1 053.3	4.08	362.5	1.40	71.2	0.28
东乌珠穆沁旗	213.4	0.50	246.4	0.59	423.8	1.08	29.2	0.07
西乌珠穆沁旗	388.7	1.71	211.9	1.12	53.9	0.3	185.8	0.98
正蓝旗	61.5	0.70	194.1	2.26	267.4	3.18	206.5	6.75
正镶白旗	51.4	0.95	188.1	3.68	87.4	1.68	46.5	0.89
多伦县	61.7	2.35	88.7	3.43	96.8	3.96	11.4	0.42
太仆寺旗	3.6	0.22	6.2	0.40	7.0	0.48	5.1	0.33
镶黄旗	64.4	1.29	181.5	3.69	81.6	1.65	61.6	1.24
苏尼特左旗	79.3	0.25	641.1	2.01	692.2	2.21	63.9	0.21
苏尼特右旗，二连浩特市	43.6	0.18	48.1	0.2	208.2	0.84	29.8	0.07

表 4-5　锡林郭勒盟各旗县草地重度退化面积及其比重

旗县	1975—1990 年		1990—2000 年		2000—2005 年		2005—2009 年	
	面积/ km²	比重/%	面积/ km²	比重/%	面积/ km²	比重/%	面积/ km²	比重/%
锡林浩特市	70.5	0.48	110.2	0.76	62.1	0.43	0.01	0.46
阿巴嘎旗	104.4	0.40	224.7	0.87	102.0	0.39	0.01	0.07
东乌珠穆沁旗	27.8	0.07	312.5	0.74	163.3	0.42	0.01	0.70
西乌珠穆沁旗	63.4	0.28	122.6	0.65	44.3	0.25	0.01	0.70
正蓝旗	216.1	2.45	362.4	4.22	123.3	1.47	0.04	5.20
正镶白旗	77.0	1.43	61.2	1.20	19.3	0.37	0.01	0.79
多伦县	4.2	0.16	92.4	3.58	23.6	0.96	0.04	0.11
太仆寺旗	0.1	0.01	1.7	0.11	1.4	0.09	0.0	0.03
镶黄旗	2.2	0.04	14.5	0.29	1.2	0.02	0.0	0.02
苏尼特左旗	2.0	0.01	57.0	0.18	95.7	0.31	0.0	0.15
苏尼特右旗，二连浩特市	52.1	0.21	52.1	0.21	30.0	0.12	0.0	0.70

4.2.2　草地退化—改善过程的时序特征

1975—2009 年，锡林郭勒盟草地生态系统在时序特征上呈现出如下趋势（图 4-6、图 4-7 和表 4-6）：草地生态系统自 1975 年起已经出现退化态势，1990—2000 年是加速退化起期；2000 年是草地生态系统变化的转折点；在 2000—2005 年草地退化趋势开始得到遏制，草地恢复面积首次微弱超过草地退化面积；2005—2009 年锡林郭勒盟草地生态系统保持好转态势，草地内部的各种变化过程大大减弱。

表 4-6　锡林郭勒盟草地退化程度统计

退化程度	1975—1990 年			1990—2000 年			2000—2005 年			2005—2009 年		
	面积/ km²	比例/ %	速度/ (km²/a)	面积/ km²	比例/ %	速度/ (km²/a)	面积/ km²	比例/ %	速度/ (km²/a)	面积/ km²	比例/ %	速度/ (km²/a)
轻度退化	7 723.0	4.24	514.9	14 807.4	8.21	1 480.7	12 346.2	7.02	2 469.2	3 322.8	1.84	830.7
中度退化	1 531.0	0.84	102.1	3 651.7	2.03	365.2	2 767.5	1.57	553.5	777.1	0.43	194.3
重度退化	660.1	0.36	44.0	1 391.7	0.77	139.2	1 062.0	0.6	212.4	877.3	0.48	219.3
草地转好	2 582.8	1.42	172.2	8 937.3	4.96	893.7	16 936.9	9.63	3 387.4	6 005.1	3.32	1 501.3

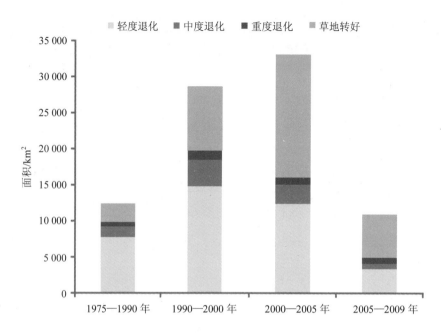

图 4-6　1975—2009 年锡林郭勒盟草地变化过程的类型

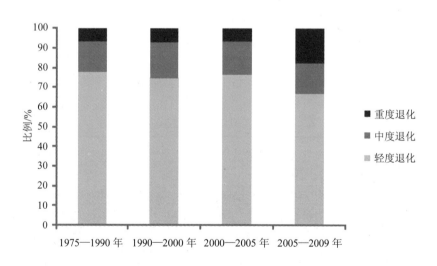

图 4-7　锡林郭勒盟草地退化过程强度的变化

具体来说，如表 4-7 所示：

1975—1990 年，锡林郭勒盟草地变化以退化为主。在此时期，发生退化的草地约为 9 914.1 km²，占全区草地面积的 5.44%；改善草地面积为 2 582.8 km²，占全区草地面积的 1.4%。这一时期的草地退化以草地破碎化为主要类型，总面积为 4 727.8 km²，占总变化面积的 2.59%，占发生退化草地总面积的 47.7%；其次为草地覆盖度降低，面积 3 335.7 km²，占总变化面积的 1.83%，占总退化面积的 33.6%；接着依次为沙地的活化、草地的盐碱化、草地盖度降低与破碎化的同时发生和草甸的趋干化，分别占总退化草地面积的 11.2%、3.3%、3.2% 和 1.0%。1975—1990 年，也有部分草地发生恢复，其类型以草地的好转为主，其次是沙地的固化，面积分别为 780.0 km²、490.4 km²，分别占总变化面积的 1.15% 与 0.26%。

1990—2000 年，锡林郭勒盟草地延续上一个时期退化的态势，并且其退化范围和速率明显加强。在此时期，发生退化的草地面积达到 19 850.0 km²，占全区草地面积的 11.01%；这 10 年（1990—2000 年）的退化面积是上一个 15 年（1975—1990 年）的 2 倍；草地恢复面积 8 937.4 km²，占全区草地面积的 5.0%。在草地退化各个过程中，覆盖度降低的草地面积最大，面积 1.1 万 km²，占总退化草地面积的 56.0%，与上期相比增长了 22.4 个百分点；其次是草地破碎化，面积为 3 829.2 km²，占草地面积的 2.13%，占发生退化草地总面积的 19.3%；以上两者是 1990—2000 年的主要退化类型。此外，沙地在该阶段发生大面积的扩张，活化面积占总退化面积的 16.0%。在该时间段，发生好转和向固化发展的沙地面积较上一个 15 年有所扩张，分别为 7 553.1 km² 和 1 384.3 km²，分别占总草地面积的 4.2% 和 0.78%。

2000—2005 年，锡林郭勒盟草地退化过程与草地恢复过程相伴发生，但草地恢复面积首次超过了草地退化的面积，锡林郭勒盟草地生态总体向好。在此时期，草地退化面积为 16 175.7 km²，占全区草地面积的 9.2%；草地恢复面积为 16 937 km²，占全区草地面积的 9.6%。就草地退化而言，退化的主要形式为草地的覆盖度降低，其面积约为 1.1 万 km²，占退化草地总面积的 68.6%，在此时段草地退化过程中占主导地位；其次为向活化方向发展的固定沙丘，面积为 2 268.4 km²，占总退化草地总面积的 14%。草地的破碎化面积为 1 564 km²，比例为 9.7%。就草地的改善而言，草地的好转面积为 1.3 万 km²，占整个恢复草地面积的 76.3%，是该时段草地恢复的主体；其次是向固化发展的流动沙地面积也达到了 4 117.4 km²，占此时段恢复总面积的 24%。

表 4-7　锡林郭勒盟草地变化面积统计（1975—2005 年）

退化类型	1975—1990 年		1990—2000 年		2000—2005 年		2005—2009 年	
	面积/km²	比重/%	面积/km²	比重/%	面积/km²	比重/%	面积/km²	比重/%
基本无变化	169 669.1	93.14	151 487.5	84.03	142 804.5	81.19	170 067.5	93.93
轻微破碎化	3 660.9	2.01	2 629.4	1.46	1 263.0	0.72	1 034.3	0.57
中度破碎化	967.5	0.53	1 022.3	0.57	287.1	0.16	261.2	0.14
重度破碎化	99.4	0.05	177.5	0.1	13.5	0.01	123.1	0.07
轻微盖度降低	3 156.5	1.73	10 310.3	5.72	9 831.4	5.59	1 712.8	0.95
中度盖度降低	177.5	0.1	780.7	0.43	1 250.1	0.71	70.8	0.04
重度盖度降低	1.7	0	17.2	0.01	14.5	0.01	0.4	0
盖度轻微降低、轻微破碎化	211.8	0.12	110.4	0.06	107.7	0.06	64.3	0.04
盖度轻微降低、中度破碎化	42.6	0.02	25.2	0.01	0.0	0	1.3	0
盖度轻微降低、重度破碎化	58.0	0.03	0.8	0	0.0	0	0.0	0
盖度中度降低、轻微破碎化	1.8	0	1.6	0	0.0	0	1.3	0
盖度中度降低、中度破碎化	0.0	0	6.4	0	0.5	0	0.0	0
盖度中度降低、重度破碎化	0.0	0	0.1	0	1.9	0	0.0	0
盖度重度降低、轻微破碎化	0.0	0	0.0	0	0.1	0	0.0	0
盖度重度降低、中度破碎化	0.0	0	0.0	0	0.0	0	0.0	0
盖度重度降低、显著破碎化	0.0	0	0.0	0	0.0	0	0.0	0
轻微盐碱化	214.9	0.12	731.6	0.41	473.8	0.27	114.5	0.06
中度盐碱化	85.1	0.05	248.4	0.14	149.0	0.08	40.9	0.02
显著盐碱化	25.1	0.01	17.1	0.01	24.9	0.01	4.1	0
轻度趋干化的草甸	71.8	0.04	109.2	0.06	273.6	0.16	98.5	0.05
中度趋干化的草甸	2.1	0	94.2	0.05	1.5	0	10.9	0.01
重度趋干化的草甸	28.7	0.02	391.9	0.22	214.7	0.12	341.8	0.19
轻微好转的草地	1 759.7	0.97	6 473.3	3.59	11 311.2	6.43	3 958.8	2.19
中度好转的土地	309.5	0.17	1 056.6	0.59	1 404.9	0.8	536.3	0.3
明显好转的土地	23.2	0.01	23.2	0.01	103.5	0.06	24.0	0.01
活化的固定沙地	447.3	0.25	787.2	0.44	792.4	0.45	407.9	0.23
活化的半固定沙地	254.4	0.14	1 472.8	0.82	1 079.3	0.61	390.7	0.22
活化的半流动沙地	407.1	0.22	916.7	0.51	396.7	0.23	298.4	0.16
向固化发展的半固定沙地	63.1	0.03	407.0	0.23	808.2	0.46	325.9	0.18
向固化发展的半流动沙地	298.0	0.16	586.7	0.33	1 904.6	1.08	658.9	0.36
向固化发展的流动沙地	129.3	0.07	390.6	0.22	1 404.6	0.8	501.4	0.28
草地退化合计	9 914.1	5.44	19 850.7	11.01	16 175.7	9.2	4 977.1	2.75

2005—2009 年,锡林郭勒盟的草地基本延续了上一时期的发展态势,草地总体向好。无论是退化面积还是恢复面积都发生大幅度的缩小。在此时期,锡林郭勒盟的草地总面积持续萎缩的态势得到逆转,同比增长了 0.5 万 km²,恢复到了 1990 年的水平。草地退化面积为 4 977.1 km²,占全区草地面积的 2.75%;草地恢复面积为 6 005.3 km²,占全区草地面积的 3.3%。就草地退化而言,以草地覆盖度降低、草地破碎化和沙地活化为主要的退化形式。发生盖度降低的草地面积约为 1 784 km²,占总退化草地面积的 35.8%,比上个时期的比重减少了近一半;2005—2009 年,草地破碎化的面积为 1 418.6 km²,占该时期退化草地总面积的 28.5%;向活化方向发展的沙地面积为 1 097.0 km²,占总退化草地面积的 22%,比上个 5 年(2000—2005 年)增长了 6 个百分点。就草地的恢复而言,草地恢复的主要形式为草地好转,此时段的面积为 4 519.1 km²,占总恢复草地面积的 75.3%,较上个时期(2000—2005 年)的比重(76.3%)有所降低;向固化方向发展的沙地面积则为 1 486.2 km²,占总恢复面积的 24.7%。

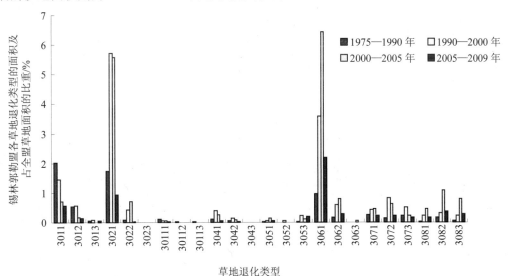

图 4-8 锡林郭勒盟草地变化面积统计

注:3011 轻微破碎化、3012 中度破碎化、3013 重度破碎化、3021 轻微盖度降低、3022 中度盖度降低、3023 重度盖度降低、30111 盖度轻微降低、轻微破碎化、30112 盖度轻微降低、中度破碎化、30113 盖度轻微降低、重度破碎化、30121 盖度中度降低、轻微破碎化、30122 盖度中度降低、中度破碎化、30123 盖度中度降低、重度破碎化、30131 盖度重度降低、轻微破碎化、3041 轻微盐碱化、3042 中度盐碱化、3043 显著盐碱化、3051 轻度趋干化的草甸、3052 中度趋干化的草甸、3053 重度趋干化的草甸、3061 轻微好转的草地、3062 中度好转的土地、3063 明显好转的土地、3071 活化的固定沙地、3072 活化的半固定沙地、3073 活化的半流动沙地、3081 向固化发展的半固定沙地、3082 向固化发展的半流动沙地、3083 向固化发展的流动沙地。

4.2.3 草地变化过程小结

对锡林郭勒盟草地变化的空间位置、退化和改善过程的关系、退化的主要类型以及变化的总体趋势进行研究，主要有以下几点结论：

（1）通过叠加不同时期的遥感影像，对草地变化的发生位置和时序关系进行辨识，可以发现：在1990—2009年遥感卫星图像上可以识别的草地退化部位及其周边，在20世纪70年代中后期的遥感影像上基本都表现出草地退化的基本特征，且草地退化图斑的影纹相似。这一现象说明，锡林郭勒盟草地退化格局在20世纪70年代中后期已经形成，退化过程到研究时期后段（2000年之后）仍在继续发生，但在退化速率及程度上有所变化。

（2）1975—2009年，草地改善与草地退化同时发生；但在不同阶段，两个变化过程所涉及的范围及其相对重要性发生了重要变化。总的来看，锡林郭勒盟草地生态系统呈现出如下发展过程：1975年开始逐渐退化，1990—2000年加速退化，到2000年退化达到顶点，而后在2000—2005年退化趋势开始得到遏制，2005—2009年全面好转。从变化草地的主导类型上看，2000年之前，在发生变化的草地中，改善草地所占比重远小于退化草地所占比重；2000—2005年，改善草地所占比重与退化草地所占比重基本持平；2005—2009年，改善草地所占比重则超过了退化草地所占比重。从变化草地所涉及面积上看，2005年之前，发生变化的草地面积是持续上升的，其面积增加速率尤其以1990—2000年为最高；2005—2009年，草地变动面积大幅减少，甚至低于1975—1990年。

（3）各个时期的草地退化主要以轻度退化为主，但中、重度退化也不容忽视，并且在近年来有加重趋势。在不同时期，轻度退化草地面积占全部退化草地面积的比例都在66%以上，其中尤其是1975—1990年，轻度退化比重最高，为77.9%；随后各期轻度退化所占比重总体上是降低的。1990—2000年，轻度退化所占面积比重为74.6%，2000—2005年，轻度退化所占面积比重为76.3%，2005—2009年，轻度退化所占面积比重最低，为66.8%。

与此同时，中度退化和重度退化过程不容忽视，尤其是重度退化过程在近年来有逐步加重趋势。就中度退化而言，1975—1990年，中度退化草地所占面积比重最低，为15.4%；随后在1990—2000年，中度退化所占面积比重达到最高，为18.4%；从2000年开始，中度退化草地所占面积比重逐步降低，2000—2005年，中度退化所占面积比重为17.1%，2005—2009年，中度退化所占面积进一步降低，为15.6%。

但是，就重度退化而言，1975—2009年，其所占退化草地总面积的比重总体上是不断增强的，尤其是在2005—2009年，其面积比重创下了历史最高，突破了10%的上限，达到为17.6%。具体来说，1975—1990年，重度退化草地所占面积比重最低，为6.7%；

随后各年，重度退化所占面积比重总体上是不断上升的。1990—2000 年，重度退化所占面积比重为 7.0%；2000—2005 年，重度退化所占面积比重略有下降，为 6.6%，但是在 2005—2009 年，重度退化所占比重急剧增加，达到创纪录的 17.6%，首次突破了 10%，这在历史上从未出现过。

4.3　沙地固化—活化过程的空间格局与动态

4.3.1　沙地类型及其时空变化格局

沙地是指地表为沙质土壤覆盖的土地，包括沙漠，但一般不包括水系中的沙滩。在中国 1∶10 万的沙漠（沙地）分布图中，按照沙粒的组成、有机质含量、粗糙度、植被盖度等指标，将沙地进一步分为流动沙地、半流动沙地、半固定沙地和固定沙地，具体如表 4-8 所示。

表 4-8　沙地类型分类标准

沙地类型	沙粒（1～0.05 mm）比重/%	有机质含量/%	粗糙度	植被覆盖度/%
流动沙地	98～99	0.065	1.1×10^{-3}	<5
半流动沙地	93～98	0.267	2.85×10^{-1}	5～20
半固定沙地	91～93	0.359	1.6	21～50
固定沙地	79～89	0.975	2.33	>50

根据锡林郭勒盟遥感影像解译得到的 LUCC 空间数据成果，结合中国 1∶10 万沙漠分布图，可以从锡林郭勒盟 LUCC 数据平台中剪切得到浑善达克沙地和乌珠穆沁沙地的 LUCC 图；继而根据 LUCC 解译中对于草地覆盖度的规定，并参照表 4-8 的标准，可以将浑善达克沙地和乌珠穆沁沙地内部的土地利用一级类型、草地二级类型（高覆盖度草地、中覆盖度草地、低覆盖度草地、未利用土地）转换为沙地类型数据（固定沙地、半固定沙地、半流动沙地、流动沙地），由此进一步分析该区沙地面积以及分布状况。对锡林郭勒盟 1975 年以来沙地组成如图 4-9 和表 4-9 所示。

该区沙地的面积总和约为 3.0 万 km²，约占全盟国土面积的 15%。总体上看，锡林郭勒盟沙地主要分布在正蓝旗、苏尼特右旗、苏尼特左旗、阿巴嘎旗和正镶白旗，这些旗县的沙地面积都在 3 000 km² 以上，最高的正蓝旗境内沙地达到 7 000 km²；至于多伦县、锡林浩特市、镶黄旗以及太仆寺旗等旗市也有零星分布，其面积小于 1 500 km²。乌珠穆沁沙地则全部分布在西乌珠穆沁旗境内，面积约为 1 800 km²。

就沙地类型而言，锡林郭勒盟以半固定沙地为主，其面积一般在 1.3 万 km²，占全部沙地面积的 42% 以上，主要分布在苏尼特左旗、苏尼特右旗、正蓝旗以及阿巴嘎旗，面积一般大于 1 500 km²；其次为半流动沙地，其面积一般在 0.7 万 km²，占全部沙地面积的 24% 左右，主要分布在正蓝旗、苏尼特右旗，面积一般大于 1 500 km²；再次为固定沙丘，其面积一般在 0.6 万~0.7 万 km²，面积比重大约为 23%，主要分布在正蓝旗、阿巴嘎旗，面积一般大于 1 000 km²；面积最小的为流动沙丘，一般在 0.3 万 km² 以下，占全部沙地面积的 10% 以下，主要分布在正蓝旗、阿巴嘎旗，面积一般大于 500 km²。

表 4-9　1975—2009 年锡林郭勒盟沙地的组成统计

沙丘类型	1975 年		1990 年		2000 年		2005 年		2009 年	
	面积/km²	比重/%	面积/km²	比重/%	面积/km²	比重/%	面积/km²	比重/%	面积/km²	比重/%
固定沙丘	7 060	23.5	6 726	22.4	6 390	21.4	6 731	22.5	6 728	22.4
半固定沙丘	12 966	43.1	13 273	44.2	12 624	42.2	13 417	44.8	13 732	45.7
半流动沙丘	7 496	24.9	7 170	23.9	7 299	24.4	7 062	23.6	6 945	23.1
流动沙丘	2 532	8.4	2 840	9.5	3 615	12.1	2 770	9.2	2 616	8.7
沙地面积合计	30 054	100	30 009	100	29 928	100	29 980	100	30 021	100

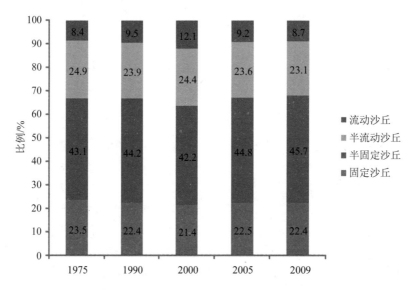

图 4-9　1975—2009 年锡林郭勒盟沙地组成

具体来说：

1975 年（如图 4-10、图 4-11 和表 4-10 所示），锡林郭勒盟的沙地以半固定沙丘为主，总面积为 1.30 万 km²，占全盟沙地面积的 43.1%，主要分布在苏尼特左旗、苏尼特右旗、正蓝旗以及阿巴嘎旗（大于 1 500 km²）；其次为半流动沙丘，总面积为 0.75 万 km²，占全盟沙地面积的 24.9%，主要分布在正蓝旗、苏尼特右旗（大于 1 500 km²）；然后为固定沙地，总面积为 0.70 万 km²，占全盟沙地面积的 23.5%，主要分布在正蓝旗、阿巴嘎旗（大于 1 000 km²）；面积最小的为流动沙地，总面积仅为 0.25 万 km²，占全盟沙地面积的 8.4%，主要分布在正蓝旗、阿巴嘎旗（大于 500 km²）。

1990 年（如图 4-12、图 4-13 和表 4-11 所示），锡林郭勒盟的沙地以半固定沙丘为主，总面积为 1.33 万 km²，占全盟沙地面积的 44.2%，主要分布在苏尼特左旗、苏尼特右旗、正蓝旗以及阿巴嘎旗（大于 2 000 km²）；其次为半流动沙丘，总面积为 0.72 万 km²，占全盟沙地面积的 23.9%，主要分布在正蓝旗、苏尼特右旗（大于 1 400 km²）；然后为固定沙地，总面积为 0.67 万 km²，占全盟沙地面积的 22.4%，主要分布在正蓝旗、阿巴嘎旗（大于 1 000 km²）；面积最小的为流动沙地，总面积仅为 0.28 万 km²，占全盟沙地面积的 9.5%，主要分布在正蓝旗、阿巴嘎旗（大于 500 km²）。

2000 年（如图 4-14、图 4-15 和表 4-12 所示），锡林郭勒盟的沙地以半固定沙丘为主，总面积为 1.26 万 km²，占全盟沙地面积的 42.2%，主要分布在苏尼特左旗、苏尼特右旗、正蓝旗和阿巴嘎旗（大于 2 000 km²）；其次为半流动沙丘，总面积为 0.73 万 km²，占全盟沙地面积的 24.4%，主要分布在正蓝旗、苏尼特右旗（大于 1 500 km²）；然后为固定沙地，总面积为 0.63 万 km²，占全盟沙地面积的 21.4%，主要分布在正蓝旗、阿巴嘎旗和正镶白旗（大于 800 km²）；面积最小的为流动沙地，总面积仅为 0.36 万 km²，占全盟沙地面积的 12.1%，主要分布在正蓝旗、阿巴嘎旗和苏尼特右旗（大于 490 km²）。

2005 年（如图 4-16、图 4-17 和表 4-13 所示），锡林郭勒盟的沙地以半固定沙丘为主，总面积为 1.34 万 km²，占全盟沙地面积的 44.8%，主要分布在苏尼特左旗、苏尼特右旗、正蓝旗以及阿巴嘎旗（大于 2 000 km²）；其次为半流动沙丘，总面积为 0.71 万 km²，占全盟沙地面积的 23.6%，主要分布在正蓝旗、苏尼特右旗（大于 1 500 km²）；然后为固定沙地，总面积为 0.67 万 km²，占全盟沙地面积的 22.5%，主要分布在正蓝旗、阿巴嘎旗和正镶白旗（大于 900 km²）；面积最小的为流动沙地，总面积仅为 0.28 万 km²，占全盟沙地面积的 9.2%，主要分布在正蓝旗（大于 1 000 km²），其余各旗县流动沙地均小于 450 km²。

2009 年（如图 4-18、图 4-19 和表 4-14 所示），锡林郭勒盟的沙地以半固定沙丘为主，总面积为 1.37 万 km²，占全盟沙地面积的 45.7%，主要分布在苏尼特左旗、苏尼特右旗、正蓝旗以及阿巴嘎旗（大于 2 000 km²）；其次为半流动沙丘，总面积为 0.69 万 km²，占全盟沙地面积的 23.1%，主要分布在正蓝旗、苏尼特右旗（大于 1 600 km²）；然后为固定沙地，总面积为 0.67 万 km²，占全盟沙地面积的 22.4%，主要分布在正蓝旗、阿巴嘎旗和正镶白旗（大于 1 000 km²）；面积最小的为流动沙地，总面积仅为 0.26 万 km²，占全盟沙地面积的 8.7%，主要分布在正蓝旗（大于 100 km²），其余各旗县流动沙地均小于 450 km²。

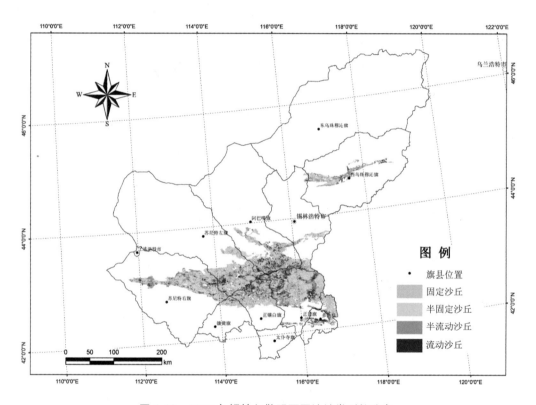

图 4-10　1975 年锡林郭勒盟不同沙地类型的分布

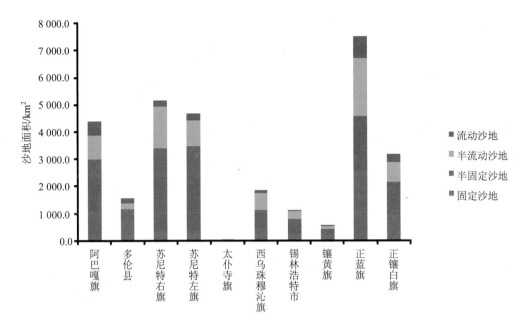

图 4-11　1975 年各类型沙地在旗县的分布

表 4-10　1975 年各类型沙地在旗县的分布　　　　　　　（单位：km²）

旗县名称	固定沙地	半固定沙地	半流动沙地	流动沙地
阿巴嘎旗	1 113.8	1 891.2	874.7	504.7
多伦县	778.8	373.3	236.8	186.3
苏尼特右旗	377.8	3 007.4	1 548.6	242.2
苏尼特左旗	364.6	3 104.5	943.8	274.2
太仆寺旗	0.7	0.1	0.3	0.0
西乌珠穆沁旗	457.4	646.9	631.0	116.3
锡林浩特市	236.5	554.0	289.4	19.6
镶黄旗	186.4	232.6	118.4	29.1
正蓝旗	2 569.6	2 002.2	2 113.6	842.6
正镶白旗	974.2	1 153.5	738.8	317.2
总计	7 059.7	12 965.6	7 495.6	2 532.1

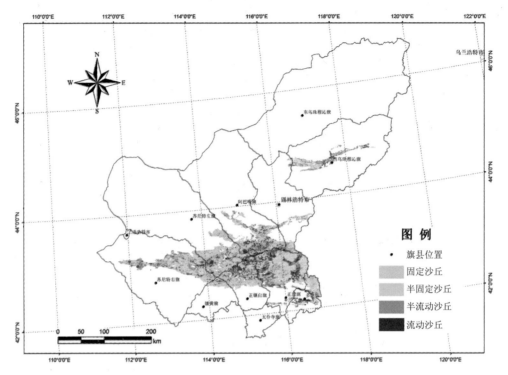

图 4-12　1990 年锡林郭勒盟不同沙地类型的分布

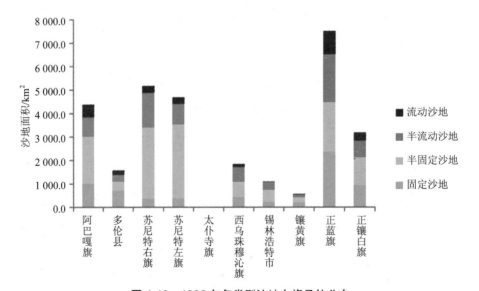

图 4-13　1990 年各类型沙地在旗县的分布

表 4-11　1990 年各类型沙地在旗县的分布　　　　　　　（单位：km²）

旗县名称	固定沙地	半固定沙地	半流动沙地	流动沙地
阿巴嘎旗	1 026.9	1 999.5	812.8	543.6
多伦县	724.4	380.4	275.4	191.7
苏尼特右旗	384.4	3 029.6	1 459.1	298.6
苏尼特左旗	386.2	3 162.1	861.5	278.1
太仆寺旗	0.7	0.1	0.3	0.0
西乌珠穆沁旗	447.3	651.3	610.7	128.1
锡林浩特市	223.1	533.8	319.3	20.6
镶黄旗	207.2	221.9	106.4	29.4
正蓝旗	2 376.8	2 111.3	2 031.1	990.0
正镶白旗	949.1	1 183.4	693.3	359.5
总计	6 726.1	13 273.4	7 170.0	2 839.5

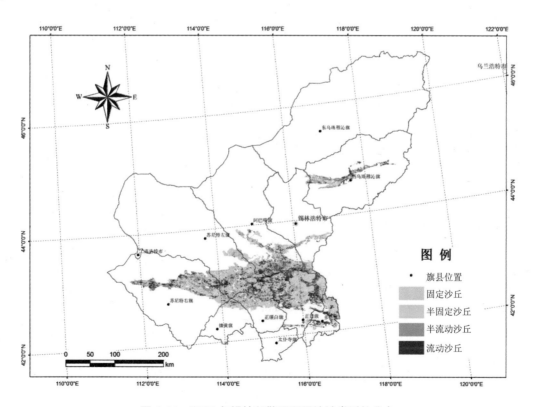

图 4-14　2000 年锡林郭勒盟不同沙地类型的分布

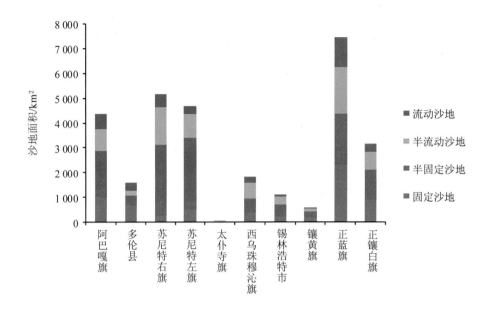

图 4-15　2000 年各类型沙地在旗县的分布

表 4-12　2000 年各类型沙地在旗县的分布面积　　　　　（单位：km²）

旗县名称	固定沙地	半固定沙地	半流动沙地	流动沙地
阿巴嘎旗	977.1	1 902.2	889.2	598.8
多伦县	670.7	377.8	213.7	314.2
苏尼特右旗	257.7	2 844.9	1 560.6	492.4
苏尼特左旗	494.0	2 896.4	983.8	304.4
太仆寺旗	0.8	0.0	0.3	0.0
西乌珠穆沁旗	381.5	578.4	624.7	247.0
锡林浩特市	217.5	490.1	326.2	62.5
镶黄旗	175.7	258.6	101.7	28.5
正蓝旗	2 327.8	2 037.6	1 879.7	1 236.3
正镶白旗	887.7	1 238.0	718.8	330.5

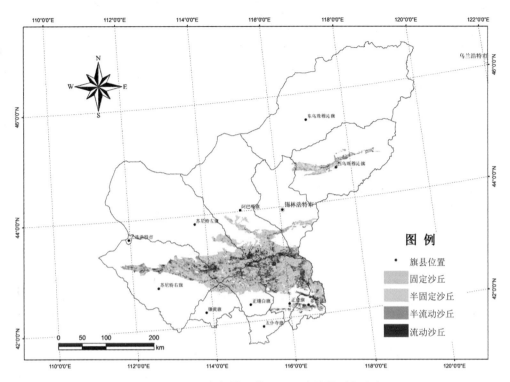

图 4-16　2005 年锡林郭勒盟不同沙地类型的分布

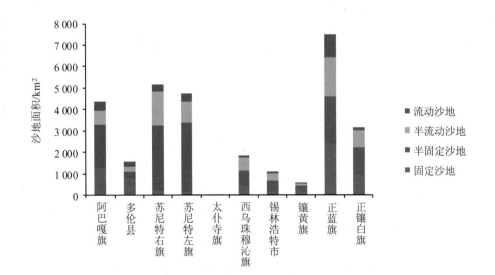

图 4-17　2005 年各类型沙地在旗县的分布

表 4-13　2005 年各类型沙地在旗县的分布　　　　　　　　（单位：km²）

旗县名称	固定沙地	半固定沙地	半流动沙地	流动沙地
阿巴嘎旗	1 309.3	1 978.0	657.8	428.8
多伦县	784.3	332.7	205.9	241.4
苏尼特右旗	223.8	3 024.0	1 581.5	349.3
苏尼特左旗	192.5	3 187.9	977.0	359.9
太仆寺旗	0.4	0.0	0.8	0.0
西乌珠穆沁旗	460.2	702.9	592.4	78.3
锡林浩特市	191.5	479.9	328.6	101.1
镶黄旗	160.2	301.5	81.4	23.6
正蓝旗	2 430.1	2 164.8	1 827.4	1 044.4
正镶白旗	978.2	1 245.6	809.5	142.7
总计	6 730.6	13 417.3	7 062.2	2 769.5

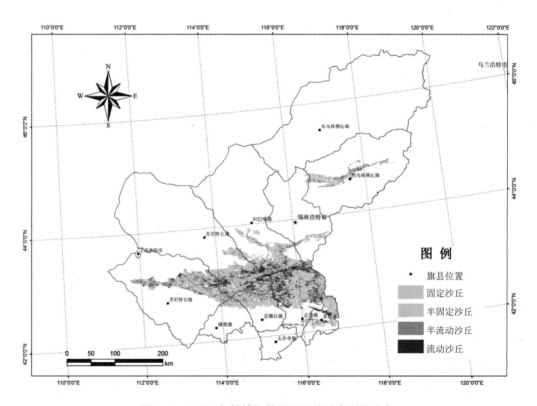

图 4-18　2009 年锡林郭勒盟不同沙地类型的分布

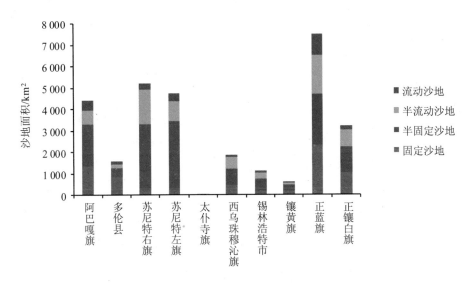

图 4-19　2009 年各类型沙地在旗县的分布

表 4-14　2009 年各类型沙地在旗县的分布　　　　　　（单位：km²）

旗县名称	固定沙地	半固定沙地	半流动沙地	流动沙地
阿巴嘎旗	1 332.6	1 949.9	671.1	434.7
多伦县	836.3	406.3	185.8	145.4
苏尼特右旗	223.8	3 049.1	1 620.2	285.4
苏尼特左旗	203.1	3 220.2	930.9	370.0
太仆寺旗	0.4	0.0	0.8	0.0
西乌珠穆沁旗	462.8	719.8	587.1	63.1
锡林浩特市	190.5	523.3	269.3	118.0
镶黄旗	166.9	286.9	94.0	19.4
正蓝旗	2 318.8	2 369.3	1 789.9	1 003.0
正镶白旗	993.4	1 207.4	796.0	177.5
总计	6 728.5	13 732.3	6 944.9	2 616.5

4.3.2　沙地固化—活化过程的空间格局

为了把握锡林郭勒盟沙区在不同时期的沙地活化、沙地固化过程所发生的空间分布位置、程度以及过程特征，我们对不同时期的沙地活化和沙地固化过程进行了制图，并以各旗县为统计单元，对锡林郭勒盟沙地变化情况进行了统计分析，可以发现：

1975—1990 年（图 4-20 和表 4-15），锡林郭勒盟沙区中沙地活化和沙地固化过程总面积为 1 599 km²；其中，沙地活化总面积为 1 108 km²，沙地固化面积合计为 490 km²，两者面积比为 2.3∶1。活化的沙地主要分布在正蓝旗、正镶白旗、阿巴嘎旗和多伦县，其中，多伦县境内的活化面积最大，占全部活化面积的 40%；固化的沙地主要分布在苏尼特左旗、正镶白旗、正蓝旗、阿巴嘎旗、苏尼特右旗，尤以苏尼特左旗沙地固化面积最大，占全部固化沙地的 25%。

1990—2000 年（图 4-21 和表 4-16），锡林郭勒盟沙区中沙地活化和沙地固化过程总面积为 4 560 km²；其中，沙地活化总面积为 3 177 km²，沙地固化面积合计为 1 384 km²，两者面积比为 2.3∶1。活化的沙地主要分布在苏尼特右旗、正蓝旗、正镶白旗、苏尼特左旗、正镶白旗；其中，苏尼特右旗境内的活化面积最大，占全部活化面积的 27%；固化的沙地主要分布在正镶白旗、苏尼特左旗、苏尼特右旗、正蓝旗，尤以正镶白旗沙地固化面积最大，占全部固化沙地的 24%。

2000—2005 年（图 4-22 和表 4-17），锡林郭勒盟沙区中沙地活化和沙地固化过程总面积为 6 386 km²；其中，沙地活化总面积为 2 268 km²，沙地固化面积合计为 4 117 km²，两者面积比为 0.6∶1。在此期间，沙地变化面积达到最高水平，同时沙地固化面积首次超过沙地活化面积，区域沙地活化过程首次出现逆转。从区域上看，活化的沙地主要分布在苏尼特左旗、正蓝旗、苏尼特右旗、阿巴嘎旗；其中，苏尼特左旗境内的活化面积最大，占全部活化面积的 33%；固化的沙地主要分布在阿巴嘎旗、正蓝旗、正镶白旗、苏尼特右旗、西乌珠穆沁旗、苏尼特左旗，尤以阿巴嘎旗和正蓝旗沙地固化面积最大，占全部固化沙地的 24%。

2005—2009 年（图 4-23 和表 4-18），锡林郭勒盟沙区中沙地活化和沙地固化过程总面积为 2 583 km²；其中，沙地活化总面积为 1 097 km²，沙地固化面积合计为 1 486 km²，两者面积比为 0.7∶1。在此期间，沙地变化面积大幅减少，基本恢复至 1980 年水平；同时沙地固化面积依然超过沙地活化面积，区域总体保持好转。从区域上看，活化的沙地主要分布在正蓝旗、正镶白旗、阿巴嘎旗；其中，正蓝旗境内的活化面积最大，占全部活化面积的 58%；固化的沙地主要分布在正蓝旗、多伦县、阿巴嘎旗，尤以尤其是正蓝旗沙地固化面积最大，占全部固化沙地的 45%。

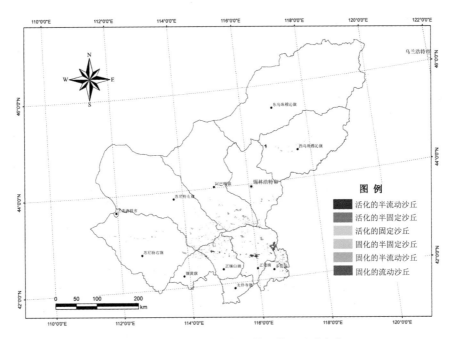

图 4-20　1975—1990 年锡林郭勒盟沙地变化

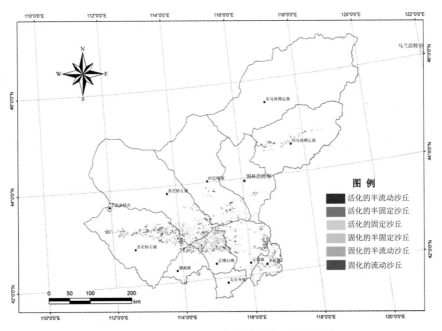

图 4-21　1990—2000 年锡林郭勒盟沙地变化

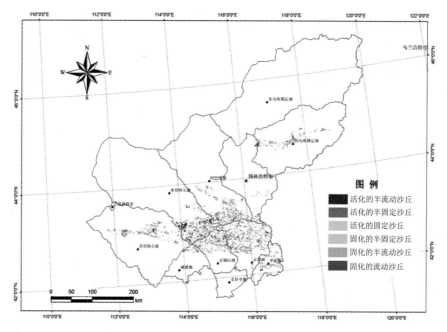

图 4-22　2000—2005 年锡林郭勒盟沙地变化

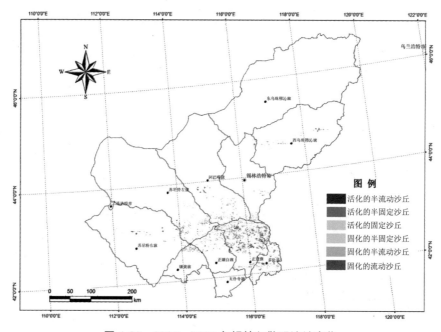

图 4-23　2005—2009 年锡林郭勒盟沙地变化

表 4-15　1975—1990 年各旗县境内的沙地活化与固化面积统计　　　　　　　（单位：km²）

旗县名称	固定沙地活化	半固定沙地活化	半流动沙地活化	活化面积总计	活化面积比例/%	半固定沙地固化	半流动沙地固化	流动沙地固化	固化面积总计	固化面积比例
阿巴嘎旗	89.8	19.3	55.9	165.0	15	1.3	33.8	18.3	53.4	11
多伦县	67.2	46.2	3.5	117.0	11	2.9	28.5	8.4	39.8	8
苏尼特右旗	0.0	16.5	52.1	68.6	6	4.0	48.2	0.9	53.1	11
苏尼特左旗	3.2	26.5	1.7	31.4	3	16.0	101.2	3.4	120.5	25
西乌珠穆沁旗	22.4	4.6	18.8	45.8	4	19.0	8.1	6.4	33.4	7
锡林浩特市	11.9	28.5	2.7	43.1	4	0.0	0.0	1.8	1.8	0
镶黄旗	2.4	12.5	0.3	15.3	1	7.3	24.1	0.8	32.2	7
正蓝旗	196.2	49.3	195.1	440.6	40	0.1	8.9	50.0	59.0	12
正镶白旗	54.0	51.0	77.0	181.9	16	12.6	45.2	39.3	97.2	20
总　计	447.3	254.4	407.1	1 108.8	—	63.1	298.0	129.3	490.4	—
活化类型面积比例/%	40	23	37	—		13	61	26		—

（表末横栏：固化类型面积比例/%）

表 4-16　1990—2000 年各旗县境内的沙地活化与固化面积统计　　　　　　　（单位：km²）

旗县名称	固定沙地活化	半固定沙地活化	半流动沙地活化	活化面积总计	活化面积比例/%	半固定沙地固化	半流动沙地固化	流动沙地固化	固化面积总计	固化面积比例
阿巴嘎旗	58.3	163.8	61.5	283.7	9	16.2	26.5	29.0	71.7	5
多伦县	77.0	72.9	91.6	241.4	8	4.6	48.6	28.3	81.5	6
苏尼特右旗	206.8	481.9	162.0	850.7	27	60.6	155.9	52.7	269.2	19
苏尼特左旗	65.5	276.3	35.3	377.1	12	160.6	116.1	44.7	321.4	23
西乌珠穆沁旗	69.7	123.5	106.4	299.7	9	14.5	11.4	5.1	31.0	2
锡林浩特市	7.3	47.4	42.2	96.9	3	7.6	0.8	0.8	9.1	1
镶黄旗	55.1	18.7	0.8	74.6	2	19.2	29.6	1.9	50.7	4
正蓝旗	58.7	174.1	356.7	589.5	19	11.2	84.9	122.7	218.8	16
正镶白旗	188.6	114.2	60.1	363.0	11	112.5	112.8	105.5	330.8	24
总　计	787.2	1 472.8	916.7	3 176.7	—	407.0	586.7	390.6	1 384.2	—
活化类型面积比例/%	25	46	29	—		29	42	28		—

（表末横栏：固化类型面积比例/%）

表 4-17　2000—2005 年各旗县境内的沙地活化与固化面积统计

（单位：km²）

旗县名称	固定沙地活化	半固定沙地活化	半流动沙地活化	活化面积总计	活化面积比例/%	半固定沙地固化	半流动沙地固化	流动沙地固化	固化面积总计	固化面积比例
阿巴嘎旗	36.9	118.6	84.1	239.6	11	280.3	400.2	302.0	982.5	24
多伦县	26.7	47.7	15.3	89.7	4	75.3	90.0	88.7	254.0	6
苏尼特右旗	64.0	169.2	30.0	263.2	12	29.4	248.1	195.5	473.1	11
苏尼特左旗	319.6	338.5	89.4	747.5	33	12.5	316.5	73.9	403.0	10
西乌珠穆沁旗	8.5	28.2	8.5	45.3	2	51.8	213.2	179.4	444.5	11
锡林浩特市	35.6	59.6	37.9	133.0	6	10.9	28.1	12.5	51.5	1
镶黄旗	43.0	1.7	0.0	44.7	2	14.7	24.0	4.9	43.6	1
正蓝旗	165.5	231.2	112.1	508.9	22	204.3	427.6	337.8	969.8	24
正镶白旗	92.5	84.6	19.3	196.4	9	128.9	156.8	209.8	495.5	12
总计	792.4	1 079.3	396.7	2 268.4	—	808.2	1 904.6	1 404.6	4 117.3	—
活化类型面积比例/%	35	48	17	—	固化类型面积比例/%	20	46	34	—	—

表 4-18　2005—2009 年各旗县境内的沙地活化与固化面积统计

（单位：km²）

旗县名称	固定沙地活化	半固定沙地活化	半流动沙地活化	活化面积总计	活化面积比例/%	半固定沙地固化	半流动沙地固化	流动沙地固化	固化面积总计	固化面积比例
阿巴嘎旗	28.9	57.6	14.8	101.3	9	48.6	60.2	19.0	127.7	9
多伦县	4.9	6.6	0.8	12.2	1	26.4	82.1	97.7	206.2	14
苏尼特右旗	1.1	7.7	0.9	9.8	1	0.5	17.1	65.7	83.3	6
苏尼特左旗	13.0	42.4	46.1	101.5	9	22.5	80.2	36.2	138.9	9
西乌珠穆沁旗	15.7	2.2	6.0	23.9	2	18.2	24.4	21.3	63.9	4
锡林浩特市	8.5	9.2	29.9	47.5	4	6.8	48.5	17.9	73.2	5
镶黄旗	16.0	39.7	0.6	56.3	5	16.1	32.1	5.6	53.8	4
正蓝旗	302.1	179.6	158.1	639.9	58	157.6	286.5	229.2	673.2	45
正镶白旗	17.8	45.7	41.1	104.6	10	29.2	27.8	8.9	66.0	4
总计	407.9	390.7	298.4	1 097.1	—	325.9	658.9	501.4	1 486.1	—
活化类型面积比例/%	37	36	27	—	固化类型面积比例/%	22	44	34	—	—

4.3.3　沙地固化—活化过程的时序特征

1975—2009 年，锡林郭勒盟沙区变化过程在时序上的总体特征为：1975 年起沙区总体上已经出现活化态势，1990—2000 年是沙区加速活化期；2000 年是沙地生态系统变化的转折点；在 2000—2005 年沙地活化趋势开始得到遏制，沙地固化面积首次微弱超过沙地活化退化面积；2005—2009 年锡林郭勒盟沙区内部的各种变化过程减弱，总体上仍然为沙地固化态势。这一特征可以分别从沙地沙化和固化的速率、沙地沙化和固化的类型及其面积的变化上得以体现。

从不同时期沙地沙化和固化的速度变化上看（如图 4-24 和表 4-19 所示）：锡林郭勒盟在 2000 年之前，沙地沙化速率超过沙地固化速率，其速率比值大约为 2.3∶1；并且，在 1975—1990 年以及 1990—2000 年，后者的沙化速率和固化速率分别是后者的沙化速率及固化速率的 4.3 倍和 4.2 倍。2000—2005 年沙区沙化速率和固化速率继续保持增长，其速率是前一时期（1990—2000 年）的 1.4 倍和 5.9 倍，显然，沙地固化速率增长的速度超过沙地活化的速率，从这一时期开始，锡林郭勒盟沙区整体呈现固化态势。2005—2009 年，沙区活化或者固化的速率大大降低，沙化速率和固化速率是前一时期（2000—2005 年）的 0.6 倍和 0.5 倍，但是沙地固化速率增长的速度依然超过沙地活化的速率，锡林郭勒盟沙区整体呈现固化态势。

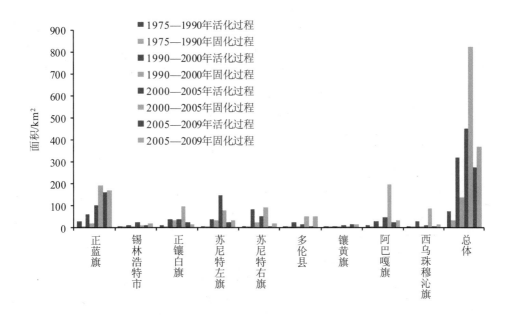

图 4-24　1975—2009 年各旗县土地沙化和固化面积对比

表4-19 1975—2009年各旗县土地沙化和活化的速度   （单位：km²/a）

旗县名称	1975—1990年		1990—2000年		2000—2005年		2005—2009年	
	活化	固化	活化	固化	活化	固化	活化	固化
正蓝旗	29.4	3.9	58.9	21.9	101.8	194.0	160.0	168.3
锡林浩特市	2.9	0.1	9.7	0.9	26.6	10.3	11.9	18.3
正镶白旗	12.1	6.5	36.3	33.1	39.3	99.1	26.2	16.5
苏尼特左旗	2.1	8.0	37.7	32.1	149.5	80.6	25.4	34.7
苏尼特右旗	4.6	3.5	85.1	26.9	52.6	94.6	2.4	20.8
多伦县	7.8	2.7	24.1	8.2	17.9	50.8	3.1	51.5
镶黄旗	1.0	2.1	7.5	5.1	8.9	8.7	14.1	13.4
阿巴嘎旗	11.0	3.6	28.4	7.2	47.9	196.5	25.3	31.9
西乌珠穆沁旗	3.1	2.2	30.0	3.1	9.1	88.9	6.0	16.0
总体	73.9	32.7	317.7	138.4	453.7	823.5	274.3	371.5

从不同时期沙区沙化和固化的类型变化上看，如图4-25和表4-20所示：

1975—1990年，该区沙地变化涉及范围不大，区域总体上呈现活化态势。锡林郭勒盟沙区中沙地活化和沙地固化过程总面积为 1 599 km²。其中，沙地活化总面积为 1 108 km²，沙地固化面积合计为 490 km²，两者面积比为 2.3∶1。在沙地活化过程中，固定沙地的活化所占面积比例最高，达到40%，其次为半流动沙地活化（37%）和半固定沙地活化（23%）；沙地固化过程中，半流动沙地的固化所占面积比例最高，达到61%，其次为流动沙地的固化（26%）和半固定沙地固化（13%）。

1990—2000年，沙地变化进程显著加快，土地沙化过程增速明显。锡林郭勒盟沙区中沙地活化和沙地固化过程总面积为 4 560 km²。其中，沙地活化总面积为 3 177 km²，沙地固化面积合计为 1 384 km²，两者面积比为 2.3∶1。沙地活化过程中，半固定沙地的活化所占面积比例最高，达到46%，其次为半流动沙地活化（29%）和半固定沙地活化（25%）；沙地固化过程中，半流动沙地的固化所占面积比例最高，达到 42%，其次为半固定沙地的固化（29%）和流动沙地固化（28%）。

2000—2005年，锡林郭勒盟沙区中沙地活化和沙地固化过程总面积为 6 386 km²。其中，沙地活化总面积为 2 268 km²，沙地固化面积合计为 4 117 km²，两者面积比为 0.6∶1。在这一年，沙地变化面积达到最高水平，同时沙地固化面积首次超过沙地活化面积，区域沙地活化过程首次出现逆转。沙地活化过程中，半固定沙地的活化所占面积比例最高，达到48%，其次为固定沙地的活化（35%）和半流动沙地的活化（17%）；沙地固化过程中，半流动沙地的固化所占面积比例最高，达到 46%，其次为流动沙地的固化（34%）和半固定沙地的固化（20%）。

2000—2005 年，沙丘内各类变化过程放缓，区域总体呈现固化趋势。锡林郭勒盟沙区中沙地活化和沙地固化过程总面积为 2 583 km²。其中，沙地活化总面积为 1 097 km²，沙地固化面积合计为 1 486 km²，两者面积比为 0.7∶1。在这段时期里，沙地变化面积大幅减少，基本恢复至 20 世纪 80 年代水平；同时沙地固化面积依然超过沙地活化面积，区域总体保持好转。沙地活化过程中，固定沙地的活化，半固定沙地的活化所占面积比例较高，分别为 37% 和 36%；半流动沙地的活化所占面积比例最小，仅为 27%；沙地固化过程中，半流动沙地的固化所占面积比例最高，达到 44%，其次为流动沙地的固化（34%）和半固定沙地的固化（22%）。

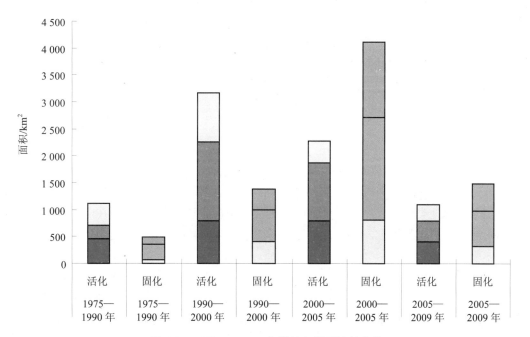

图 4-25　1975—2009 年锡林郭勒盟沙地变化

注：沙地活化直方图自下向上分别为活化的固定沙地、活化的半固定沙地、活化的半流动沙地；沙地固化直方图自下向上分别为向固化发展的半固定沙地、向固化发展的半流动沙地、向固化发展的流动沙地。

表 4-20 1975—2009 年各时期锡林郭勒盟沙地活化和固化面积

沙地变化类型	1975—1990 年		1990—2000 年		2000—2005 年		2005—2009 年	
	面积/km²	比重/%	面积/km²	比重/%	面积/km²	比重/%	面积/km²	比重/%
固定沙地活化	447	1.43	787	2.51	792	2.53	408	1.3
半固定沙地活化	254	0.81	1 473	4.7	1 079	3.44	391	1.25
半流动沙地活化	407	1.3	917	2.93	397	1.27	298	0.95
半固定沙地固化	63	0.2	407	1.3	808	2.58	326	1.04
半流动沙地固化	298	0.95	587	1.87	1 905	6.08	659	2.1
流动沙地固化	129	0.41	391	1.25	1 405	4.48	501	1.6
活化的沙地合计	1 109	3.54	3 177	10.1	2 268	7.24	1 097	3.5
固化的沙地合计	490	1.56	1 384	4.42	4 117	13.1	1 486	4.74

4.3.4 沙地变化过程小结

对锡林郭勒盟两大沙区内部各种类型沙地的空间分布格局、时间变化特征以及动态变化的空间分布格局进行了研究，主要有以下几点结论：

（1）该区沙地的面积总和约为 3.0 万 km²，约占全盟国土面积的 15%。总体上看，锡林郭勒盟沙地主要分布在正蓝旗、苏尼特右旗、苏尼特左旗、阿巴嘎旗和正镶白旗，这些旗县的沙地面积都在 3 000 km² 以上，最高的正蓝旗境内沙地达到 7 000 km²；至于多伦县、锡林浩特市、镶黄旗以及太仆寺旗等旗县也有零星分布，其面积小于 1 500 km²。乌珠穆沁沙地则全部分布在西乌珠穆沁旗境内，面积约为 1 800 km²。

（2）就沙地类型而言，锡林郭勒盟以半固定沙地为主，其面积一般在 1.3 万 km²，占全部沙地面积的 42% 以上，主要分布在苏尼特左旗、苏尼特右旗、正蓝旗以及阿巴嘎旗，面积一般大于 1 500 km²；其次为半流动沙地，其面积一般在 0.70 万 km²，占全部沙地面积的 24% 左右，主要分布在正蓝旗、苏尼特右旗，面积一般大于 1 500 km²；然后为固定沙丘，其面积一般在 0.6 万～0.7 万 km²，面积比重大约为 23%，主要分布在正蓝旗、阿巴嘎旗，面积一般大于 1 000 km²；面积最小的为流动沙丘，一般在 0.3 万 km² 以下，占全部沙地面积的 10% 以下，主要分布在正蓝旗、阿巴嘎旗，面积一般大于 500 km²。

（3）1975—2009 年，锡林郭勒盟沙区变化过程在时序上的总体特征为：1975 年起沙区总体上已经出现活化态势，1990—2000 年是沙区加速活化期；2000 年是沙地生态系统变化的转折点；在 2000—2005 年沙地活化趋势开始得到遏制，沙地固化面积首次微弱超过沙地活化退化面积；2005—2009 年锡林郭勒盟沙区内部的各种变化过程减弱，总体上仍然为沙地固化态势。这一规律可以分别从沙地沙化和固化的速率、沙地沙化和固化的类型及其面积的变化上得以体现。

第5章　生态系统支持功能
（土壤与自然保护区）的监测与评估

　　生态系统支持功能是指为地球生命的生存和发展提供基本条件的能力。生态系统支持功能是生态系统其他服务功能的基础。生态系统支持功能具有长期性和间接性两个特点，即支持功能是在非常长的时间周期上变化，同时它是通过支撑生态系统的供给功能、调节功能和文化功能，间接地为人类提供服务。生态系统的支持功能主要包括土壤形成、养分循环、野生动物栖息等。

5.1　土壤类型及其支持功能评价

　　土壤形成是生态系统支持功能的基本内容之一。植被系统对土壤形成和发育起到核心的作用，并通过土壤形成奠定生态系统面向人类服务的各项重要服务功能的重要物质基础。生态系统中土壤形成对其他服务功能提供支持的作用主要体现在土壤质地、土层厚度、土壤有机质和土壤营养元素含量等理化性质方面。

5.1.1　土壤类型及其空间分布格局

　　锡林郭勒盟作为内蒙古高平原一部分，境内垂向变化小，基本没有土壤的垂直地带分布；但锡林郭勒盟东西跨度较大，境内由东到西分布着草甸草原、典型草原与荒漠草原，地带性土壤分布规律明显。与植被类型的演替规律相适应，该区自东向西发育了黑钙土、栗钙土（暗栗钙土、栗钙土、淡栗钙土）、棕钙土等土壤类型。同时，由于境内发育的半隐域性沙地（浑善达克沙地和乌珠穆沁沙地），使得该区也发育了大面积的风沙土类型。

　　根据中国 1∶100 万土壤类型图统计，锡林郭勒盟土壤生成类型涉及 9 个土纲、14 个土类、41 个亚类（表 5-1）。从结构组成上看（图 5-1）：栗钙土分布最为广泛、面积最大，为 6.7 万 km^2，占全盟总面积的 33.5%；其次为草原风沙土，面积为 2.5 万 km^2，占全盟土地面积的 12.3%；淡栗钙土与棕钙土的分布也较为广泛，面积分别为 243.2 万 km² 以及 2.0 万 km²，在全锡林郭勒盟的总土地面积中所占比例也在 10% 以上。上述四个土壤亚类，即栗钙土、草原风沙土、淡栗钙土、棕钙土，在整个锡林郭勒盟的总土地面积中所占比例已高达 68%，是全盟的主要土壤类型。

表 5-1 锡林郭勒盟土壤类型

土纲	亚纲	土类	亚类	面积/万 km²	百分比/%
淋溶土	湿温淋溶土	暗棕壤	暗棕壤	130	0.1
	半湿温半淋溶土	灰褐土	灰褐土	70	0.0
			石灰性灰褐土	110	0.1
		灰色森林土	灰色森林土	1 450	0.7
			暗灰色森林土	400	0.2
钙层土	半湿温钙层土	黑钙土	黑钙土	5 060	2.5
			淡黑钙土	4 570	2.3
			草甸黑钙土	2 030	1.0
	半干旱温钙层土	栗钙土	暗栗钙土	12 680	6.3
			栗钙土	67 220	33.5
			淡栗钙土	24 320	12.1
			草甸栗钙土	3 350	1.7
			盐化栗钙土	2 390	1.2
			碱化栗钙土	210	0.1
			栗钙土性土	580	0.3
干旱土	干旱温钙层土	棕钙土	棕钙土	20 060	10.0
			淡棕钙土	3 010	1.5
			草甸棕钙土	2 340	1.2
			盐化棕钙土	1 890	0.9
		风沙土	草原风沙土	24 680	12.3
			草甸风沙土	690	0.3
		石质土	石质土	280	0.1
			中性石质土	80	0.0
			钙质石质土	70	0.0
		粗骨土	粗骨土	930	0.5
			中性粗骨土	220	0.1
			钙质粗骨土	360	0.2

土纲	亚纲	土类	亚类	面积/万 km²	百分比/%
半水成土	暗半水成土	草甸土	草甸土	7 350	3.7
			石灰性草甸土	3 490	1.7
			潜育草甸土	60	0.0
			盐化草甸土	1 580	0.8
	淡半水成土	潮土	潮土	2 260	1.1
			脱潮土	210	0.1
			盐化潮土	700	0.3
水成土	水成土	沼泽土	沼泽土	1 500	0.7
			腐泥沼泽土	380	0.2
			草甸沼泽土	620	0.3
			盐化沼泽土	610	0.3
盐碱土	盐土	盐土	草甸盐土	770	0.4
			碱化盐土	470	0.2
	碱土	碱土	草原碱土	320	0.2

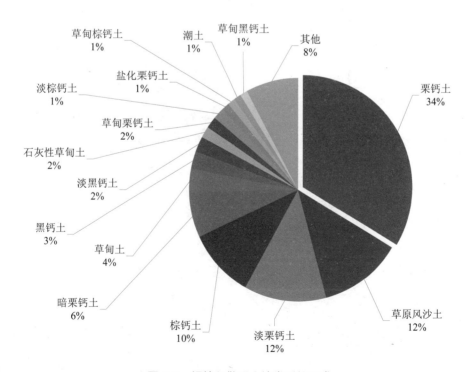

图 5-1　锡林郭勒盟土壤类型的组成

　　暗栗钙土、草甸土、黑钙土、淡黑钙土、石灰性草甸土、草甸栗钙土、淡棕钙土、盐化栗钙土、草甸棕钙土、潮土等、草甸黑钙土 11 种土壤亚类较以上四个土壤亚类的面积相对较小，面积总和为 4.9 万 km²，小于栗钙土的面积（6.7 万 km²），在全盟土地面积中的所占比例仅为 24.2%。

　　其余 26 种土壤亚类（盐化棕钙土、盐化草甸土、沼泽土、灰色森林土、湖泊、水库、粗骨土、草甸盐土、盐化潮土、草甸风沙土、草甸沼泽土、盐化沼泽土、栗钙土性土、盐土、暗灰色森林土、腐泥沼泽土、钙质粗骨土、草原碱土、石质土、中性粗骨土、脱潮土、碱化栗钙土、暗棕壤、石灰性灰褐土、中性石质土、灰褐土、钙质石质土、潜育草甸土）在锡林郭勒盟境内均有分布、但面积极小，其总面积都达不到 2.0 万 km²（仅为 1.6 万 km²），在全盟总土地面积中所占比例也仅为 7.3%。

　　从区域分布上看（图 5-2），黑钙土分布于东乌珠穆沁旗乌拉盖农管局——满都呼宝力格一线以东地区和西乌珠穆沁旗大兴安岭山前低山丘陵地区；栗钙土在东部的东、西乌珠穆沁旗到西部的苏尼特左、右旗均有分布；棕钙土是草原向荒漠过渡的地带性土壤。分布于锡林郭勒盟西部地区的苏尼特左旗、苏尼特右旗以及阿巴嘎旗的西北部地区。此外，该地区还分布有一定面积的草甸土、沼泽土、风沙土、盐土、碱土等非地带性性土壤。

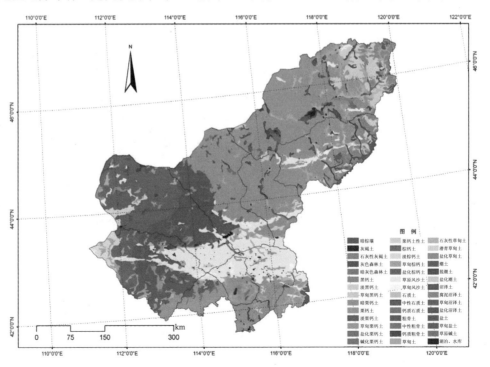

图 5-2　锡林郭勒盟不同土壤类型的空间分布

进一步的分析表明，该区草地生态系统土壤型主要以栗钙土、淡栗钙土和暗栗钙土为主；森林生态系统主要土壤类型为灰色森林土；在荒漠生态系统中，由于环境恶劣，土壤生成主要靠物理风化为主，成土速率慢，土壤层较薄、土壤质地差、土壤有机质较低，其土壤类型主要是草原风沙土；农田生态系统主要源于草地生态系统的转化，且光、热和水分条件一般较好，主要土壤为黑钙土和栗钙土。

5.1.2 各类生态系统中土壤质地特征

土壤质地是反映土壤性状的重要物理性指标之一，它影响着土壤本身的理化性质以及土壤微生物的生命活动，从而影响着土壤肥力的发挥和植被的生长发育。锡林郭勒盟生态系统类型中，草地与森林土壤质地以砂壤和黏壤为主；农田土壤以粉壤土为主；荒漠和裸土地及裸岩石砾地，其土壤质地因土体内富含砾石和石块而呈砂质和砂壤质；湿地生态系统的土壤具有粉质黏壤和黏壤质特性（表 5-2）。

表 5-2　锡林郭勒盟各生态系统主要土壤类型的层质地

生态系统类型	土类	土壤亚类	土种名称	质地
农田生态系统	栗钙土	栗钙土	厚栗麻土	砂质壤土
		栗钙土	砂栗泥砂土	沙土
		栗钙土	中栗黄土	壤土
		暗栗钙土	中暗栗泥砂土	沙土
	草甸土	草甸土	砂黑甸土	沙土
		石灰性草甸土	壤身白土	砂质壤土
	黑钙土	淡黑钙土	中淡黑土	壤土
		淡黑钙土	中黑麻土	砂质壤土
森林生态系统	灰色森林土	灰色森林土	厚黄灰土	砂质壤土
		暗灰色森林土	厚麻暗灰土	砂质壤土
		灰色森林土	厚麻灰土	砂质壤土
	栗钙土	暗栗钙土	薄暗栗黄土	砂质黏壤土
		暗栗钙土	中暗栗泥砂土	沙土
		栗钙土	砂栗泥砂土	沙土
	黑钙土	淡黑钙土	中淡黑土	砂质壤土
		淡黑钙土	中黑麻土	砂质壤土
	草甸土	草甸黑钙土	壤底锈黑泥砂土	砂质壤土
草地生态系统	栗钙土	栗钙土	中栗黄土	壤土
		栗钙土	厚栗麻土	砂质壤土
		栗钙土	砂栗泥砂土	沙土
		暗栗钙土	薄暗栗黄土	砂质黏壤土
		暗栗钙土	中暗栗黄土	砂质壤土
		暗栗钙土	中暗栗泥砂土	沙土
		草甸栗钙土	黏心砂潮栗土	砂质壤土

生态系统类型	土类	土壤亚类	土种名称	质地
草地生态系统	黑钙土	淡黑钙土	中淡黑土	砂质壤土
		淡栗钙土	中淡栗麻土	砂质壤土
		淡黑钙土	中黑麻土	砂质壤土
		草甸黑钙土	壤底锈黑泥砂土	砂质壤土
	棕钙土	棕钙土	砾棕钙麻土	砂质壤土
		草甸棕钙土	壤河棕土	砂质黏壤土
	草甸土	石灰性草甸土	壤身白土	砂质壤土
	潮土	潮土	黏心洪沫土	砂质壤土
	风沙土	草原风沙土	草原风沙土	粉质壤土
	粗骨土	钙质粗骨土	漠境粗骨土	—
水体与湿地生态系统	沼泽土	草甸沼泽土	薄洼旬土	砂质壤土
	栗钙土	栗钙土	砂栗泥砂土	沙土
		淡栗钙土	中淡栗麻土	砂质壤土
	棕钙土	棕钙土	砾棕钙麻土	砂质壤土
	草甸土	草甸土	砂黑甸土	黏壤土
	风沙土	草原风沙土	草原风沙土	粉质壤土
	水体	—	湖泊、水库	—
荒漠生态系统	风沙土	草原风沙土	草原风沙土	粉质壤土
	栗钙土	栗钙土	砂栗泥砂土	沙土
		草甸栗钙土	黏心砂潮栗土	砂质壤土
		淡栗钙土	中淡栗麻土	砂质壤土
	草甸土	草甸沼泽土	薄洼旬土	砂质壤土
		石灰性草甸土	壤身白土	砂质壤土
		草甸土	砂黑甸土	黏壤土
	棕钙土	棕钙土	砾棕钙麻土	砂质壤土
	石质土	钙质石质土	漠境石质土	—
	粗骨土	钙质粗骨土	漠境粗骨土	—
	盐土	草甸盐土	黏白盐土	黏壤土
	潮土	潮土	黏心洪沫土	砂质壤土
	水体	—	湖泊、水库	—
其他生态系统	栗钙土	栗钙土	砂栗泥砂土	沙土
		暗栗钙土	中暗栗泥砂土	沙土
		淡栗钙土	中淡栗麻土	砂质壤土
	棕钙土	棕钙土	砾棕钙麻土	砂质壤土
	粗骨土	钙质粗骨土	漠境粗骨土	—

　　水、热、气、肥的协调状况对生态系统功能的维持与土壤质地关系密切，如果土壤有机质含量低，土壤质地对维持生态系统功能的影响就会加大，这是因为土粒的大小与土壤理化性质的活性有关。土粒大小不同，不但导致土壤通透性、持水能力和温度变化的不同，而且导致土壤矿物养分含量和胶体性状也发生变化。一般来讲，砂粒含量高的土壤，土粒间孔隙大，土壤易于通气、透水、漏肥；黏粒含量高的土壤，土粒间孔隙小，易于吸水、蓄水、保肥，但不易通气透水，而只有粗粉含量较高的土壤，才能既通气透水，又蓄水保肥，水、热、气、肥状况比较协调。锡林郭勒盟砂粒质的荒漠土壤，质地粗裂，岩石裸露，保育植被能力差。

　　以砂壤和黏壤质为主的草地土壤，水、热、气、肥耦合较好。同时，土壤质地状况对草地生态系统退化反映敏感，随退化强度增加，其土壤中的砾石和砂粒含量增多，而粉粒和黏粒含量逐渐下降。在生态系统中，各土壤类型具有不同的质地，其差异状况与锡林郭勒盟生态系统中土壤生成和保持特性以及土壤的支持功能的区域格局密切相关。锡林郭勒盟土壤类型的机械组成如图 5-3 和图 5-4 所示。

5.1.3　各类生态系统中土层厚度特征

　　锡林郭勒盟各生态系统的主要土壤类型的土层厚度见图 5-5。各生态系统类型间土层厚度差异不明显：大体上处于 100～160 cm。草地土层厚度主要分布在 80～100 cm，部分厚度可达到 120 cm；森林生态系统土层厚度在 120～160 cm；湿地生态系统土层厚度在 100 cm 左右；荒漠土壤和裸土地及裸岩石砾地，土层厚度最薄。在通常情况下，土层厚度越厚，土壤的支持功能越强。

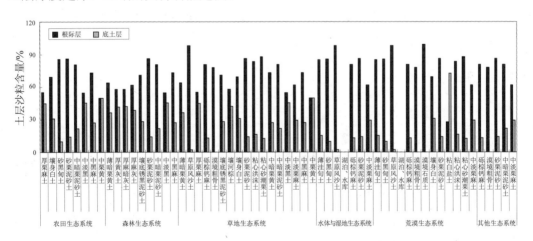

图 5-3　锡林郭勒盟生态系统主要土壤类型的根际层和底土层中沙粒含量

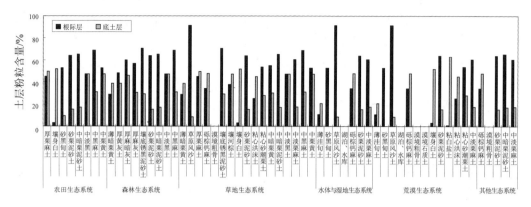

图 5-4　锡林郭勒盟各生态系统类型主要土壤类型的根际层和底土层粉粒含量

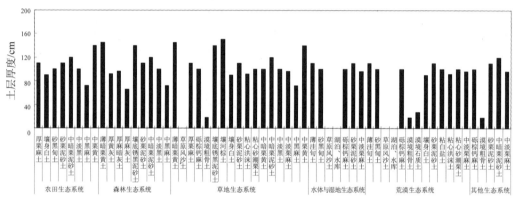

图 5-5　锡林郭勒盟各生态系统类型主要土壤种类的土层厚度

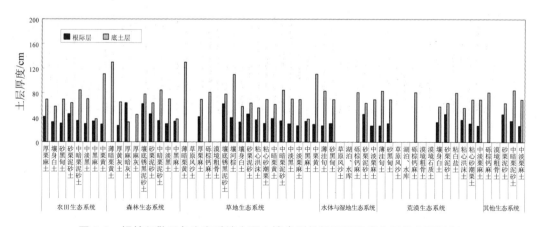

图 5-6　锡林郭勒盟各生态系统主要土壤类型的根际层和底土层的土层厚度

土层厚度与其生存环境条件有很大关系，比如成土母质特性、成土所处的空间位置以及人为干扰等因素。农田多分布在低山丘陵坡麓、湖盆周围和沿河两岸的坡麓、阶地、滩地等地段。发育土壤的母质来源于冲积、洪积或坡积物，土层较厚，但因含黄土状物质，其养分含量低，但耕性较好。草地主要分布在山地的阴坡、半阴坡、半阳坡、坡麓地带以及河谷滩地、河漫滩、湖滨低洼处和低位阶地上，生成土壤的母质来源与农田生态系统类似，土层厚度较农田土壤薄，但由于土质较好，土壤养分含量较高，其土壤为生态系统其他服务功能提供支持的能力强于农田生系统。森林生态系统主要分布在锡林郭勒盟的东部，气候阴凉湿润，土层较厚，适宜高大乔木和灌丛植被生长，其土壤生成主要来源于坡积物。湿地土壤的土层较草地和森林生态系统厚，水分条件较好，其土壤母质来源于静水沉积物、冰碛物和冰水洪积物，土壤为生态系统其他服务功能提供支持的能力较强。荒漠和裸土地及裸岩石砾地，因石块、碎石和流动的倒石堆广泛分布，土层瘠薄，其土壤的理化性状最差。

土层厚度的分层特征能够体现土壤支持功能的差异，根际层是植被生长和养分供给的主要土层，根系层较厚，则说明植物根系的可伸展潜力越大，植物根系伸展程度越深，水和养分等的供给就越充分，土壤形成和保持以及为生态系统其他功能提供支持的能力也就越强。

5.1.4　各类生态系统中土壤有机质含量特征

有机质是土壤健康程度的重要体现，它不仅含有各种营养元素，而且还是生态系统内微生物生命活动的能源，并对水、热、气、肥等各种因素起着重要的调节作用。有机质在土壤中的积累与转化受成土过程中生态系统对土壤有机物质输入量、土壤水分、土壤热特性、微生物活性等多方面因素的制约。

锡林郭勒盟土壤有机质的空间分布受到气候因子控制，由东到西有机质含量逐步减少，过渡的层次结构明显（图 5-7）。锡林郭勒盟东部较西部自然生境较为优越，植被生长条件相对较好，通常以森林、草地、农田和湿地生态系统为主，植物的死亡根系和凋落较多，土壤有机质含量较高，土壤为生态系统其他服务功能提供支持的能力较强。在西部荒漠草原区，生境恶劣，植被生长较差，从而造成土壤有机质含量较低，土壤的支持功能相应较弱。

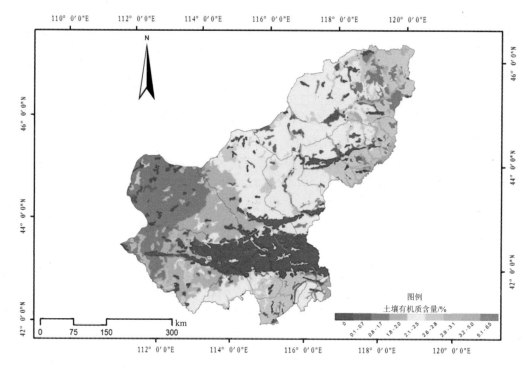

图 5-7　锡林郭勒盟土壤有机质含量空间分布

　　由图 5-8 可知，锡林郭勒盟森林生态系统土壤有机质平均含量最高，为 5.1%～6.5%，其次是湿地生态系统的土壤，在 3.2%～5.0%，而草地生态系统土壤有机质含量的变幅较大，平均含量在 0.8%～3.1%。土壤有机质来源于微生物对生态系统内有机物的分解，而植被有机物的多寡和微生物的活性对土壤有机质的含量起决定性作用。森林生态系统土壤表层积存大量的枯枝落叶，土壤的有机质含量较高。虽然湿地生态系统植被的植物根系密集，微生物活性高，但由于锡林郭勒盟处于干旱半干旱气候区，水体变化年际和年内波动较大，且干旱年份其周边还会出现土壤盐碱化等现象，因此使其土壤有机质含量比森林生态系统低。草地根际层厚、根系密集、地下生物量较地上生物量高，同时砂质和砂壤质特性便于微生物活性的发挥，从而使土壤有机质含量也较高，但总体趋势较森林生态系统低。尽管农田生态系统土壤的土层较厚，但有机质含量并不高，其原因在于人为对生态系统的强度干扰，破坏了土壤的结构，降低了土壤的抗风蚀和水蚀能力，同时在作物非生长期，农田地表缺乏作物覆盖，从而加剧了土壤的风蚀和水蚀，减弱了土壤的保持能力。从土壤有机质含量看，各生态系统中的土壤有机质含量的顺序是：森林生态系统＞湿地生态系统＞草地生态系统＞农田生态系统＞荒漠和其他生态系统。

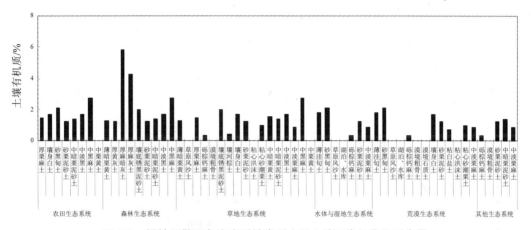

图 5-8　锡林郭勒盟各生态系统类型主要土壤亚类的有机质含量

从土壤有机质在根际层和底土层的含量分布上看，各生态系统土壤的根际层含量均大于底土层，这也说明土壤有机质主要是取决于生态系统中植被归还土壤的有机物质和微生物活性（图 5-9）。根际层枯枝落叶富集、植物根系发达、微生物活性强，土壤有机质含量较高，而底土层通常根系缺乏，土壤微生物活动弱，有机质含量较低。

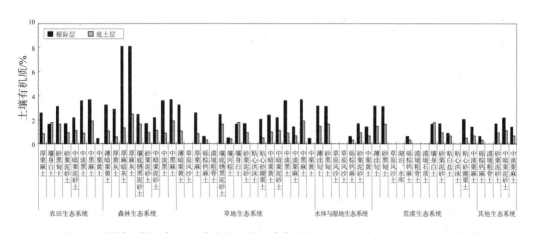

图 5-9　锡林郭勒盟各生态系统的主要土壤类型的根际层和底土层土壤有机质含量

5.1.5　各类生态系统中土壤养分特征

土壤养分是土壤肥力因素之一，其丰缺程度直接影响到植物的生长发育和产量的高低，也是衡量土壤支持功能的重要指示性指标。锡林郭勒盟主要土壤类型的全氮含量的空间分布如图 5-10 所示。

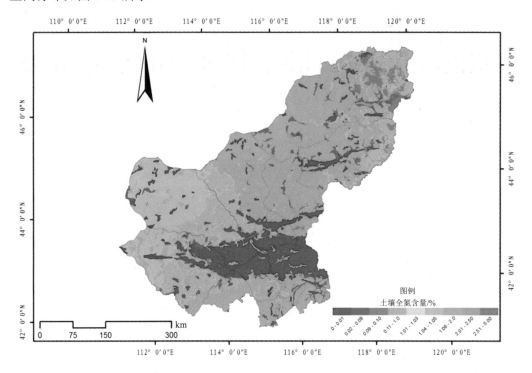

图 5-10　锡林郭勒盟主要土壤类型的全氮含量空间分布

各类生态系统土壤中的全氮含量分布如图 5-11 所示。森林生态系统与湿地生态系统的土壤全氮含量较高，最高平均含量达到 2.2%，这是由于湿地土壤的有机物质含量丰富，地下水位升降变化较大，年内随着干湿季节变化、洪水季与枯水期的交替，土体受地下水位滞水影响而非常潮湿，旱季水位下降，上层通透条件有一定的改善，土壤有机质分解加强，土壤全氮含量也随之增加，这也显示湿地土壤的支持功能较强；草地生态系统的土壤全氮含量高于农田生态系统而低于森林生态系统；荒漠生态系统和其他裸土地及裸岩石砾地的土壤全氮含量最低，其土壤的支持功能也较低。

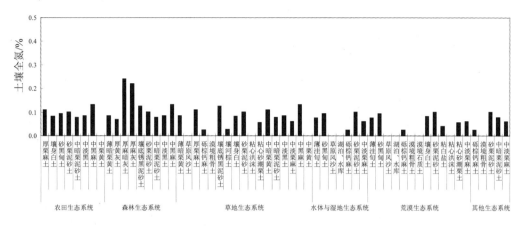

图 5-11　锡林郭勒盟各生态系统类型主要土壤亚类的全氮含量

局部环境和人类活动（特别是超载过牧）的影响对土壤全氮含量的影响很大，如苏尼特左旗、苏尼特右旗的大部，在人类活动和自然因素的综合作用下，草地严重退化，生产能力显著下降，土壤全氮含量明显低于其他地区。其他研究也表明，土壤全氮含量随草地退化程度增加呈下降趋势，可作为锡林郭勒盟生态系统土壤健康程度的重要指标。除此之外，土壤全氮含量层次间差异悬殊，剖面层次分布也与有机质的十分相似，根际层全氮含量显著高于底土层（图 5-12），这是因为根际层富集了枯枝落叶和植物根系，且经常处于氧化还原交替状态，而底土层则根系较少，同时根际层多为砂壤和粉砂壤土壤质地，通透性较好，微生物活动强度大，土壤有机质分解较快。

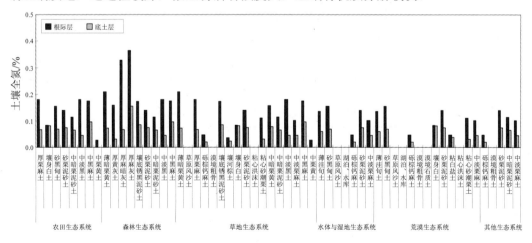

图 5-12　锡林郭勒盟各生态系统主要土壤类型的根际层和底土层土壤全氮含量

　　锡林郭勒盟各生态系统的土壤全氮、全磷分布格局呈现与土壤有机质分布格局有所不同，即东、中部有机质含量较高地区全氮、全磷含量较低（图5-10和图5-13）。同时，在不同生态系统中，土壤的全磷含量存在一定的差异，总体呈现出森林、草地、湿地土壤的全氮、全磷含量高于荒漠和裸土地及裸岩石砾地的规律（图5-14）。由于农田生态系统常年耕作，人为扰动较大，因此其全磷含量也有相应变动。土壤全磷主要来源于土壤形成过程中矿物质分解，不同成土母质所提供的磷素量是不同的。人类过牧对各生态系统土壤的全磷也有不同程度的影响，过牧破坏了地表覆被，降低了其对根系层甚至成土母质的保护，土壤物理风化加速，土壤质地变粗，水土流失加剧。在这一过程中，部分磷被带走，从而使土壤全磷降低，进而削弱了土壤的支持功能（图5-15）。

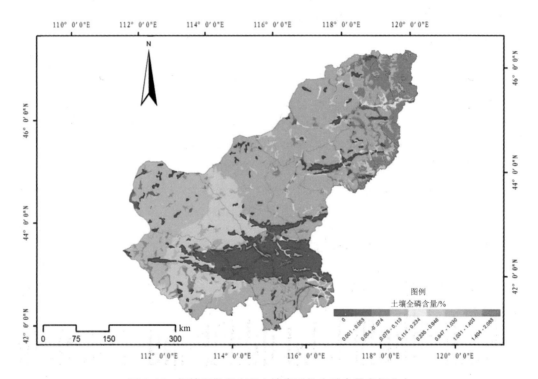

图 5-13　锡林郭勒盟主要土壤类型的全磷含量空间分布

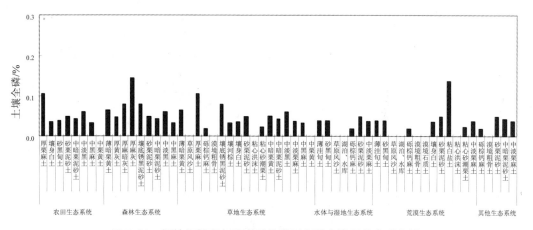

图 5-14　锡林郭勒盟各生态系统类型主要土壤亚类全磷含量

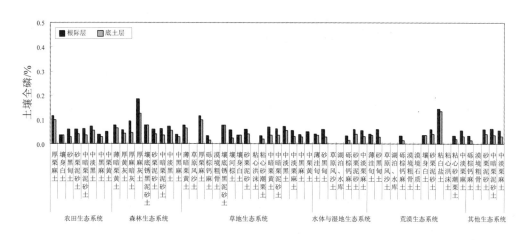

图 5-15　锡林郭勒盟各生态系统主要土壤类型的根际层和底土层土壤全磷含量

土壤中全钾的含量远远高于全氮和全磷，但 98%以上的土壤全钾以无机形态存在于土壤中。锡林郭勒盟的土壤全钾含量分布基本上与土壤有机质含量分布规律相一致（图 5-16），即由东到西有机质含量逐步减少，过渡的层次结构明显。全钾含量高的土壤类型要比土壤有机质、全氮、全磷含量较高的土壤类型分布广泛得多。锡林郭勒盟的土壤全钾含量多在 2.5%～6%，总体呈现草地、农田、森林和湿地土壤的全钾含量高于荒漠和裸土地及裸岩石砾地的特点，特别以森林中的灰色森林土全钾含量最高，达 4.3%（图 5-17）。总体来看，锡林郭勒盟各生态系统的土壤全钾含量大体变化不大，基本不会成为植物生长的限制因素。

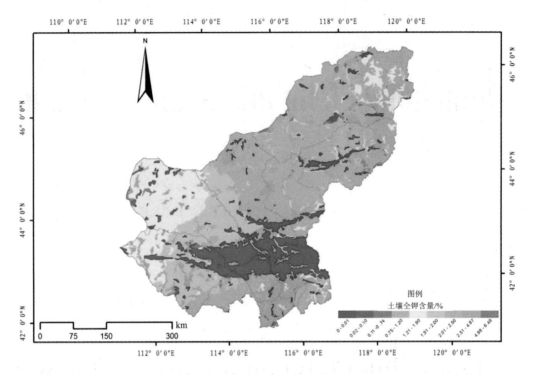

图 5-16　锡林郭勒盟主要土壤的全钾含量空间分布

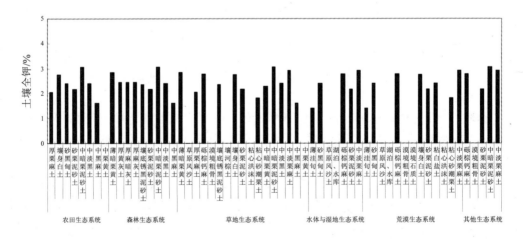

图 5-17　锡林郭勒盟各生态系统主要土壤类型的全钾含量

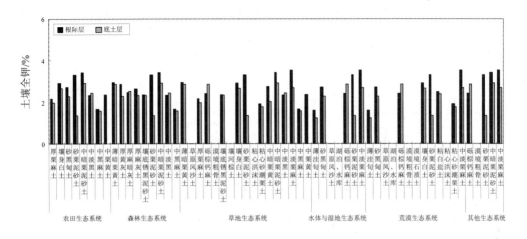

图 5-18 锡林郭勒盟各生态系统主要土壤类型的根际层和底土层土壤全钾含量

但从敏感度来看（图 5-18），土壤全钾对放牧干扰的反应比土壤全磷更为敏感，过牧使土壤理化性质退化，土壤全钾更易流失，结果导致草地过牧区的土壤全钾含量甚至比荒漠还低。同时，退化也造成土壤颗粒变粗，而土粒越粗，土壤胶体性状越弱，土壤对钾离子的吸附性能就越差，从而引起土壤全钾含量的降低。在农田生态系统中，因作物收获带走大量钾和翻耕使大量钾混入底土层，也会降低土壤中的钾含量。土壤钾的运移与土壤质地有很大关系，砂壤和粉砂壤土的土壤颗粒以团状和块状为主，土壤孔隙大，土壤水运动受阻较小，土壤钾更易从土体上部下移至底土层。

5.1.6 各类生态系统中土壤退化特征

草地植被生长与草地土壤形成支持功能之间是相辅相成的关系。一方面，草地退化直接表现为植被破坏、地表植被覆盖度下降，由此导致土壤侵蚀加剧，表层土壤流失、土壤粗化、有机质和养分流失，上述各项土壤理化性状指标的变化即是土壤退化的直接表现。另一方面，土壤退化同时也是生态系统全面退化的推动力和重要组成部分，土壤生成和支持功能的下降反过来又将影响到草地植被的生长，由此进一步影响生态系统的其他服务功能。

为此，我们基于前面的研究成果，进一步分析了该区在 1990—2000 年伴随草地退化过程的土壤退化效应。根据上文中有关生态系统宏观格局及其变化规律、草地退化—改善过程和沙地固化—活化过程的研究成果，该区在 1990—2000 年是生态系统急剧退化的时期。在此阶段，大约 10%的草地生态系统发生了退化，以轻度退化为主，并伴有一定程度的中度和强度退化。轻度退化遍布整个锡林郭勒盟，中度退化广泛分布在锡林郭勒盟中部的阿巴嘎旗、南部的镶黄旗与正镶白旗，在西部苏尼特左旗、苏尼特右旗境内的浑善达克沙地西缘地区也有分布。重度退化主要集中分布在正蓝旗与西乌珠穆沁旗境内，见图5-19。

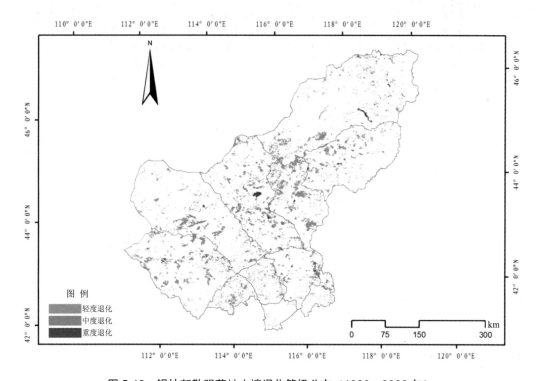

图 5-19　锡林郭勒盟草地土壤退化等级分布（1990—2000 年）

在 GIS 支持下，我们可以发现（表 5-3），在上述进程中栗钙土退化面积最大，占总退化土壤面积的 51.21%，其次是淡栗钙土，为 15.86%，然后是暗栗钙土，所占比重 4.66%。不同土壤类型的退化程度也有很大差异，草地土壤轻度退化在各类草地土壤中均有发生，中度草地土壤退化主要发生在栗钙土、淡栗钙土与棕钙土等土壤类型；暗栗钙土与草甸土所占比重在 1.3% 左右。重度草地土壤退化发生在草甸土与栗钙土性土，其中栗钙土退化面积比重为 1.86%。

表 5-3　锡林郭勒盟草地退化与草地土壤退化程度（1990—2000 年）

土壤类型	草地退化程度				土壤退化
	轻度/%	中度/%	重度/%	合计/%	
暗栗钙土	3.86	0.80	—	4.66	↓↓
栗钙土	42.81	6.54	1.86	51.21	↓↓↓
栗钙土性土	0.76	—		0.76	↓
棕钙土	8.06	1.58	—	9.64	↓↓
淡栗钙土	12.56	3.30	—	15.86	↓↓*
淡棕钙土	1.32	—		1.32	↓
淡黑钙土	1.45	—		1.45	↓
潮土	1.01			1.01	↓
盐化栗钙土	1.38			1.38	↓
盐化棕钙土	0.59			0.59	↓
石灰性草甸土	0.74			0.74	↓
草甸土	2.05	0.52	0.91	3.49	↓↓
草甸栗钙土	1.43			1.43	↓
草甸棕钙土	0.90			0.90	↓
草甸黑钙土	0.56			0.56	↓
黑钙土	0.63			0.63	↓

注：表中%为某一程度草地退化面积占相应土壤类型的面积比重；→、↓、↓↓和↓↓↓分别表示草地土壤退化等级：基本不变、轻度退化、中度退化和重度退化。

5.1.7　土壤支持功能评估小结

基于锡林郭勒盟既有土壤资料的收集和野外调研及分析成果，可以掌握该区土壤类型的空间分布及其对生态系统的支持功能的格局。结论如下：

（1）锡林郭勒盟土壤生成类型涉及 9 个土纲、14 个土类、41 个亚类。土壤的水平地带性规律明显。与境内由东到西分布着草甸草原、典型草原与荒漠草原等植被类型演替规律相适应，该区分别发育了黑钙土、栗钙土（暗栗钙土、栗钙土、淡栗钙土）、棕钙土等地带性土壤。同时，于境内发育的半隐域性沙地（浑善达克沙地和乌珠穆沁沙地），使得也发育了大面积的风沙土类型。栗钙土分布最为广泛、面积最大，为 6.7 万 km²，占全盟总面积的33.5%；其次为草原风沙土，面积为2.5 万 km²，占全盟土地面积的12.3%。淡栗钙土与棕钙土的分布也较为广泛，在全锡林郭勒盟的总土地面积中所占比例也在10%以上。上述四个土壤亚类占全部国土面积的68%，是全盟的主要土壤类型。

（2）对锡林郭勒盟各类生态系统内部各种土壤类型的理化性状特征深入分析，综合比较各种生态系统内部土壤的质地、厚度、有机质含量、养分含量等特征，可以发现：该区各类生态系统土壤性状优劣顺序为：森林土壤和草地土壤＞湿地土壤＞农田土壤＞

荒漠土壤。

特别地，对于草地生态系统来说，草地土壤以砂壤和黏壤质为主；随着退化强度增加，其土壤中的砾石和砂粒含量增多，而粉粒和黏粒含量逐渐下降。草地土层厚度主要分布在 80～100 cm，部分厚度可达到 120 cm；草地生态系统土壤有机质含量的变幅较大，平均含量在 0.8%～3.1%。从空间上看，由东到西，土壤中的有机质含量、全钾含量逐步减少，过渡的层次结构明显；但是土壤全氮、全磷分布格局与土壤有机质含量、全钾含量的分布格局略有不同。

（3）在 1990—2000 年伴随草地退化过程，锡林郭勒盟有 10% 的草地土壤发生了不同程度的退化，中度和重度土壤退化主要发生在正蓝旗、苏尼特左旗、苏尼特右旗等沙地分布地区，轻度退化广泛分布于锡林郭勒盟全境。在各种草地土壤类型中，栗钙土退化面积最大，占其面积的 51.2%；其次是淡栗钙土，占 15.9%；其次是暗栗钙土，所占比重 4.7%。

5.2 草原保护区野生动物栖息地适宜性评价

锡林郭勒自然保护区是"国际生物圈保护区"成员，主要保护对象为草甸草原、典型草原、疏林草原和河谷湿地。自然保护区的主要生态功能体现为支持功能，即为各类野生动植物提供了栖息环境、食物、水源等条件。锡林郭勒自然保护区生态环境类型独特，具有草原生物群落的基本特征，并能全面反映内蒙古高原典型草原生态系统的结构和生态过程。

5.2.1 锡林郭勒草原保护区概况

锡林郭勒草原保护区位于内蒙古自治区锡林浩特市境内，面积 1.08 万 km²，1985年经内蒙古自治区人民政府批准建立，1987 年被联合国教科文组织接纳为"国际生物圈保护区"网络成员，1997 年晋升为国家级自然保护区，主要保护对象为草甸草原、典型草原、沙地疏林草原和河谷湿地生态系统。该区是目前我国最大的草原与草甸生态系统类型的自然保护区，在草原生物多样性的保护方面占有重要地位，并具有一定的国际影响。

锡林郭勒草原是我国境内最有代表性的丛生禾草枣根茎禾草（针茅、羊草）温性真草原，也是欧亚大陆草原区亚洲东部草原亚区保存比较完整的原生草原部分。保护区内生态环境类型独特，具有草原生物群落的基本特征，并能全面反映内蒙古高原典型草原生态系统的结构和生态过程。目前，区内已发现有种子植物 74 科、299 属、658 种，苔藓植物 73 种，大型真菌 46 种，其中药用植物 426 种，优良牧草 116 种。保护区内分布的野生动物反映了蒙古高原区系特点，哺乳动物有黄羊、狼、狐等 33 种，鸟类有 76 种。其中国家 I 级保护野生动物有丹顶鹤、白鹳、大鸨、玉带海雕等 5 种，国家 II 级保护野生动物有大天鹅、草原雕、黄羊等 21 种。

自然保护区分为核心区、缓冲区和实验区。根据有关法律法规要求：核心区必须用网围栏保护，禁止任何人擅自进入核心区。因科学研究的需要，必须进入核心区从事科学研究观测、调查活动的，应当按照规定程序报有关部门批准。缓冲区内原居住单位和个人要严格保护、科学管理、合理利用自然资源。禁止非原居住单位和个人进入缓冲区从事生产经营活动。在实验区开展参观、旅游活动的，由管理机构提出方案，按照规定程序报有关部门批准。

目前，锡林郭勒草原国家级保护区内包括 9 个核心保护区及其相应的缓冲区，分别为巴彦锡勒渔场保护区、乌丁塔拉保护区、崩崩台保护区、布尔登希热保护区、查干敖包保护区、哈留图嘎查保护区、三棵树保护区、沙迪音查干保护区、锡尔塔拉保护区（见图 5-20）。

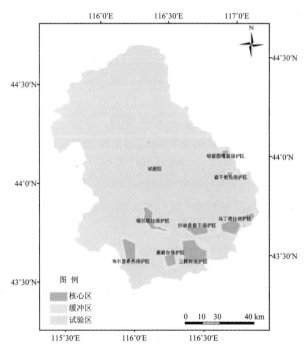

图 5-20　锡林郭勒盟草原国家级自然保护区空间分布

5.2.2　保护区生态监测和评估的指标体系

为了监测和评估保护区内野生动物栖息地的适宜性，我们主要从以下三个方面选取了 11 个具体指标，即栖息地隐蔽性、栖息地食物供给和栖息地人类干扰程度（表 5-4）。

表 5-4　锡林郭勒盟野生动物栖息地适宜性影响因素及分析指标

影响因素	评价指标
栖息地隐蔽性	湿地面积百分比
	湿地景观的破碎度
	高覆盖度草地面积百分比
	草地景观破碎度
	林地面积百分比
栖息地食物供给	净第一性生产力（NPP）
	食料地面积（草地、灌丛、沼泽和林地百分比）
	水域面积百分比
	河网密度
栖息地人类干扰程度	道路密度
	居民点密度

植被为野生动物繁殖和发展提供栖息环境，栖息地隐蔽性指标选择为：湿地、高覆盖度草地和林地占相应区域总面积的百分比，以及草地和湿地的景观破碎度。植被不仅为野生动物提供庇护场所，还为野生动物提供食物，草地、沼泽、灌丛和林地均可为野生动物提供各类食物。因此，栖息地食物供给的指标选择为：草地、沼泽、灌丛和林地所占区域相应总面积的百分比和单位面积 NPP。同时，湖泊和河流为野生动物的生存提供必需的饮用水，栖息地饮用水指标为：水面所占相应区域总面积的百分比和水系密度。人类活动干扰野生动物的栖息地质量，栖息地人类活动干扰程度指标选择为：道路密度、居民点密度。

分析中所用的数据包括：1975 年、1990 年、2000 年、2005 年、2009 年土地覆被遥感解译数据，1981—2007 年的 NPP 数据，1∶25 万基础地理数据中的河网、道路分布、居民点分布数据。数据处理流程如下，先提取各个保护区不同圈层的草地、湿地、林地分布信息，生成不同的数据层，计算相应的景观破碎度、面积百分比以及线密度、点密度等各项指标。

5.2.3　野生动物栖息地适宜性单项分析

5.2.3.1　栖息地隐蔽性分析

（1）湿地面积

湿地是部分野生动物活动的重要场所，湿地在相应保护区亚层中的百分比越高，越适合湿地野生动物的繁衍。

锡林郭勒地区各保护区湿地面积占保护区圈层面积的百分比如图 5-21 和表 5-5 所示，从图中看，湿地面积占保护区圈层面积的百分比较高的区域位于保护区的中部并呈线状分布，各保护区中锡尔塔拉保护区湿地面积比重最大，其湿地面积超过了该保护区面积的 40%，三棵树保护区和沙迪音查干保护区次之，但湿地面积所占比重低于 10%，其他区域几乎为 0。从时间顺序来看，湿地的面积变化并不明显。

（2）湿地景观破碎度

湿地景观破碎度也是影响湿地野生动物栖息地质量的一个重要指标，湿地景观破碎度越高，斑块边缘效应就越强，栖息地的核心面积就越小，野生动物栖息地的适宜性就越差。在景观生态学中，破碎度是以平均邻近指数（MPI）来描述的，其数值越小，破碎程度越高，0 表示无破碎。

从各保护区圈层湿地景观破碎度来看（表 5-6 和图 5-22），各保护区的湿地景观破碎度与湿地所占的比重相关，破碎度较大的地区与湿地面积较大的地区相一致。破碎度最高的为乌丁塔拉保护区的缓冲区和巴彦锡勒渔场保护区的缓冲区，MPI 值为 1.77，其次是三棵树保护区的缓冲区，MPI 值为 5.50，沙迪音查干保护区的缓冲区与锡尔塔拉保护区的缓冲区的 MPI 值在 20～80，实验区 MPI 值一般在 1 000 以上（2009 年除外），破碎程度较低。从破碎程度的时间序列来看，实验区 MPI 值呈现减小趋势，破碎程度则呈增加趋势，其他区域基本无变化。

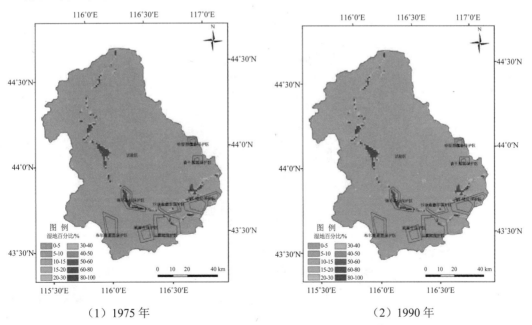

（1）1975 年　　　　　　　　　　　　　（2）1990 年

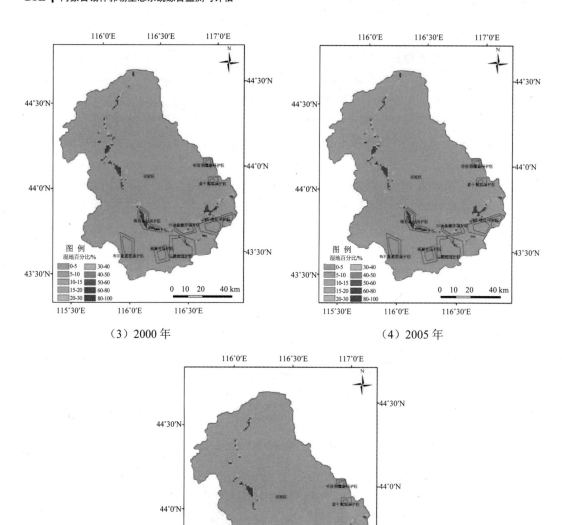

（3）2000 年　　　　　　　　　　　（4）2005 年

（5）2009 年

图 5-21　锡林郭勒盟国家级自然保护区湿地面积比例空间分布

表 5-5 锡林郭勒盟各保护区湿地面积占圈层面积比例　　　　　　　　（单位：%）

名称	1975年			1990年			2000年			2005年			2009年		
	实验区	缓冲区	核心区	实验区	缓冲区	核心区	实验区	缓冲区	核心区	实验区	缓冲区	核心区	实验区	缓冲区	核心区
巴彦锡勒渔场保护区		0.57	0.00		0.57	0.00		0.57	0.00		0.57	0.00		0.57	0.00
乌丁塔拉保护区		0.00	0.00		0.00	0.00		0.00	0.00		0.00	0.00		0.00	0.00
崩崩合保护区		0.00	0.00		0.00	0.00		0.00	0.00		0.00	0.00		0.00	0.00
布尔登希希热保护区		0.00	0.00		0.00	0.00		0.00	0.00		0.00	0.00		0.00	0.00
查干散包热保护区	2.03	0.00	0.00	2.02	0.00	0.00	1.75	0.00	0.00	1.72	0.00	0.00	1.37	0.00	0.00
哈留图嘎查保护区		0.00	0.00		0.00	0.00		0.00	0.00		0.00	0.00		0.00	0.00
三棵树保护区		6.16	1.16		6.16	1.16		6.16	1.16		6.16	1.16		6.16	1.16
沙迪音查干保护区		2.85	7.11		2.85	7.11		2.85	7.11		1.93	7.11		1.93	7.11
锡尔塔拉保护区		9.42	48.89		9.42	48.21		9.42	48.21		9.42	48.21		9.42	47.72

表 5-6 锡林郭勒盟各圈层湿地景观 MPI 指数

名称	1975年			1990年			2000年			2005年			2009年		
	实验区	缓冲区	核心区	实验区	缓冲区	核心区	实验区	缓冲区	核心区	实验区	缓冲区	核心区	实验区	缓冲区	核心区
巴彦锡勒渔场保护区		1.77	0		1.77	0		1.77	0		1.95	0		1.95	0
乌丁塔拉保护区		0	0		0	0		0	0		0	0		0	0
崩崩合保护区		0	0		0	0		0	0		0	0		0	0
布尔登希希热保护区		0	0		0	0		0	0		0	0		0	0
查干散包热保护区	2027.35	0	0	2079.1	0	0	1129.32	0	0	915.45	0	0	667.11	0	0
哈留图嘎查保护区		0	0		0	0		0	0		0	0		0	0
三棵树保护区		5.50	53.69		5.50	53.69		5.50	53.69		5.50	53.69		5.50	53.69
沙迪音查干保护区		27.77	0		27.77	0		27.77	0		22.05	0		22.05	0
锡尔塔拉保护区		68.20	0		68.20	0		68.20	0		68.20	0		68.20	0

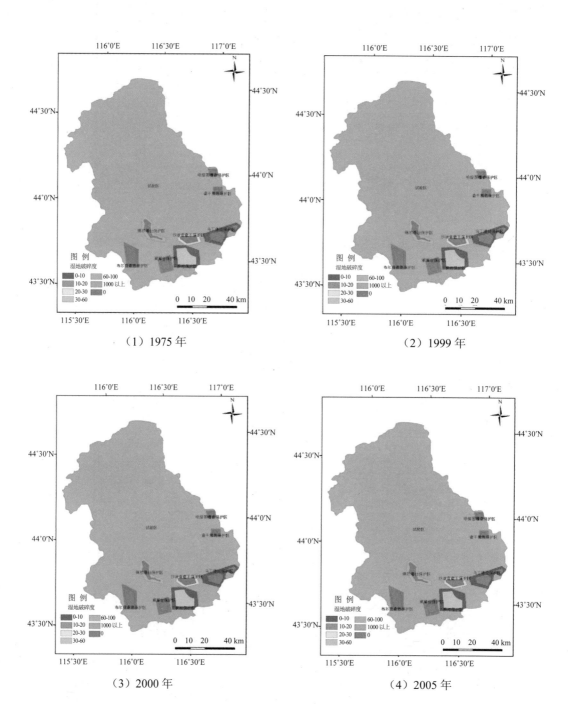

（1）1975 年

（2）1999 年

（3）2000 年

（4）2005 年

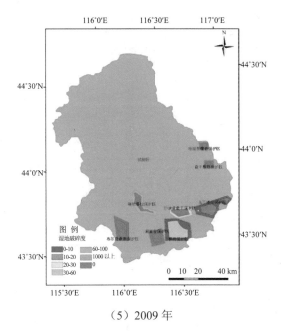

（5）2009 年

图 5-22　锡林郭勒盟各保护区圈层湿地景观破碎度空间分布

（3）高覆盖度草地面积

高覆盖度草地在区域面积中所占的百分比越高，野生动物栖息地的隐蔽性就越好。

从各保护区圈层高覆盖度草地面积占圈层面积的百分比来看（表 5-7 和图 5-23），锡林郭勒草原国家级自然保护区的中西部及南部高覆盖草地占圈层的面积比例较小，大部分地区高覆盖草地所占的面积比例较大。查干敖包保护区、哈留图嘎查保护区、三棵树保护区的缓冲区和布尔登希热保护区的核心区的高覆盖度草地面积占圈层面积的百分比均大于 40%，比较适宜草地野生动物生存；沙迪音查干保护区核心区、三棵树保护区的高覆盖度草地面积占圈层面积的百分比比较小，不太适宜草地野生动物生长；1975—2009 年，实验区的高覆盖度草地面积占圈层面积比例最大的年份为 1975 年，为 73.20%；2000 年最低，仅为 56.08%，此后年份又略有上升。变化最为明显的是崩崩台保护区，其缓冲区从 1975 年最高的 61.04%下降到 2000 年之后的 7.5%，核心区则在 1975 年高覆盖草地面积比例为 84.92%，2000 年之后高覆盖草地消失。

表 5-7 锡林郭勒盟各保护区圈层高覆盖度草地面积占圈层总面积比例

（单位：%）

名称	1975年			1990年			2000年			2005年			2009年		
	实验区	缓冲区	核心区	实验区	缓冲区	核心区	实验区	缓冲区	核心区	实验区	缓冲区	核心区	实验区	缓冲区	核心区
巴彦锡勒渔场保护区		29.82	37.77		29.69	37.77		29.79	37.77		28.86	37.77		29.21	37.77
乌丁塔拉保护区			26.60			26.60			26.60			26.60			27.14
崩崩台保护区		61.04	84.92		57.99	65.92		7.50	0.00		7.50	0.00		7.50	0.00
布尔登希热保护区		38.20	64.10		38.07	64.10		42.77	67.11		42.77	67.11		42.90	67.11
查干敖包保护区	64.53	55.63	86.43	55.57	53.90	86.43	49.07	55.56	58.79	52.16	28.63	34.62	53.48	40.23	34.73
哈留图嘎查保护区		99.94	100.00		99.88	90.74		90.32	70.24		81.97	73.19		81.97	73.19
三棵树保护区		58.98	19.34		73.86	91.92		20.12	3.62		31.23	12.92		31.43	13.12
沙迪音查干保护区		27.00	9.31		27.00	9.31		27.00	9.31		27.00	9.31		27.00	9.31
锡尔塔拉保护区		28.37	25.99		27.40	19.62		27.02	18.83		33.09	24.27		32.98	23.45

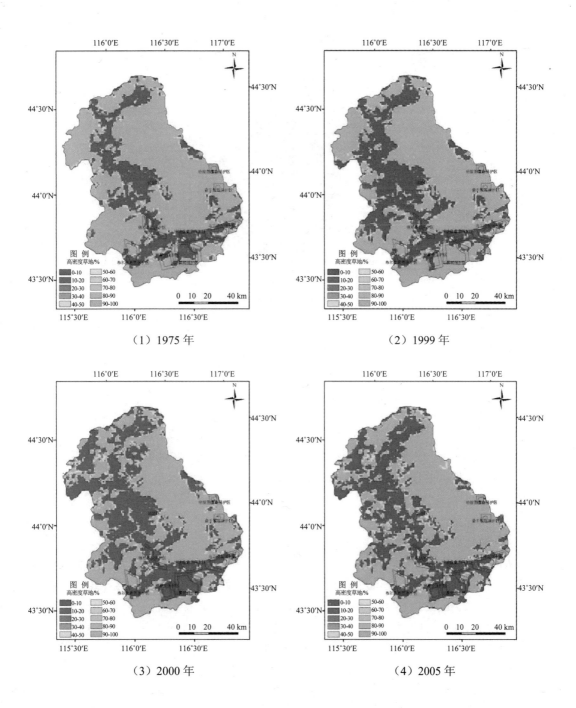

（1）1975 年

（2）1999 年

（3）2000 年

（4）2005 年

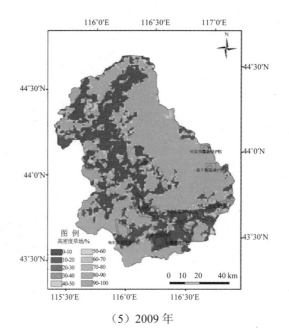

（5）2009 年

图 5-23　锡林郭勒盟各保护区圈层高覆盖度草地面积比例空间分布

　　1975 年的沙迪音查干保护区的核心区、三棵树保护区的核心区，1990 年的沙迪音查干保护区的核心区、锡尔塔拉保护区的核心区，2000 年的崩崩台保护区、沙迪音查干保护区的核心区、三棵树保护区的核心区、锡尔塔拉保护区的核心区，2005 年的崩崩台保护区、沙迪音查干保护区的核心区、三棵树保护区的核心区，2009 年的崩崩台保护区、沙迪音查干保护区的核心区、三棵树保护区的核心区，它们的高覆盖度草地面积占圈层面积的比例小于 20%，高覆盖度草地面积所占比重在锡林郭勒盟各保护区中最小，不利于野生动物栖息。

　　（4）草地景观破碎度

　　从锡林郭勒盟各保护区草地景观破碎度分布图来看（表 5-8 和图 5-24），沙迪音查干保护区的缓冲区、布尔登希热保护区的核心区、崩崩台保护区的缓冲区、2000 年之后的查干敖包保护区的核心区的 MPI 值较低，一般小于 30，破碎程度较大；巴彦锡勒渔场和乌丁塔拉保护区的缓冲区、锡尔塔拉保护区的核心区、沙迪音查干保护区的核心区次之，MPI 值一般小于 100；其他地区破碎程度较小。

表 5-8 锡林郭勒盟各保护区圈层草地景观 MPI 指数

名称	1975 年			1990 年			2000 年			2005 年			2009 年		
	实验区	缓冲区	核心区	实验区	缓冲区	核心区	实验区	缓冲区	核心区	实验区	缓冲区	核心区	实验区	缓冲区	核心区
巴彦锡勒渔场保护区		128.17	270.51		85.84	270.51		94.68	270.51		90.05	270.51		84.45	270.51
乌丁塔拉保护区			208.40			208.40			208.40			208.40			229.18
崩崩台保护区		76.35	0		11.56	0		0.44	0		0.44	0		0.44	0
布尔登希热保护区		101.93	13.99		101.78	13.99		101.79	14.75		101.82	14.75		102.04	14.75
查干散包保护区	111 349	171.12	0	91 864.35	170.18	0.00	68 883.92	104.33	9.61	89 763.33	366.56	3.65	127 113.4	138.47	3.65
哈留图嘎查保护区		0	0		0	0		35.89	34.22		59.40	393.67		59.40	393.67
三棵树保护区		625.84	20.87		1 002.53	0		614.69	13.57		252.78	81.78		285.09	118.45
沙迪音查干保护区		24.19	97.42		24.19	97.42		24.19	97.43		24.19	97.43		24.19	97.42
锡尔塔拉保护区		179.30	50.94		189.42	70.94		188.12	70.87		202.60	55.55		207.44	46.85

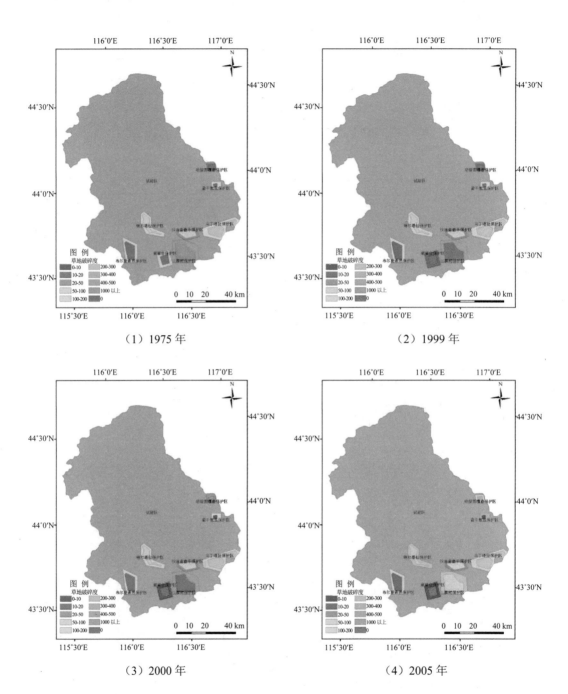

（1）1975 年　　　　　　　　　　　　　　　（2）1999 年

（3）2000 年　　　　　　　　　　　　　　　（4）2005 年

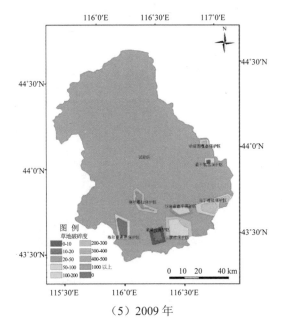

（5）2009 年

图 5-24　锡林郭勒盟各保护区圈层草地景观破碎度空间分布

从时间序列上来看，实验区的景观 MPI 在 2000 年之前是逐渐下降的，2000 年之后略有上升，这表明实验区的破碎程度在 2000 年以前是增加的，在此之后开始减小，巴彦锡勒渔场保护区和乌丁塔拉保护区的景观破碎度变化不大，崩崩台保护区的缓冲区在 1975—1990 年破碎度增大，之后变化不大，三棵树保护区核心区破碎程度有所减缓，锡尔塔拉保护区核心区破碎程度先减小后增加，其他区域总体变化不大。

（5）林地面积

林地是森林野生动物的重要栖息场所，林地所占相应保护区圈层面积的百分比越高，越适宜森林野生动物的栖息。从锡林郭勒盟各保护区林地面所占面积比例看（图 5-25 和表 5-9），保护区内森林较少，主要集中在保护区的东部，大部分位于实验区内，查干敖包保护区内有少量的森林。

5.2.3.2　栖息地食物供给分析

（1）植被净第一性生产力（NPP）

野生动物栖息地植被净第一性生产力（NPP）的高低，与栖息地为野生动物提供食物的能力关系密切。

从锡林郭勒盟各保护区圈层 NPP 的空间分布来看（表 5-10 和图 5-26），东部保护区的单位 NPP 值高于西部，乌丁塔拉保护区的核心区和缓冲区、巴彦锡勒渔场保护区的缓冲区、三棵树保护区的核心区和缓冲区、崩崩台保护区的缓冲和核心区的 NPP 值较高，为野生动物提供食物的能力较强；布尔登希热保护区的核心区与缓冲区的 NPP 值次之，为野生动物提供食物的能力一般；而其他保护区圈层的 NPP 值较低，为野生动物提供食物的能力较差。从保护区时间序列来看，1990 年保护区的 NPP 值最高，2005 年次之，2000 年最低。各个保护区圈层的 NPP 值也是先减少后增加。

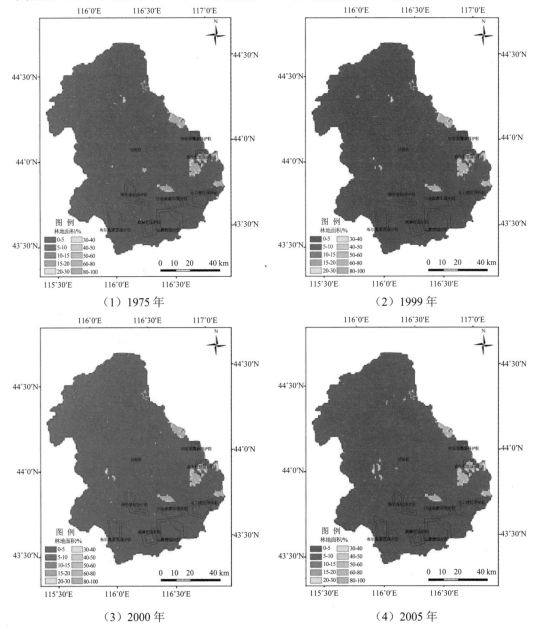

（1）1975 年 （2）1999 年

（3）2000 年 （4）2005 年

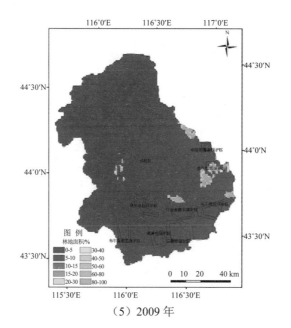

（5）2009 年

图 5-25　锡林郭勒盟各保护区圈层林地面积占圈层总面积比例空间分布

表 5-9　锡林郭勒盟各保护区圈层林地面积占圈层总面积比例　　　　　（单位：%）

名称	1975 年			1990 年			2000 年			2005 年			2009 年		
	实验区	缓冲区	核心区	实验区	缓冲区	核心区	实验区	缓冲区	核心区	实验区	缓冲区	核心区	实验区	缓冲区	核心区
巴彦锡勒渔场保护区		0.27	0.00		0.27	0.00		0.27	0.00		0.27	0.00		0.27	0.00
乌丁塔拉保护区			0.00			0.00			0.00			0.00			0.00
崩崩台保护区		0.00	0.00		0.00	0.00		0.00	0.00		0.00	0.00		0.00	0.00
布尔登希热保护区		0.00	0.00		0.00	0.00		0.00	0.00		0.00	0.00		0.00	0.00
查干敖包保护区	1.67	38.46	12.08	1.64	36.62	12.08	1.55	36.62	12.08	1.61	52.72	41.30	1.56	52.72	41.30
哈留图嘎查保护区		0.00	0.00		0.00	0.00		0.00	0.00		0.00	0.00		0.00	0.00
三棵树保护区		0.00	0.00		0.00	0.00		0.00	0.00		0.00	0.00		0.00	0.00
沙迪音查干保护区		0.00	0.00		0.00	0.00		0.00	0.00		0.00	0.00		0.00	0.00
锡尔塔拉保护区		0.00	0.00		0.00	0.00		0.00	0.00		0.00	0.00		0.00	0.00

表 5-10　锡林郭勒盟各保护区圈层 NPP　　　　[单位：g/（cm²·a）]

名称	1990 年			2000 年			2005 年		
	实验区	缓冲区	核心区	实验区	缓冲区	核心区	实验区	缓冲区	核心区
巴彦锡勒渔场保护区		435.79	385.24		220.46	140.64		272.59	280.72
锡尔塔拉保护区			329.20			154.98			219.68
崩崩台保护区		383.54	383.94		191.02	191.26		190.50	212.54
布尔登希热保护区		350.71	348.97		165.82	162.22		169.54	172.71
查干敖包保护区	355.37	378.58	382.85	137.15	125.13	126.76	173.34	334.55	300.13
哈留图嘎查保护区		390.01	389.16		128.31	127.68		198.27	194.42
三棵树保护区		379.09	377.18		176.67	179.26		181.15	186.07
沙迪音查干保护区		368.48	369.13		154.72	153.60		179.52	215.47
乌丁塔拉保护区		333.38	499.60		156.18	307.02		162.50	274.74

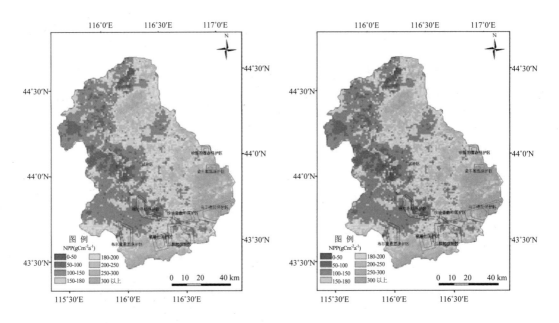

（1）1990 年　　　　　　　　　　　　　　（2）2000 年

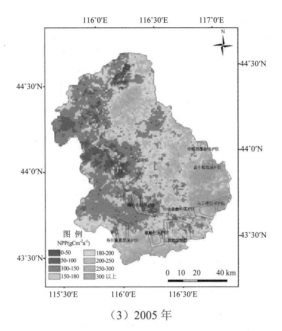

（3）2005 年

图 5-26　锡林郭勒盟各保护区 NPP 空间分布

（2）食料地面积

锡林郭勒地区野生动物的食物主要来源于草地、沼泽、林地等，其面积的大小决定了野生动物取食的难易，其面积占保护区圈层面积的百分比越大，动物越容易找到食物，野生动物栖息地的适宜性就越好。

从锡林郭勒地区野生动物食料地面积占保护区圈层面积的百分比及其空间分布来看（图 5-27 和表 5-11），锡林郭勒草原国家级自然保护区的食料地面积比例大部分区域大于 90%，野生动物取食相对容易，食料地面积较小的区域在保护区的中部、北部和南部一些区域零散分布。查干敖包保护区的缓冲区的食料地面积占圈层面积的比例相对较小，实验区的食料地面积占圈层的面积比例次之，其他保护区及其缓冲区食料地面积所占面积比例一般大于 98%。从食料地面积比例的时间序列来看，实验区的食料地面积比重在 1975 年最大，达到 96.54%，2000 年最小为 94.78%；三棵树保护区缓冲区在 2005 年最低为 96.86%，1990 年为 97.75%，其他年份在 99% 以上；锡尔塔拉保护区的核心区的食料地面积在 2000 年达到最低，为 96.52%，其缓冲区在 2000 年为 95.70%，其他年份变化不大；其他区域食料地面积比例随时间变化不大。

表 5-11　锡林郭勒盟各保护区圈层食料地面积占圈层总面积比例

（单位：%）

名称	1975 年			1990 年			2000 年			2005 年			2009 年		
	实验区	缓冲区	核心区	实验区	缓冲区	核心区	实验区	缓冲区	核心区	实验区	缓冲区	核心区	实验区	缓冲区	核心区
巴彦锡勒牧场保护区		98.75	100.00		98.75	100.00		98.75	100.00		98.74	100.00		98.75	100.00
乌丁塔拉保护区			99.66			99.88			99.88			99.88			100.00
崩崩合保护区		100.00	100.00		100.00	100.00		100.00	100.00		100.00	100.00		100.00	100.00
布尔登希热保护区		99.20	100.00		99.20	100.00		99.04	100.00		98.30	99.63		99.04	100.00
查干敖包保护区	96.54	96.48	100.00	96.12	92.07	98.50	94.78	93.81	98.50	95.33	93.81	98.50	94.99	93.81	98.50
哈留图嘎查保护区		99.94	100.00		99.94	99.15		99.94	99.15		99.94	99.15		99.94	99.15
三棵树保护区		99.80	99.67		99.78	99.67		97.75	99.67		96.86	99.87		99.81	100.00
沙迪音查干保护区		100.00	100.00		100.00	100.00		100.00	99.51		99.08	100.00		99.08	100.00
锡尔塔拉保护区		99.07	99.92		100.00	100.00		95.70	96.52		98.47	98.49		99.24	97.28

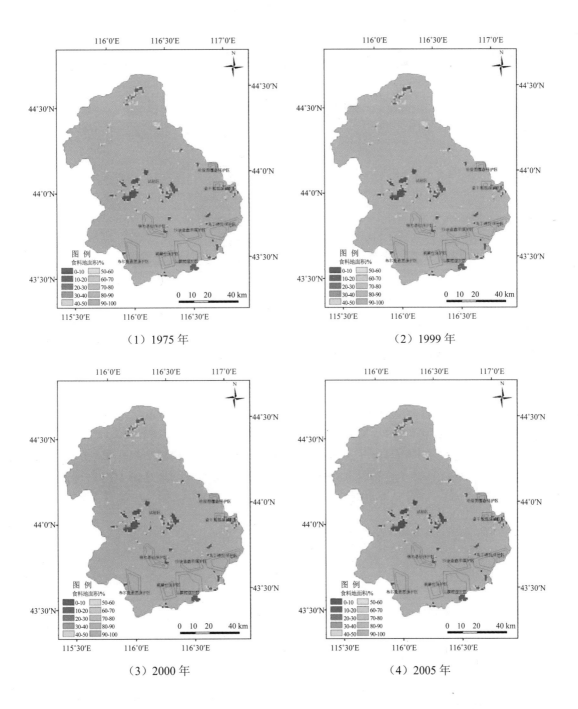

（1）1975 年 （2）1999 年

（3）2000 年 （4）2005 年

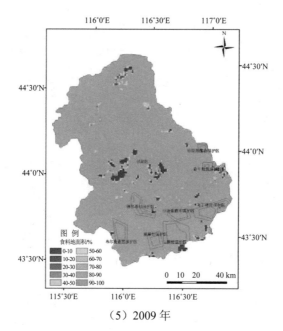

（5）2009 年

图 5-27　锡林郭勒盟各保护区圈层食料地面积比例空间分布图

（3）水域面积

　　野生动物生存离不开水源，水域面积在各保护区圈层中所占比重是反映自然保护区野生动物适宜性的重要指标。锡林郭勒盟草原保护区水域面积偏小，从锡林郭勒盟水域面积的比例（表 5-12 和图 5-28）看，大部分地区水域面积比例小于其所在区域面积的 1%，只有少量地区水域面积比重高，总体上为野生动物提供饮用水的能力相对较差。从时间序列上来看，缓冲区的水域面积比重在 1975 年最高，为 0.32%，2000 年最低，为 0.13%。

表 5-12 锡林郭勒盟各保护区圈层水域面积占圈层面积比例

（单位：%）

名称	1975年			1990年			2000年			2005年			2009年		
	实验区	缓冲区	核心区	实验区	缓冲区	核心区	实验区	缓冲区	核心区	实验区	缓冲区	核心区	实验区	缓冲区	核心区
巴彦锡勒渔场保护区		0.05	0.00		0.05	0.00		0.05	0.00		0.05	0.00		0.05	0.00
乌丁塔拉保护区		0.00	0.00		0.00	0.00		0.00	0.00		0.00	0.00		0.00	0.00
崩崩台保护区		0.00	0.00		0.00	0.00		0.00	0.00		0.00	0.00		0.00	0.00
布尔登希热保护区		0.00	0.00		0.00	0.00		0.00	0.00		0.00	0.00		0.00	0.00
查干敖包保护区	0.32	0.00	0.00	0.28	0.00	0.00	0.13	0.00	0.00	0.26	0.00	0.00	0.15	0.00	0.00
哈留图嘎查保护区		0.00	0.00		0.00	0.00		0.00	0.00		0.00	0.00		0.00	0.00
三棵树保护区		0.00	0.00		0.00	0.00		0.00	0.00		0.00	0.00		0.00	0.00
沙迪音查干保护区		0.00	0.00		0.00	0.00		0.00	0.00		0.92	0.00		0.92	0.00
锡尔塔拉保护区		0.00	0.00		0.00	0.00		0.00	0.00		0.00	0.00		0.00	0.00

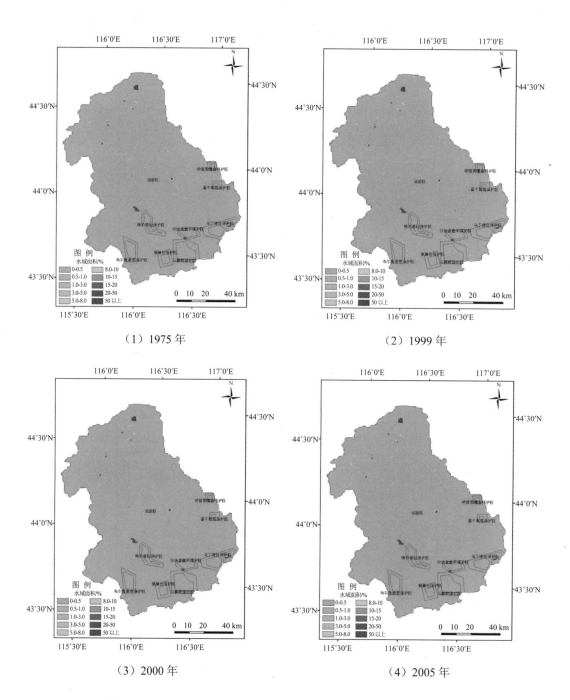

（1）1975 年　　　　　　　　　　　　　　（2）1999 年

（3）2000 年　　　　　　　　　　　　　　（4）2005 年

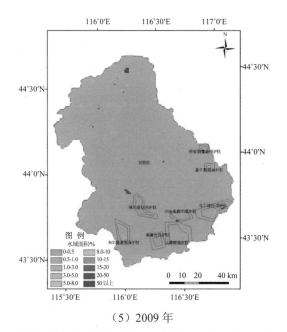

（5）2009 年

图 5-28 锡林郭勒盟各保护区圈层水域面积占圈层面积比例空间分布

（4）河网密度

从分布图（表 5-13 和图 5-29）看，河网密度较高的区域主要集中在保护区的中西部和东南部，河网密度是另一个反映野生动物获取饮用水难易程度的指标，河网密度越大，动物越容易找到饮用水源。从锡林郭勒盟各自然保护区圈层河网密度来看，沙迪音查干保护区河网密度最大，为野生动物提供饮用水的能力相对较好；锡尔塔拉保护区次之，其他保护区圈层河网密度均在 0.1 km/km² 以下，如崩崩台保护区的核心区河网密度甚至为 0 km/km²，为野生动物提供饮用水的能力较差。

表 5-13 锡林郭勒盟各保护区圈层河网密度　　　　　　（单位：km/km²）

名称	实验区	缓冲区	核心区
巴彦锡勒渔场保护区		0.088 7	0.066 6
乌丁塔拉保护区			0.061 3
崩崩台保护区		0.000 0	0.000 0
布尔登希热保护区		0.017 3	0.021 8
查干敖包保护区	0.047 4	0.049 1	0.035 5
哈留图嘎查保护区		0.004 7	0.002 9
三棵树保护区		0.081 8	0.065 4
沙迪音查干保护区		0.145 2	0.162 9
锡尔塔拉保护区		0.264 2	0.320 4

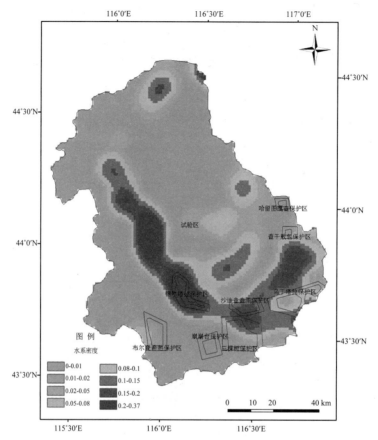

图 5-29　锡林郭勒盟各保护区圈层河网密度空间分布

5.2.3.3　栖息地人类干扰分析

人类活动对野生动物栖息地存在不同程度的干扰，如人类通过修建道路、放牧等活动直接改变野生动物栖息地环境。道路密度和毡房密度可以在一定程度上反映人类活动对野生动物栖息地的干扰，因此采用道路密度和居民点密度这两项指标来分析人类活动对野生动物栖息地的干扰。

（1）道路密度

从锡林郭勒盟草原保护区道路密度空间分布图（图 5-30 和表 5-14）看，保护区的中部和东部地区道路密度较高，北部相对较小；查干敖包保护区、锡尔塔拉保护区、乌丁塔拉保护区的缓冲区的道路密度在 0.4 km/km^2 以上，野生动物栖息地的人类干扰程度相对较强；巴彦锡勒渔场保护区的核心区、乌丁塔拉保护区的核心区、布尔登希热保护区的核心区与缓冲区、三棵树保护区的核心区与缓冲区、沙迪音查干保护区的核心区、实验区的道路密度均在 0.3 km/km² 以上，野生动物栖息地的人类干扰程度相对较弱；崩崩台保护区、哈留图嘎查保护区的道路密度在 0.3 km/km² 以下，野生动物栖息地的人类干扰程度相对最弱。

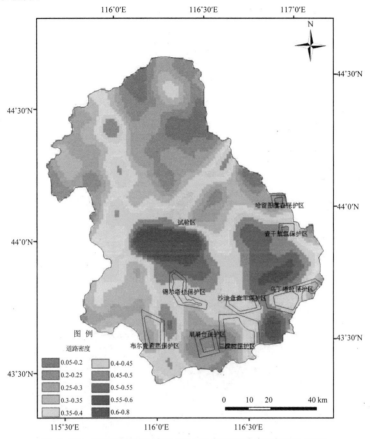

图 5-30　锡林郭勒盟各保护区圈层道路密度空间分布图

表 5-14　锡林郭勒盟各保护区圈层道路密度　　　　　　　（单位：km/km²）

名称	实验区	缓冲区	核心区
巴彦锡勒渔场保护区		0.413 4	0.346 1
乌丁塔拉保护区			0.393 7
崩崩台保护区		0.241 9	0.241 6
布尔登希热保护区	0.366 2	0.364 2	0.325 9
查干敖包保护区		0.445 0	0.457 2
哈留图嘎查保护区		0.253 8	0.245 7
三棵树保护区		0.345 3	0.319 2
沙迪音查干保护区		0.404 8	0.393 2
锡尔塔拉保护区		0.402 7	0.409 8

（2）居民点密度

从锡林郭勒盟各保护区圈居民点密度空间分布图（表 5-15 和图 5-31）看，保护区的居民点密度较低，东部保护区的居民点密度高于西部和北部，锡尔塔拉保护区的核心区和缓冲区的居民点密度大于 0.04 个/km^2，野生动物栖息地的人类干扰程度相对较强；巴彦锡勒渔场保护区的核心区与缓冲区、乌丁塔拉保护区的缓冲、布尔登希热保护区的缓冲区、查干敖包保护区、哈留图嘎查保护区、沙迪音查干保护区的缓冲区居民点密度大于 0.02 个/km^2，野生动物栖息地的人类干扰程度相对较弱；而其他保护区的圈居民点密度均在 0.02 个/km^2 以下，野生动物栖息地的人类扰动程度最弱。

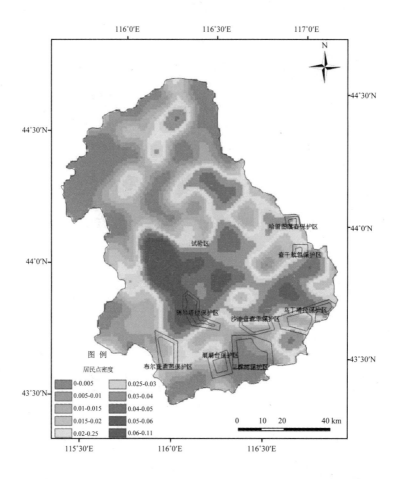

图 5-31　锡林郭勒盟草原国家级保护区居民点密度空间分布图

表 5-15 锡林郭勒盟各保护区居民点密度 （单位：个/km²）

名称	实验区	缓冲区	核心区
巴彦锡勒渔场保护区		0.025 6	0.037 3
乌丁塔拉保护区			0.016 0
崩崩台保护区		0.011 2	0.009 4
布尔登希热保护区		0.020 0	0.016 9
查干敖包保护区	0.022 0	0.025 3	0.021 2
哈留图嘎查保护区		0.027 9	0.028 9
三棵树保护区		0.005 6	0.003 3
沙迪音查干保护区		0.020 3	0.018 6
锡尔塔拉保护区		0.040 6	0.051 6

5.2.4 野生动物栖息地适宜性综合评价

野生动物栖息地的适宜性受多个指标的综合控制，单独地分析某一项指标的高低，难以把握锡林郭勒盟自然保护区的整体情况。因此，在本节中我们利用 AHP 方法，对上述 3 类 11 个指标进行加权综合分析。

5.2.4.1 综合评价方法

根据层次分析法（AHP）将同一层次某一因素的重要性进行两两比较和计算，采用标度法使各因子的相对重要性定量化，得出判断矩阵；而后计算判断矩阵的最大特征值和对应的特征向量，该特征向量所对应的数值即是所要求的评价因子的权重；与此同时，计算判断矩阵的一致性指标，当一致性指标小于 0.1 时，则认为判断矩阵取得了令人满意的一致性。

根据 AHP 方法，基于专家知识和野外踏勘，我们分层确定了有关栖息地隐蔽性、栖息地食物供给能力、栖息地人类干扰程度 3 个方面对于最终结果的影响；而后在上述 3 个方面内部，分别就 11 个因子再次进行权重评估。最终得到的野生动物栖息地适宜性评价层次图如图 5-32 所示。

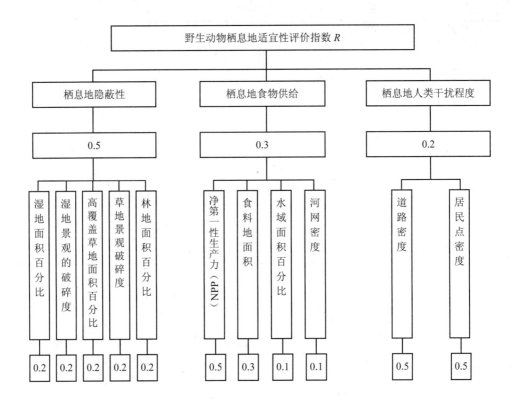

图 5-32　野生动物栖息地的适宜性综合评价的层次体系和权重

具体的技术路线是：

首先，为了使不同类型、不同量纲的因子之间具有可比性，需要对各个因子进行归一化处理，将其值域处理成为 0～1 区间。归一化的公式可以表为：

$$x_i' = \frac{x_i - x_{\min}}{x_{\max} - x_{\min}}$$

其次，将上述归一化的因子作为输入数据，利用图 5-32 所确定的权重系数，对各因子集成，并得到最终的综合评价结果数据集 R。集成的公式可表为：

$$R = \sum_{i=1}^{n} w_i r_i$$

式中：R——野生动物栖息地适宜性评价指数；

w_i——第 i 个评价因子的相对权重；

r_i——第 i 个评价因子的归一化值。

最后，根据实际情况，制定分级体系，对结果数据集 R 进行分级制图和评估。在该研究中，考虑到 R 的最大值为 0.59，考虑到保护区实际情况以及地图学制图理论，制定分级标准如表 5-16 所示；根据分级标准进行的制图结果如图 5-33 所示。

表 5-16　野生动物栖息地适宜性综合评价分级体系

适宜性等级	R 值
非常适宜	$R > 0.4$
比较适宜	$0.3 \leqslant R < 0.4$
一般适宜	$0.2 \leqslant R < 0.3$
较差	$R < 0.2$

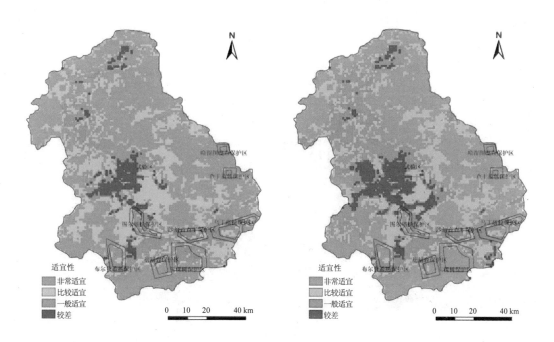

（1）1975 年　　　　　　　　　　　　　　（2）1999 年

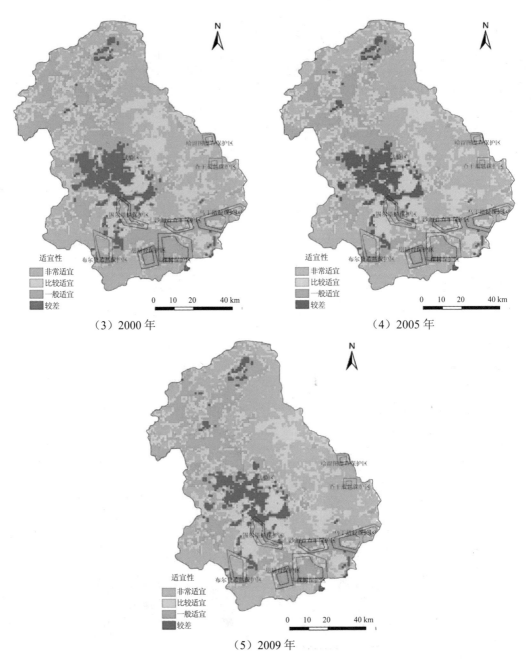

（3）2000 年 （4）2005 年

（5）2009 年

图 5-33 锡林郭勒盟保护区野生动物栖息地适宜性综合评价

　　需要强调的是：这里所制定的分级体系，仅仅是锡林郭勒盟自然保护区内部的相对分级，是保护区内部不同地区之间的比较，并不说明这些区块的绝对属性，因此也就不能就该等级划分与锡林郭勒盟自然保护区之外的其他地区相比。也就是说，"非常适宜"地区并不一定意味该地区在各项指标上完全适宜动物栖息，而"较差"地区也仅仅是锡林郭勒盟内部较差的地区，它与中国其他地区的自然保护区相比，可能仍然会是"较好"的地区。

5.2.4.2　野生动物栖息地适宜性分析

在 ArcGIS 支持下，通过野生动物栖息地的适应性评价模型计算的结果和等级分类的标准，我们可以统计得到各个年份保护区内各个适宜性等级的面积（表 5-17 和图 5-34）。

表 5-17　锡林郭勒盟保护区野生动物栖息地适宜性类型面积

适宜性等级	1975 年		1990 年		2000 年		2005 年		2009 年	
	面积/km²	比重/%	面积/km²	比重/%	面积/km²	比重/%	面积/km²	比重/%	面积/km²	比重/%
非常适宜	4 802	48.7	4 281	43.4	3 262	33.1	3 642	36.9	3 704	37.5
比较适宜	2 704	27.4	2 428	24.6	2 751	27.9	2 653	26.9	2 691	27.3
一般适宜	1 940	19.7	2 499	25.3	3 197	32.4	2 948	29.9	2 946	29.9
较差	419	4.2	657	6.7	655	6.6	622	6.3	524	5.3

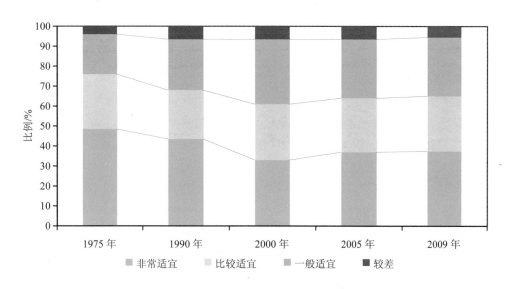

图 5-34　锡林郭勒盟保护区野生动物栖息地各适宜性等级占总面积的百分比变化

从各适宜性等级占总面积的百分比变化统计来看：

"非常适宜区"的面积是最大、变动也较大。其面积一般在 3 200 km² 以上，最高时能达到 4 800 km²，其所占保护区面积的比重在 33%～48%；"非常适宜区"主要分布在保护区东部，包括查干敖包保护区和哈留图嘎查保护区；

"比较适宜区"的面积稍小，面积变动也相对较小。其面积一般为 2 400～2 700 km²，占保护区的 24%～27%；"比较适宜区"一般分布在保护区的中东部。

"一般适宜区"面积也比"非常适宜区"小，但是面积波动较大。其面积一般在 2 000～3 200 km² 变动，面积所占比重一般为 19%～32%。"一般适宜区"主要分布在保护区的西北部和东南部，包括巴彦锡勒渔场保护区、乌丁塔拉保护区、崩崩台保护区、布尔登希热保护区、三棵树保护区、沙迪音查干保护区、锡尔塔拉保护区。

适宜性"较差"地区所占面积最小，面积在 400～600 km²，面积所占比重在 4%～7%。它主要是分布在保护区的中部，包括锡尔塔拉保护区的北部。

从保护区各个等级在 1975—2009 年的年际变化来看：

"非常适宜区"的面积呈现为先减后增，再平稳化的过程。1975—2000 年为减少趋势，2000—2005 年为增加趋势，而后在 2005 年和 2009 年基本保持稳定且略有增加。在 1975 年，"非常适宜区"面积最大为 4 802 km²，所占面积比重为 48.7%；到 2000 年面积下降到最低，仅为 3 262 km²，面积比重仅为 33.1%；2000 年之后，随着各项生态工程的建设和环境保护意识增强，"非常适宜区"面积呈逐年递增趋势，从 2000 年的 3 236 km² 增加到 2009 年的 3 704 km²；2005—2009 年，其面积比重基本稳定在 37%左右。

"比较适宜区"在时间上的变化不显著，其主要波动主要是在 1990 年出现了一次明显下降，随后在 2000 年恢复到既有水平。1990 年的"比较适宜区"面积最小，仅为 2 428 km²，面积比重最低，为 24.6%。在 1990 年前后各年，面积比重一般维持在 27%左右。

"一般适宜区"在时间序列上的变化较大，变化趋势呈现"先增后减"，而后平稳化过程，1975—2000 年为面积增加趋势，2000—2005 年面积略有下降，而后在 2005—2009 年基本维持不变。1975 年该区域的面积最小为 1 940 km²，到 2000 年最大为 3 197 km²，随后有所减少，2005 年，面积为 2 948 km²，占保护区面积的 29.9%；2005—2009 年基本维持不变。

适宜性"较差"区的变化趋势也是"先增后减"。1975 年该区域的面积最小为 419 km²，到 1990 年最大为 657 km²，1990—2005 年基本维持不变，在 2005 年之后有小幅度的减少。

5.2.5　保护区栖息适宜性评估小结

本节分别从各栖息地隐蔽性、栖息地食物供给、栖息地人类干扰程度 3 类 11 个指标的单项指标和综合指标着手，对锡林郭勒盟草原保护区野生动物栖息地适宜性进行评价，结果表明：

（1）在栖息地隐蔽性方面：锡尔塔拉保护区湿地面积比重最大，三棵树保护区和沙迪音查干保护区次之；破碎度最高的为乌丁塔拉保护区的缓冲和巴彦锡勒渔场保护区的缓冲区，其次是三棵树保护区的缓冲区，沙迪音查干保护区的缓冲区与锡尔塔拉保护区的缓冲区。高覆盖草地覆盖方面，查干敖包保护区、哈留图嘎查保护区、三棵树保护区的缓冲区和布尔登希热保护区的核心区比较适宜草地野生动物生存；草地景观破碎度方面，沙迪音查干保护区的缓冲区、布尔登希热保护区的核心区、崩崩台保护区的缓冲区破碎程度较大；该区林地面积较小，对野生动物的栖息环境影响不大。

（2）在野生动物栖息地食物供给方面：乌丁塔拉保护区、三棵树保护区的植被净第一性生产力（NPP）较高，食料地面积所占比重较高，野生动物栖息地的食物供给比较充足，而哈留图嘎查保护区和布尔登希热保护区食物供给功能整体比较差；保护区内水域的绝对面积很小，影响不大；从保护区圈层河网密度来看，沙迪音查干保护区河网密度最大，为野生动物提供饮用水的能力相对较强，锡尔塔拉保护区次之。

（3）在野生动物栖息地人类干扰方面：锡尔塔拉保护区的核心区和缓冲区道路密度及居民点密度都相对较大，野生动物栖息地的人类干扰程度比较强烈，保护野生动物的压力较大，而崩崩台保护区的道路密度和居民点密度在各个保护区中位居较低的水平，野生动物栖息地的人类干扰程度比较弱，保护野生动物的压力小。

（4）对上述 3 方面共 11 项指标进行综合评价，结果显示保护区内"非常适宜区"的面积是最大，所占保护区的面积比重为 33%～48%，主要分布在保护区东部，包括查干敖包保护区和哈留图嘎查保护区；"比较适宜区"的面积稍小，所占保护区的面积比重在 24%～27%，主要分布在保护区的中东部。"一般适宜区"面积也较小，其面积所占比重一般为 19%～32%，主要分布在保护区的西北部和东南部；适宜性"较差"地区所占面积最小，面积所占比重在 4%～7%，主要是分布在保护区的中部、锡尔塔拉保护区的北部。

（5）对综合评价结果的时间变化序列分析表明："非常适宜区"的面积呈现为先减后增，再平稳化的过程；1975—2000 年为减少趋势，2000—2005 年为增加趋势，而后在 2005—2009 年基本保持稳定；"比较适宜区"在时间上的变化不显著，其主要波动主要是在 1990 年出现了一次明显下降，随后在 2000 年恢复到既有水平；"一般适宜区"在时间序列上的变化较大，变化趋势呈现"先增后减"，而后平稳化过程，1975—2000 年为面积增加趋势，2000—2005 年，面积略有下降，而后在 2005—2009 年基本维持不变。适宜性"较差"区的变化趋势也是"先增后减"，其中 1975 年该区域的面积最小，到 1990 年最大，1990—2005 年基本维持不变，且略呈下降趋势。

第6章 生态系统调节功能
（土壤保持与风蚀危险度）监测与评估

生态系统的调节功能是指人类从生态系统过程的调节作用获得收益，如调节气候、维持空气质量、控制土壤侵蚀、控制人类疾病，以及净化水源等。如果没有这些调节功能，人类和动物的生存将是不可想象的。因此，生态系统调节功能的变化会对人类健康和福祉的其他构成要素产生重要影响。

2000年以来，锡林郭勒盟生态环境退化一个突出表现就是由于土地退化、土壤侵蚀和土地沙化引发的沙尘暴灾害频发和加重。因此，对该地区的土壤保持能力开展评估，并进一步开展土壤风力侵蚀的危险程度分级，这对于充分认识该地区生态系统的调节功能具有重要意义。

6.1 土壤保持功能评价

土壤保持功能是指陆地表面的各类生态系统所发挥或蕴藏的有利于维护或提高水土资源生产力的作用。土壤保持功能可以用土壤侵蚀强度等级、土壤侵蚀模数来体现。土壤侵蚀强度越高，土壤侵蚀模数越大，则表明土壤保持功能越弱。锡林郭勒盟的气候和土壤环境决定了该区土壤侵蚀主要以风力侵蚀为主，同时伴有部分水力侵蚀和风水两相侵蚀。

6.1.1 1995年土壤侵蚀的空间格局

1995年锡林郭勒地区土壤侵蚀类型以风力侵蚀为主，水力侵蚀为辅（图6-1至图6-3），其中风力侵蚀的面积为18.6万 km²，占全区土壤侵蚀总面积的92.5%，侵蚀程度以微、轻度为主，微度风力侵蚀主要分布在锡林郭勒盟的中部地区，微度风力侵蚀主要分布在锡林郭勒盟的东乌珠穆沁旗及锡林郭勒盟西部地区；水力侵蚀面积1.5万 km²，占全区土壤侵蚀总面积的 7.5%，侵蚀程度以微度和轻度为主，主要分布在锡林郭勒盟的东部和南部，其中东部以微度侵蚀为主，南部以轻度侵蚀为主。

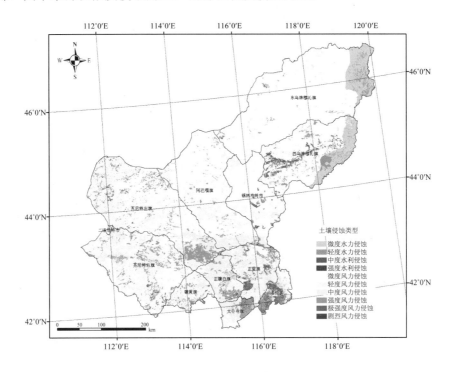

图 6-1　1995 年锡林郭勒盟土壤侵蚀类型的空间分布格局

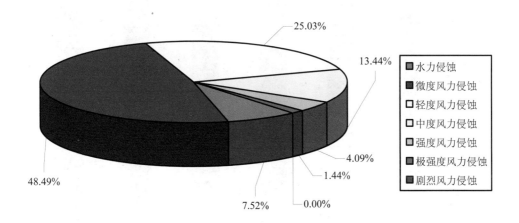

图 6-2　1995 年锡林郭勒盟土壤侵蚀类型面积统计

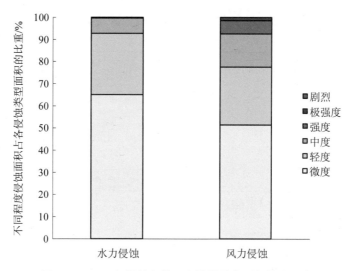

图 6-3 1995 年锡林郭勒盟土壤侵蚀类型与侵蚀程度

从各生态系统内部的土壤侵蚀构成情况来看，不同生态系统内部土壤侵蚀类型的面积比例变化较大。风力侵蚀所占的面积比重依次为：荒漠生态系统＞草地生态系统＞其他生态系统＞水体与湿地生态系统＞森林生态系统＞农田生态系统；而水力侵蚀所占的面积比重则与上面相反。具体如图 6-4 所示。

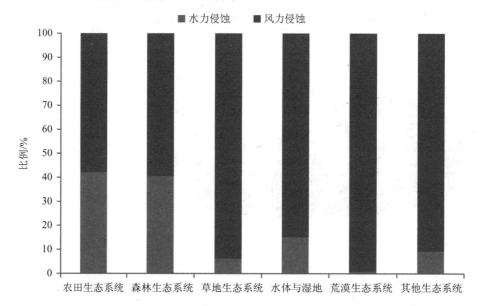

图 6-4 1995 年锡林郭勒盟各类生态系统各类型土壤侵蚀面积占侵蚀面积的比例

具体来说，荒漠生态系统中风力侵蚀所占的比重最大，风力侵蚀面积为 10 145 km²，占该生态系统侵蚀总面积的 99.2%；水力侵蚀面积为 79 km²，占该生态系统侵蚀总面积的 0.77%。草地生态系统中风力侵蚀面积为 16.2 万 km²，占该生态系统侵蚀总面积的 93.8%；水力侵蚀面积为 1.1 万 km²，占该生态系统侵蚀总面积的 6.2%。其他生态系统风力侵蚀面积为 2 392 km²，占该生态系统侵蚀总面积的 90.8%，水力侵蚀面积为 243 km²，占该生态系统侵蚀总面积的 9.2%；水体与湿地生态系统风力侵蚀面积为 6 335 km²，占该生态系统侵蚀总面积的 84.8%，水力侵蚀面积为 1 135 km²，占该生态系统侵蚀总面积的 15.2%；森林生态系统风力侵蚀面积为 930 km²，占该生态系统侵蚀总面积的 59.5%，水力侵蚀面积为 632 km²，占该生态系统侵蚀总面积的 40.5%；农田生态系统风力侵蚀面积为 3 221 km²，占该生态系统侵蚀总面积的 57.8%，水力侵蚀面积为 2 348 km²，占该生态系统侵蚀总面积的 42.2%。

从锡林郭勒盟各旗县的土壤侵蚀状况来看（图 6-5），土壤侵蚀类型主要以风力侵蚀为主，其中二连浩特市、苏尼特左旗、阿巴嘎旗土壤侵蚀类型全部为风力侵蚀，风力侵蚀的比重在各个旗县均超过 50%，其中多伦县风力侵蚀所占比重最小为 50.2%，水力侵蚀所占比重最大为 49.8%。

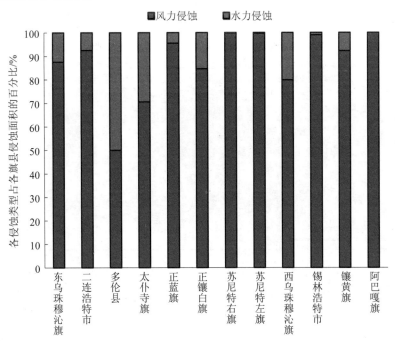

图 6-5　1995 年锡林郭勒盟各侵蚀类型占各旗县侵蚀面积的比重

6.1.2 2000 年土壤侵蚀的空间格局

2000 年锡林郭勒地区土壤侵蚀类型以风力侵蚀为主，水力侵蚀为辅（图 6-6 至图 6-8），其中风力侵蚀的面积为 18.6 万 km²，占全区土壤侵蚀总面积的 92.6%，侵蚀程度以微、轻度为主，微度风力侵蚀主要分布在锡林郭勒盟的中部地区，微度风力侵蚀主要分布在锡林郭勒盟的东乌珠穆沁旗及锡林郭勒盟的西部地区；水力侵蚀面积 1.5 万 km²，占全区土壤侵蚀总面积的 7.4%，侵蚀程度以微度和轻度为主，主要分布在锡林郭勒盟的东部和南部，其中东部以微度侵蚀为主，南部以轻度侵蚀为主。

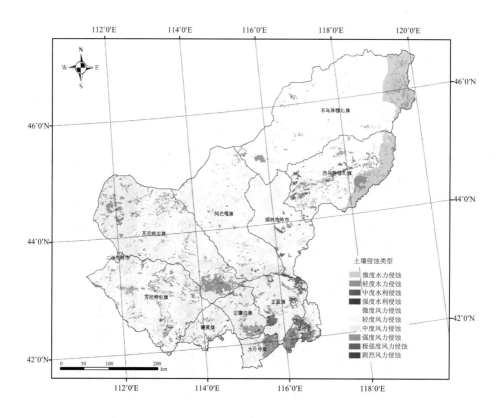

图 6-6 2000 年锡林郭勒盟土壤侵蚀类型的空间分布

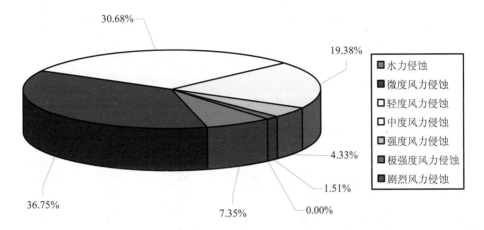

图 6-7　2000 年锡林郭勒盟土壤侵蚀类型面积统计

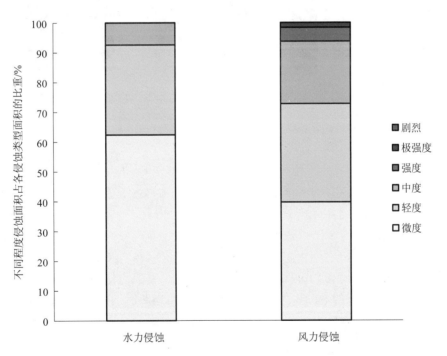

图 6-8　2000 年锡林郭勒盟土壤侵蚀类型与侵蚀程度

　　从各生态系统内部的土壤侵蚀构成情况来看，不同生态系统内部土壤侵蚀类型的面积比例变化较大、与 1995 年相比有所变化。风力侵蚀所占的比重依次为：荒漠生态系统>草地生态系统>其他生态系统>水体与湿地生态系统>农田生态系统>森林生态系统。而水力侵蚀所占的面积比重则与上面相反。在这一时期，森林生态系统中的水力侵蚀面积比重有了较大的上升，从 1995 年的 40.5%上升到 2000 年的 68.7%。具体如图6-9 所示。

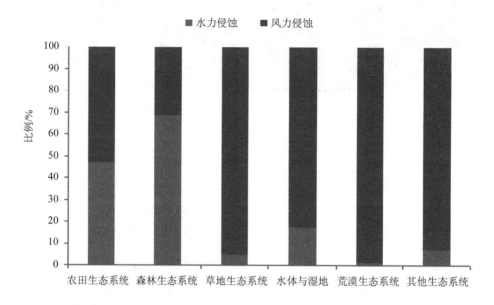

图6-9　2000 年锡林郭勒盟各类生态系统各类型土壤侵蚀面积占侵蚀面积的比例

具体来说，荒漠生态系统中风力侵蚀所占的比重最大，风力侵蚀面积为 9 909 km²，占该生态系统侵蚀总面积的99.3%，水力侵蚀面积为 69 km²，占该生态系统侵蚀总面积的 0.7%；草地生态系统中风力侵蚀面积为 16.6 万 km²，占该生态系统侵蚀总面积的95.3%，水力侵蚀面积为 8 158 km²，占该生态系统侵蚀总面积的4.7%；其他生态系统风力侵蚀面积为 912 km²，占该生态系统侵蚀总面积的89.1%，水力侵蚀面积为 111 km²，占该生态系统侵蚀总面积的10.9%；水体与湿地生态系统风力侵蚀面积为 5 233 km²，占该生态系统侵蚀总面积的82.4%，水力侵蚀面积为 1 114 km²，占该生态系统侵蚀总面积的 17.6%；森林生态系统风力侵蚀面积为 1 252 km²，占该生态系统侵蚀总面积的31.3%，水力侵蚀面积为 2 747 km²，占该生态系统侵蚀总面积的68.7%；农田生态系统风力侵蚀面积为 2 879 km²，占该生态系统侵蚀总面积的53.0%，水力侵蚀面积为 2 555 km²，占该生态系统侵蚀总面积的 47.0%。

从锡林郭勒盟各旗县的土壤侵蚀状况来看（图 6-10），土壤侵蚀类型主要以风力侵蚀为主，其中二连浩特市、正蓝旗、苏尼特左旗、苏尼特右旗、阿巴嘎旗土壤侵蚀类型中风力侵蚀面积比重达到 90% 以上，风力侵蚀的比重在各个旗县均超过 50%，其中多伦县风力侵蚀所占比重最小为 50.2%，其水力侵蚀所占比重最大为 49.7%。

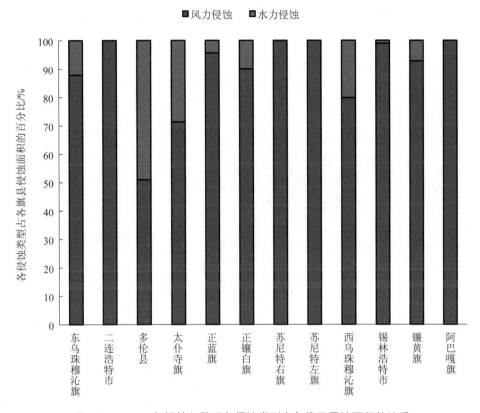

图 6-10　2000 年锡林郭勒盟各侵蚀类型占各旗县侵蚀面积的比重

6.1.3　2005 年土壤侵蚀的空间格局

2005 年锡林郭勒盟土壤侵蚀类型以风力侵蚀和水力侵蚀为主（图 6-11 至图 6-13），其中风力侵蚀的面积为 18.5 万 km^2，占全区土壤侵蚀总面积的 92.3%，侵蚀程度以微、轻度为主，微度风力侵蚀主要分布在锡林郭勒盟的中部地区，轻度风力侵蚀主要分布在锡林郭勒盟的西部地区；水力侵蚀面积 1.5 万 km^2，占全区土壤侵蚀总面积的 7.7%，侵蚀程度以微度和轻度为主，主要分布在锡林郭勒盟的东部和南部，其中东部以微度侵蚀为主，南部以轻度侵蚀为主。

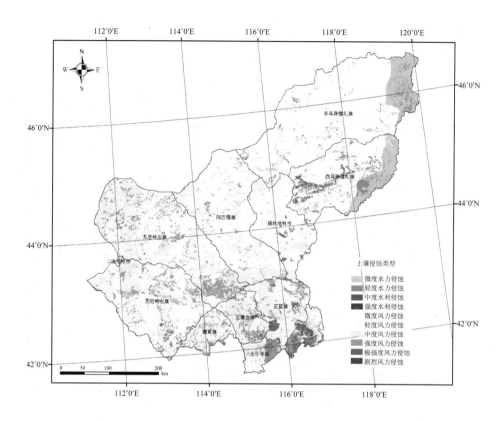

图 6-11　2005 年锡林郭勒盟土壤侵蚀类型的空间分布

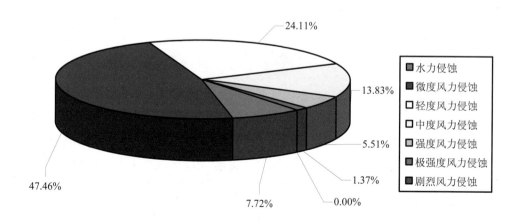

图 6-12　2005 年锡林郭勒盟土壤侵蚀类型面积统计

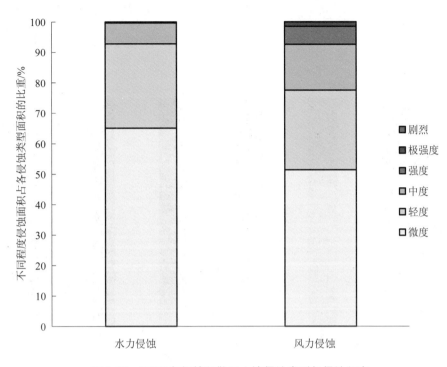

图 6-13　2005 年锡林郭勒盟土壤侵蚀类型与侵蚀程度

从各生态系统内部的土壤侵蚀构成情况来看，不同生态系统内部土壤侵蚀类型的面积比例变化较大；但是 2005 年的土壤侵蚀类型组成与 2000 年基本相同。风力侵蚀所占的比重依次为：荒漠生态系统＞草地生态系统＞其他生态系统＞水体与湿地生态系统＞农田生态系统＞森林生态系统，而水力侵蚀所占的面积比重则与上面相反。具体如图 6-14 所示。

具体来说，荒漠生态系统中风力侵蚀所占的比重最大，风力侵蚀面积为 9 873 km²，占该生态系统侵蚀总面积的 98.6%，水力侵蚀面积为 139 km²，占该生态系统侵蚀总面积的 1.4%；草地生态系统中风力侵蚀面积为 16.6 万 km²，占该生态系统侵蚀总面积的 94.9%，水力侵蚀面积为 8 845 km²，占该生态系统侵蚀总面积的 5.1%；其他生态系统风力侵蚀面积为 955 km²，占该生态系统侵蚀总面积的 87.3%；水力侵蚀面积为 139 km²，占该生态系统侵蚀总面积的 12.7%；水体与湿地生态系统风力侵蚀面积为 4 293 km²，占该生态系统侵蚀总面积的 79.3%，水力侵蚀面积为 1 118 km²，占该生态系统侵蚀总面积的 20.7%；森林生态系统风力侵蚀面积为 1 345 km²，占该生态系统侵蚀总面积的 32.6%，水力侵蚀面积为 2 783 km²，占该生态系统侵蚀总面积的 67.4%；农田生态系统风力侵蚀面积为 2 699 km², 占该生态系统侵蚀总面积的 52.3%, 水力侵蚀面积为 2 466 km², 占该生态系统侵蚀总面积的 47.7%。

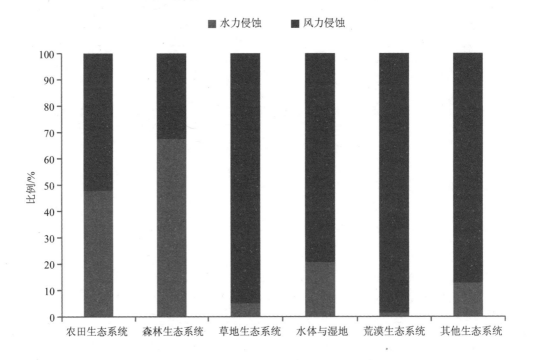

图 6-14　2005 年锡林郭勒盟各类生态系统各类型土壤侵蚀面积占侵蚀面积的比例

　　从锡林郭勒盟各旗县的土壤侵蚀状况来看（图 6-15），土壤侵蚀类型主要以风力侵蚀为主，其中二连浩特市、苏尼特左旗、阿巴嘎旗土壤侵蚀类型全部为风力侵蚀，除多伦县外风力侵蚀的比重在各个旗县均超过 50%，多伦县风力侵蚀所占比重最小为 49.9%，其水力侵蚀所占比重最大为 50.1%。

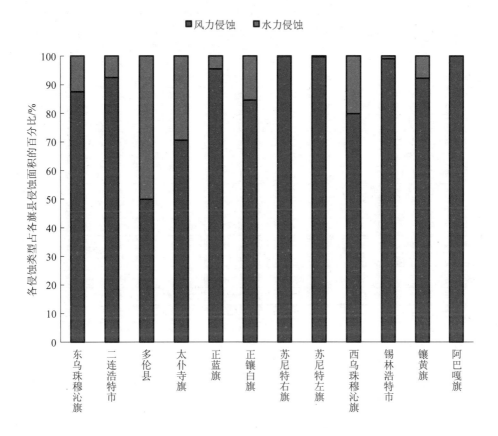

图 6-15　2005 年锡林郭勒盟各侵蚀类型占各旗县侵蚀面积的比重

6.1.4　生态系统土壤保持调节功能

　　草地生态系统的土壤保持功能与土壤侵蚀变化具有非常密切的联系，而草地退化又是造成草地生态系统土壤侵蚀加剧的重要驱动因素。基于锡林郭勒盟 1995 年的土壤侵蚀类型分布图，结合本项目产生的 1990—2005 年的两期草地退化类型空间分布图，采取定性和定量相结合的方法分析了由于草地退化导致草地生态系统土壤侵蚀加剧，进而影响草地生态系统土壤保持功能变化的状况。草地退化与草地生态系统土壤侵蚀状况以及土壤保持功能的关系表现如表 6-1 所示。

表 6-1　草地退化与土壤侵蚀以及土壤保持功能的关系

草地退化类型	土壤侵蚀加剧	土壤保持功能下降
轻度破碎化	微度土壤侵蚀加剧	轻度土壤保持功能下降
中度破碎化	中度土壤侵蚀加剧	中度土壤保持功能下降
重度破碎化	强度土壤侵蚀加剧	重度土壤保持功能下降
覆盖度轻度下降	微度土壤侵蚀加剧	轻度土壤保持功能下降
覆盖度中度下降	中度土壤侵蚀加剧	中度土壤保持功能下降
覆盖度重度下降	强度土壤侵蚀加剧	重度土壤保持功能下降
轻度沼泽化草甸趋干化	微度土壤侵蚀加剧	轻度土壤保持功能下降
中度沼泽化草甸趋干化	中度土壤侵蚀加剧	中度土壤保持功能下降
重度沼泽化草甸趋干化	强度土壤侵蚀加剧	重度土壤保持功能下降
轻度沙化/盐化退化	轻度土壤侵蚀加剧	轻度土壤保持功能下降
中度沙化/盐化退化	中度土壤侵蚀加剧	中度土壤保持功能下降
重度沙化/盐化退化	强度土壤侵蚀加剧	重度土壤保持功能下降
轻度破碎化、轻度覆盖度下降	轻度土壤侵蚀加剧	轻度土壤保持功能下降
轻度破碎化、中度覆盖度下降	中度土壤侵蚀加剧	中度土壤保持功能下降
轻度破碎化、重度覆盖度下降	强度土壤侵蚀加剧	重度土壤保持功能下降
中度破碎化、轻度覆盖度下降	中度土壤侵蚀加剧	中度土壤保持功能下降
中度破碎化、中度覆盖度下降	强度土壤侵蚀加剧	重度土壤保持功能下降
中度破碎化、重度覆盖度下降	强度土壤侵蚀加剧	重度土壤保持功能下降
重度破碎化、轻度覆盖度下降	强度土壤侵蚀加剧	重度土壤保持功能下降
重度破碎化、中度覆盖度下降	强度土壤侵蚀加剧	重度土壤保持功能下降
重度破碎化、重度覆盖度下降	极强度土壤侵蚀加剧	剧烈土壤保持功能下降

　　单类型的轻度草地退化，如轻度破碎化、覆盖度轻度下降和轻度沼泽化以及草甸趋干化，导致土壤保持功能轻度下降，造成土壤侵蚀的微度加剧；轻度沙化/盐化退化和轻度破碎化、轻度覆盖度下降导致土壤保持功能轻度下降，造成土壤侵蚀的轻度加剧；草地中度退化导致土壤保持功能中度下降，造成土壤侵蚀的中度加剧；草地中度和重度退化导致土壤保持功能重度下降，造成土壤侵蚀加剧；草地的重度破碎化、重度覆盖度下降退化导致土壤保持功能剧烈下降，造成土壤侵蚀的极大加剧。

　　基于锡林郭勒盟各个时段草地生态系统土壤侵蚀变化状况（表 6-2 和图 6-16）可以发现：1995—2000 年、2000—2005 年以及 1995—2005 年，锡林郭勒盟草地生态系统发生土壤侵蚀加剧的面积占锡林郭勒盟草地生态系统面积的比例分别为 20.11%、3.19% 和 2.89%，主要以风力侵蚀加剧为主，风力侵蚀加剧的面积占整个草地生态系统面积的比例分别为 20.10%、3.13 和 2.84%；1995—2000 年、2000—2005 年以及 1995—2005 年，锡林郭勒盟草地生态系统发生土壤侵蚀减弱的面积占锡林郭勒盟草地生态系统面积的比例分别为 0.55%、19.60% 和 1.81%，其中风力侵蚀减弱的面积占整个草地生态系统面积的比例分别为 0.50%、19.46% 和 1.55%。

表 6-2　草地生态系统各年段土壤侵蚀变化

生态系统名称	土壤侵蚀变化类型	1995—2000 年		2000—2005 年		1995—2005 年	
		面积/km²	占该生态系统面积的比例/%	面积/km²	占该生态系统面积的比例/%	面积/km²	占该生态系统面积的比例/%
草地生态系统	风力侵蚀减弱	864	0.50	33 837	19.46	2 679	1.55
	水力侵蚀减弱	88	0.05	247	0.14	445	0.26
	水力侵蚀加剧	19	0.01	103	0.06	87	0.05
	风力侵蚀加剧	34 814	20.10	5 439	3.13	4 923	2.84

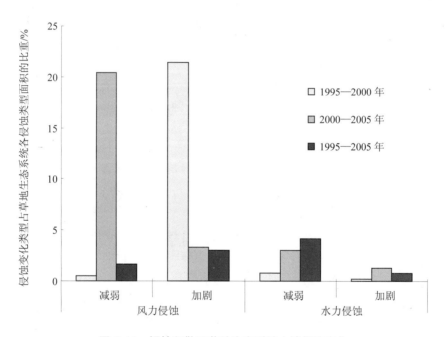

图 6-16　锡林郭勒盟草地生态系统土壤侵蚀变化

从锡林郭勒盟 1995—2000 年、2000—2005 年以及 1995—2005 年土壤侵蚀的动态变化来看（图 6-17 至图 6-19），在 1995—2000 年锡林郭勒盟的土壤侵蚀加剧，其中风力侵蚀加剧过程占主导地位；在 2000—2005 年土壤侵蚀是减弱的，也主要是体现为风力侵蚀过程减弱。具体表现如下：

1995—2000 年，草地生态系统侵蚀加剧主要是风力侵蚀加剧，加剧面积为

34 814 km², 占草地生态系统面积的 20.10%; 水力侵蚀加剧面积为 19 km², 占草地生态系统面积的 0.01%, 风力侵蚀加剧主要发生在苏尼特左旗等锡林郭勒盟西部地区、西乌珠穆沁旗西南部以及锡林浩特市大部分地区, 水力侵蚀加剧主要发生在锡林郭勒盟东南的太仆寺旗东部; 1995—2000 年草地生态系统侵蚀减弱的面积较小, 其中风力侵蚀的面积为 864 km², 主要发生在锡林郭勒盟的中部地区以及东乌珠穆沁旗北部, 水力侵蚀减弱面积为 88 km², 主要发生在西乌珠穆沁旗的东部。

2000—2005 年, 草地生态系统侵蚀加剧主要是风力侵蚀加剧, 加剧面积为 5 439 km², 占草地生态系统面积的 3.13%, 水力侵蚀加剧面积为 103 km², 占草地生态系统面积的 0.06%, 风力侵蚀加剧零散分布在锡林郭勒盟的北部和中南部, 水力侵蚀加剧主要发生在锡林郭勒盟东南部以及西乌珠穆沁旗东部; 从 2000—2005 年草地生态系统侵蚀减弱的面积来看, 风力侵蚀减弱的面积为 33 837 km², 占草地生态系统面积的 19.46%。风力侵蚀减弱主要发生在锡林郭勒盟的苏尼特左旗、锡林浩特市以及西乌珠穆沁旗南部, 水力侵蚀减弱面积为 247 km², 占草地生态系统面积的 0.14%, 主要发生在西乌珠穆沁旗东部和锡林郭勒盟东南部。

1995—2005 年, 草地生态系统侵蚀加剧主要是风力侵蚀加剧, 加剧面积为 4 923 km², 占草地生态系统面积的 2.84%, 水力侵蚀加剧面积为 87 km², 占草地生态系统面积的 0.05%, 风力侵蚀加剧零散分布在锡林郭勒盟的北部、西部和南部, 水力侵蚀加剧主要发生在锡林郭勒盟东南部; 从 2000—2005 年草地生态系统侵蚀减弱的面积来看, 风力侵蚀减弱的面积为 2 679 km², 占草地生态系统面积的 1.55%, 零散分布在锡林郭勒盟的北部和中南部。水力侵蚀减弱面积为 445 km², 占草地生态系统面积的 0.26%, 主要发生在西乌珠穆沁旗东部和锡林郭勒盟南部。

从各旗县 1995—2000 年、2000—2005 年以及 1995—2005 年的草地生态系统土壤侵蚀变化状况分析 (图 6-20) 可以看出: 1995—2000 年土壤侵蚀加剧明显, 土壤侵蚀加剧主要发生在这一时段, 苏尼特左旗在这个时段内草地生态系统土壤侵蚀加剧面积占全旗面积的比例最高, 达到 56.06%, 正镶白旗和锡林浩特市草地生态系统土壤侵蚀加剧面积占全旗面积的比例分别为 31.39% 和 21.12%, 是锡林郭勒盟草地生态系统土壤侵蚀变化较剧烈的地区, 正蓝旗、西乌珠穆沁旗和阿巴嘎旗中草地生态系统土壤侵蚀加剧面积占全旗面积的比例分别为 16.39%、17.68% 和 10.51%, 变化相对较剧烈; 而 2000—2005 年各旗县草地生态系统土壤侵蚀加剧面积占全旗面积的比例均低于 10%, 仅有二连浩特市和正镶白旗大于 10%; 从 1995—2005 年的总体变化来看, 只有阿巴嘎旗草地生态系统土壤侵蚀加剧面积占全旗面积的比例大于 10%, 为 11.76%, 其次是正镶白旗为 7.27%, 其余旗县均低于 5%。

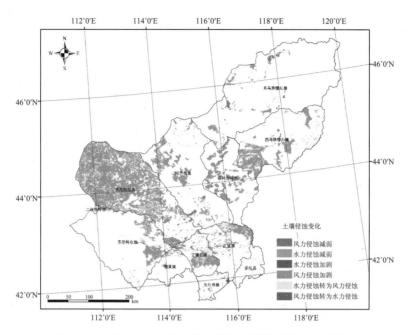

图 6-17　1995—2000 年锡林郭勒盟土壤侵蚀变化状况分布

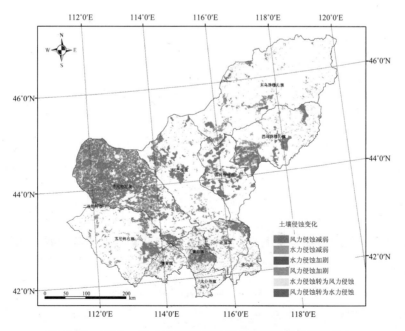

图 6-18　2000—2005 年锡林郭勒盟土壤侵蚀变化状况分布

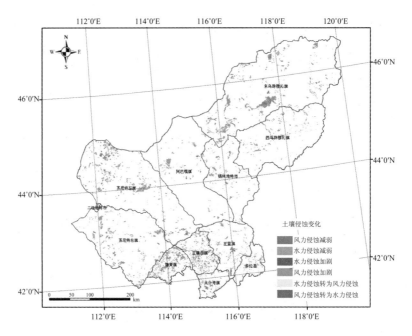

图 6-19　1995—2005 年锡林郭勒盟土壤侵蚀变化状况分布

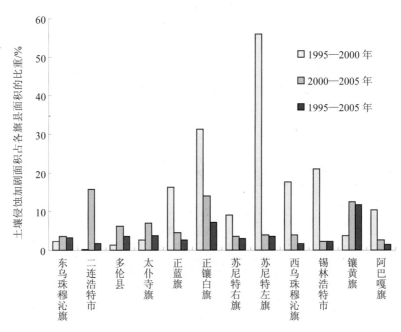

图 6-20　各旗县草地生态系统土壤侵蚀加剧面积占各旗县面积的比重

生态系统土壤侵蚀变化对生态系统土壤保持功能的影响显著，根据上述对锡林郭勒盟土壤侵蚀的变化分析，可以对锡林郭勒盟草地生态系统的土壤保持服务功能变化作出如下评价：锡林郭勒盟的土壤侵蚀加剧主要发生在 1995—2000 年，其中风力侵蚀加剧占绝对优势，而在 2000—2005 年，土壤侵蚀变化主要以风力侵蚀减弱为主，主要为风力侵蚀减弱。自 1995 年以来，锡林郭勒盟草地生态系统的土壤保持能力在整体减弱，但是减弱的趋势在下降。

从各旗县草地生态系统的土壤保持能力变化看（表 6-3），二连浩特市、正蓝旗、正镶白旗、苏尼特右旗、苏尼特左旗、西乌珠穆沁旗、阿巴嘎旗在 1995—2000 年与 2000—2005 年，草地生态系统的土壤保持功能减弱趋势降低，多伦县、太仆寺旗、镶黄旗在 1995—2000 年与 2000—2005 年，草地生态系统的土壤保持功能减弱趋势增加，其他旗县草地生态系统的土壤保持功能在 1995—2000 年与 2000—2005 年变化较小。

表 6-3 锡林郭勒盟各县草地生态系统土壤保持功能趋势

旗县名	草地生态系统土壤保持功能趋势		
	1995—2000 年	2000—2005 年	1995—2005 年
东乌珠穆沁旗	↓	↓	↓
二连浩特市	↓↓↓↓	↓↓↓	↓
多伦县	↓	↓↓	↓
太仆寺旗	↓	↓↓	↓
正蓝旗	↓↓↓	↓	↓
正镶白旗	↓↓↓↓	↓↓↓	↓↓
苏尼特右旗	↓↓	↓	↓
苏尼特左旗	↓↓↓↓	↓	↓
西乌珠穆沁旗	↓↓↓	↓	↓
锡林浩特市	↓	↓	↓
镶黄旗	↓	↓↓↓	↓↓↓
阿巴嘎旗	↓↓↓	↓	↓

注：土壤侵蚀加剧面积的比例 >20% 为 ↓↓↓↓，10%～20% 为 ↓↓↓，5%～10% 为 ↓↓，<5% 为 ↓。

6.1.5　土壤保持功能评估小结

对 1995 年、2000 年以及 2005 年 3 期土壤侵蚀数据的分析表明：

（1）锡林郭勒盟土壤侵蚀类型以风力侵蚀为主，水力侵蚀为辅，没有冻融侵蚀和重力侵蚀等侵蚀类型。其中风力侵蚀的面积占全区土壤侵蚀总面积的 92% 以上，以微度风力侵蚀、轻度风力侵蚀为主，微度风力侵蚀主要分布在锡林郭勒盟的中部地区，轻度风力侵蚀主要分布在锡林郭勒盟的东乌珠穆沁旗及锡林郭勒盟的西部；水力侵蚀占全区土壤侵蚀总面积的 7% 以上，以微度水力侵蚀、轻度水力侵蚀为主，主要分布在锡林郭勒盟的东部和南部，其中东部以微度侵蚀为主，南部以轻度侵蚀为主。

（2）从各生态系统内部的土壤侵蚀构成情况来看，不同生态系统内部土壤侵蚀类型的面积比例变化较大。其中，风力侵蚀在荒漠生态系统中所占面积比例最高，达到 98% 以上；水力侵蚀在森林或者农田生态系统中所占面积最高，一般在 42%～68%。

从区域上看，锡林郭勒盟各旗县内部的土壤侵蚀类型主要以风力侵蚀为主体，风力侵蚀的面积比重在各个旗县均超过 50%；其中二连浩特市、苏尼特左旗、阿巴嘎旗 3 旗市内的土壤侵蚀类型全部为风力侵蚀，即风力侵蚀面积比重达到 100%。而多伦县风力侵蚀面积所占比重最小，而水力侵蚀面积最大；风力侵蚀与水力侵蚀面积大致呈 1∶1 关系。

（3）从锡林郭勒盟 1995—2000 年、2000—2005 年以及 1995—2005 年土壤侵蚀的动态变化来看，在 1995—2000 年锡林郭勒盟的土壤侵蚀在加剧，其中风力侵蚀加剧占主导地位；在 2000—2005 年土壤侵蚀是减弱的，也主要是体现为风力侵蚀减弱。

（4）锡林郭勒盟的土壤侵蚀格局和动态变化首先受到区域地形地貌、气候的控制，人类活动因子则是土壤侵蚀加剧的重要驱动力。具体来说，气候变化和长期超载过牧导致的草地生态系统退化是造成锡林郭勒盟草地生态系统土壤保持调节功能下降的主要原因。

在土壤侵蚀基本格局控制方面，自然因子起了基本作用。锡林郭勒盟地处中纬度西风气流带内，属中温带半干旱大陆性气候，由于其南部和东部有高山隆起，阻挡了夏季风的深入，隔断了南来的水源，大气水分缺乏，降水量偏少。干旱多风的气候也导致了该地区风力侵蚀的加剧。

在土壤侵蚀的加剧和减弱方面，人类活动具有重要影响。突出地表现为 1995—2000 年土壤侵蚀以加剧过程为主，而 2000—2005 年，土壤侵蚀出现减弱趋势。1990 年，该区长期超载放牧和乱砍滥伐造成锡林郭勒盟天然植被退化而导致土壤侵蚀的加剧；而 2000 年之后，随着对草原生态系统的保护和治理工程的实施，该区土壤侵蚀过程有所减弱。

6.2 风力侵蚀危险度评估

土壤风蚀危险度评价是依据影响土壤风蚀过程的重要自然和人类活动要素，对未来土壤风蚀发生的可能性、严重性进行评价。利用 GIS 工具与数学建模方法相结合是土壤风蚀危险度评价研究的一个重要方向。通过对土壤风蚀危险度进行定量评价，可以为区域环境保护和生态修复提供科学支撑。该研究选择中国北方典型农牧交错区作为研究区域，应用地理信息技术（GIS）与层次分析法，建立了土壤风蚀危险度评价模型，对研究区土壤风蚀危险度的空间分布格局进行了探讨，并分析了研究区不同土壤风蚀危险程度级别下的区域植被、气候以及土地利用背景。

6.2.1 研究区、评价指标和数据

研究区域位于阴山山脉的东北麓、大兴安岭的西南麓和燕山的北麓，大致包括乌兰察布高原东北缘、浑善达克沙地以及锡林郭勒高原西南缘，行政区划上则包括内蒙古自治区的锡林郭勒盟西部各旗县，乌兰察布市全部旗县以及河北省的张家口市全部县市。研究区位于首都北京的上风向，是沙尘暴侵入华北地区的北路传输路径，同时还是沙尘天气的加强源地。

研究区面积约为 16.6 万 km^2，海拔 500～3 000 m，整体地势呈现西北低东南高；年降雨量 100～550 mm，从东南到西北逐渐减少，年降水量变率 15%～30%；年平均温度 0～11.5℃，干燥度 1.5～10。从东南到西北，气候类型由暖温带季风性森林草原气候过渡到中温带大陆性荒漠气候，植被类型依次是森林灌木草原、干草原、荒漠草原，主要土壤类型为栗钙土、棕钙土、褐土等。风力强弱、土壤湿度和粒度、土地利用类型和强度、植被覆盖程度、地形地貌等多种因素对于土壤风力侵蚀过程具有重要影响。根据当前研究人员对风蚀过程中环境要素影响机理的认识，同时考虑指标选取的系统性、代表性、简明性以及数据的可获得性，可以建立如下区域风蚀危险度判别指标体系。

（1）风场强度。风场强度是影响土壤颗粒能否被风力搬运的决定性因素。受西伯利亚冷干气团爆发南移的影响，该区在冬春季节常有大风天气，这在很大程度上确定了研究区较高的风蚀危险度。风场强度的大小可以利用对常规地面气象观测中有关风速、风向的观测数据来进一步计算得到。

（2）土壤干燥度。土壤湿度（干燥度）是表征地区土壤干湿程度的指标，它决定了地表土壤的抗蚀能力。土壤湿度低、土壤颗粒细小，大风就容易将粉尘带入空中。土壤湿度（干燥度）受到区域降水量的影响，一般是以该地区的水分收支与热量平衡的比值

来表征。

（3）土地利用类型。土地利用类型对土壤风蚀具有重要影响。林地和草地能够有效降低地表风速，从而减轻土壤风蚀；不同的耕作方式以及不同的草地利用强度，其风蚀量也有明显不同。然而，土地利用类型难以定量化处理，因此本书仅结合土地利用类型对研究区土壤风蚀危险度分布图进行了关联分析。

（4）植被覆盖率。植被是土壤风蚀侵蚀动力的抑制因子。植被的茎、叶、主干可以提高地表的粗糙度，由此吸收风力的下向能量从而降低风能剪切力对地表的侵蚀；立地植物残余物、植物根系及土壤有机体含量可以提高土壤的抗蚀性；同时，植被通过改变土壤水分状况，促进形成表层土壤稳固性结构体而增加土壤抗蚀力。植被覆盖率多采用遥感参数反演得到，一般可以采用 NDVI、LAI 等参数表征。

（5）地形起伏度。土壤风蚀与地形有较强关联。在地形平坦地区，土壤风蚀表现多为中度、强度且呈片状分布。而在地形崎岖破碎地区，崎岖破碎的地形相当于使得土壤粗糙度增大，而土壤可蚀性随着土壤粗糙度的增大而降低；加上山体本身的垂直地带性特征，使高大且陡峭地区的风力侵蚀程度整体变弱。地形起伏度的度量可以基于 DEM 数字高程模型计算得到。

为保证研究的结果对于当前生态环境治理的参考价值，研究所用数据均采用了 2007 年的数据。其中，用于求算风场强度和土壤干燥度的气温、降雨、风速数据由中国气象科学数据共享服务网提供；土地利用类型数据为中国地球系统科学数据共享网提供的 2000 年中国土地利用类型公里网格数据；用于表征植被覆盖程度的植被指数 NDVI 是从 MODIS 网站下载得到，其空间分辨率为 1 km；用于计算地形起伏程度的 DEM 数据是基于 SRTM DEM 数据。

风场强度的计算采用美国农业部土壤风力侵蚀方程 RWEQ 中的相应公式：

$$W = \frac{n}{500} \cdot \sum_{i=1}^{n} U \cdot (U - U_c)^2$$

式中：W——风能强度因子，$\mathrm{m^3/s^3}$；

U——离地面 2 m 高处的风速；

U_c——2 m 高处的临界风速，一般设置为 5 m/s。

风速栅格数据是利用 ANUSPLINE 软件对全国 722 个站点的风速进行空间插值获取。

土壤干燥度的计算采用修正的谢良尼诺夫模型，具体可表为：

$$D = 0.16 \cdot \sum T_{>10℃} / P$$

式中：D——干燥度；

　　　P——年降水量；

　　　$T_{>10℃}$——年大于 10℃积温。

积温和降雨量栅格数据是利用 ANUSPLINE 软件对全国 722 个站点的气温、降雨进行空间插值获取。

土地利用类型数据是由中国科学院 20 世纪土地利用时空数据平台提供的公里成分网格数据派生得到。具体处理方法为：在 ArcGIS 中利用 condition 函数，将每个栅格中所含面积比例最大的土地利用类型作为该栅格的代表土地利用类型。鉴于研究区主要包括耕地与草地，只对研究区的耕地和草地进行了二级类型的划分，其他土地利用类型只包括一级类型。

植被覆盖度选用了 NDVI 数据。考虑到样带区风蚀多发生在冬春季节，因此研究使用了 2007 年 1—5 月 MODIS NDVI 最大值数据。具体方法是：从 MODIS 网站下载研究区域 MODIS 数据，然后利用 MRT（Modis Reprojection Tool）对数据进行镶嵌、投影，提取 NDVI 值，再求取 1—5 月 NDVI 值的平均值。

地形起伏度的提取是基于 DEM 数字高程模型进行的。具体方法是，下载得到 SRTM DEM 数据，利用 ArcGIS 软件中的 FocalRange 函数，在 5×5 的矩形窗口内，求取分析窗口全部格点的高程差作为目标栅格的起伏度。

6.2.2　土壤风蚀危险度评估

6.2.2.1　土壤风蚀危险度评估数据生成

在风蚀危险度评价中，不同的影响因子具有不同的量纲；如果不加处理、直接基于原始数据开展计算和评价，其结果将会被数量级大的指标所控制，而那些数量级较低但重要程度很高的指标将无法体现其影响。因此需要对各项指标进行均一化，均一化公式可表为：

$$x_i' = \frac{x_i - x_{\min}}{x_{\max} - x_{\min}}$$

土壤风蚀危险度与风场强度和土壤干燥度成正比，与植被覆盖率和地形起伏度成反比。为此，利用 ArcGIS Workstation 下的 condition 函数，可以将各分类区间平均值赋给参与计算的植被覆盖率和地形起伏度的相应类别，使参与计算的植被覆盖率和地形起伏度的值与风蚀强度成正比。具体的分配数值如表 6-4 所示，最终形成的风蚀危险度影响因子的空间分布格局如图 6-21 所示。

表 6-4　风蚀危险度影响因子重分类

评价指标	分类区间	参与运算值
风场强度	0～0.11	实际值
	0.11～0.24	实际值
	0.24～0.38	实际值
	0.38～0.51	实际值
	0.51～0.65	实际值
	0.65～0.81	实际值
	0.81～1	实际值
植被覆盖率	0～0.24	0.82
	0.24～0.35	0.57
	0.35～0.41	0.45
	0.41～0.50	0.38
	0.50～0.64	0.24
	0.64～1	0.12
土壤干燥度	0～0.10	实际值
	0.10～0.18	实际值
	0.18～0.25	实际值
	0.25～0.56	实际值
	0.56～1	实际值
地形起伏度	0～0.04	0.73
	0.04～0.11	0.38
	0.11～0.19	0.24
	0.19～0.30	0.15
	0.30～0.46	0.07
	0.46～1	0.02

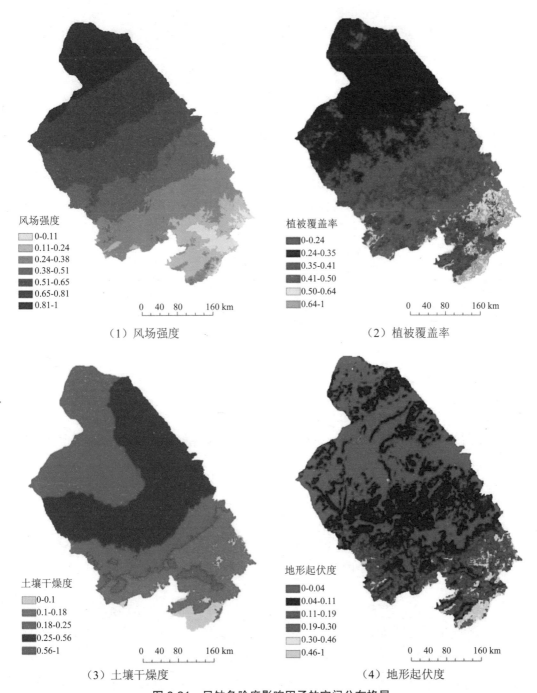

风场强度
0-0.11
0.11-0.24
0.24-0.38
0.38-0.51
0.51-0.65
0.65-0.81
0.81-1

0 40 80 160 km

（1）风场强度

植被覆盖率
0-0.24
0.24-0.35
0.35-0.41
0.41-0.50
0.50-0.64
0.64-1

0 40 80 160 km

（2）植被覆盖率

土壤干燥度
0-0.1
0.1-0.18
0.18-0.25
0.25-0.56
0.56-1

0 40 80 160 km

（3）土壤干燥度

地形起伏度
0-0.04
0.04-0.11
0.11-0.19
0.19-0.30
0.30-0.46
0.46-1

0 40 80 160 km

（4）地形起伏度

图 6-21 风蚀危险度影响因子的空间分布格局

6.2.2.2 基于层次分析法（AHP）确定因子权重

土壤风蚀危险度受多个指标控制，确定各指标的权重是进行土壤风蚀危险度评价的重要环节。在以往的研究中，通常只能依靠专家经验定性确定，缺乏严格的数学基础。而层次分析法（AHP）将同一层次某一因素的重要性进行两两比较和计算，采用标度法使各因子的相对重要性定量化，得出判断矩阵；而后计算判断矩阵的最大特征值和对应的特征向量，该特征向量所对应的数值即是所要求的评价因子的权重；与此同时，计算判断矩阵的一致性指标，当一致性指标小于 0.1 时，则认为判断矩阵取得了令人满意的一致性。

根据 AHP 方法，基于专家知识和野外踏勘，我们构造了风蚀危险度影响因子的权重矩阵，如表 6-5 所示。该研究判断矩阵的一致性指标 CR=0.001 9，远小于 0.1，这表明该研究选用的因子权重比较合理。

表 6-5　判断矩阵

影响因子	风场强度	植被覆盖率	土壤干燥度	地形起伏度	权重
风场强度	1	1	3	4	0.313 8
植被覆盖率	1	1	2	3	0.284 0
土壤干燥度	1/3	1/2	1	2	0.221 1
地形起伏度	1/4	1/3	1/2	1	0.181 1

6.2.2.3 建立风蚀危险度评价模型

根据上述所选评价因子及确定的因子权重，可以计算得到土壤风蚀危险度的空间化模型，具体可表为：

$$R = \sum_{i=1}^{n} w_i r_i$$

式中：R——土壤风蚀危险度综合评价指数；

　　　w_i——第 i 个评价因子的相对权重；

　　　r_i——第 i 个评价因子的值。

在 ArcGIS 软件支持下，基于上述模型，并输入前面得到的有关植被覆盖率、地形起伏度、土壤干燥度与风场强度等评价因子的空间数据，最终得出研究区域土壤风蚀危险度空间格局，如图 6-22 所示。

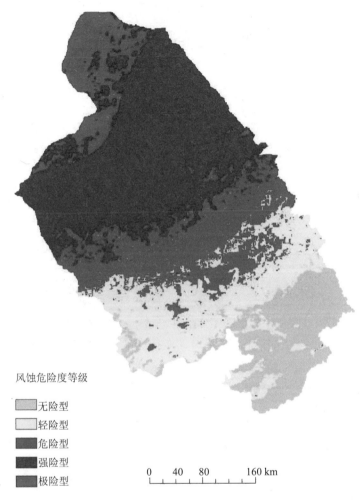

风蚀危险度等级

	无险型
	轻险型
	危险型
	强险型
	极险型

0　　40　　80　　　160 km

图 6-22　土壤风蚀危险性等级图

6.2.3　风蚀危险度分析

依据国家行业标准《土壤侵蚀分类分级标准》，通过分析风蚀危险度空间成果数据的频率分布，同时结合野外实地考察，可以将研究区域的土壤风蚀危险度分为五个等级：无险型、轻险型、危险型、强险型与极险型；具体的空间分布格局及其相应的自然、气象和土地利用背景如下（图 6-23）。

土地利用分类

□ 水田
■ 旱地
■ 高覆盖度草地
□ 中覆盖度草地
□ 低覆盖度草地
■ 林地
■ 水域
■ 城乡工矿居民用地
■ 未利用地

0　40　80　　160 km

图 6-23　土地利用分类图

（1）风蚀极险型区。主要位于研究区域的西北部干燥剥蚀高平原上，海拔在 500～1 500 m，面积约 1.47 万 km²。土地利用类型主要为中覆盖度草地及未利用地，包括戈壁和盐碱地，地形平坦，植被稀疏；主要自然植被类型是琵琶柴砾漠和戈壁针茅草原；受大陆性气候影响，该区风速较大，年大于 8 级风速的天数为 50～75 d；干旱少雨，年降雨量 150～200 mm。

（2）风蚀强险型区。主要位于极险区域的东南边缘，即乌兰察布高原东北缘、浑善达克沙地周边地区，海拔 500～1 500 m，面积约 6.09 万 km²。与极险区域相比，该区域未利用沙地、戈壁明显增加，但该区域植被覆盖度相对较高，存在高覆盖度的草原。主要自然植被类型为草原沙地锦鸡儿、柳、蒿灌丛、禾草、大针茅、克氏针茅；年大于 8

级风速的天数也少于极险区域，降雨量有所增加。由此可见，植被覆盖与气候因素对于减小土壤风蚀程度具有相当重要的意义。

（3）风蚀危险型区。主要分布在研究区域的中部，面积约 3.47 万 km²。该区域是典型温带草原，地势平坦，位于中覆盖度草地和旱地的交界处，并向东南渗透到旱作耕地中。植被覆盖率较强险型区域高，降雨量在 300～400 mm，年大风日数 30～50 d。该地区旱地的耕作方式在一定程度上增加了土壤风蚀的危险性。

（4）风蚀轻险型区域和无险型区域。分布在研究区域的东南部，面积分别为 3.45 万 km²和 2.19 万 km²。这两个地区降雨量较充沛，年降水量多在 400～550 mm，风场强度很低；植被覆盖度高，包括高覆盖度草原、旱地以及有林地，主要植被类型是桦、杨林、山地虎榛子、绣线菊灌丛、白羊草、黄背草等。从西北到东南，植被覆盖率和降雨量逐渐增大，东南部更是高原平原交接带，分布有阴山山脉东麓，大马群山，小五台山等，地势复杂。因此，无险型区域位于研究区东南部，轻险型位于危险型和无险型中间，在轻险型区域中零星分布着少许危险型区域，这是由于这些地区的植被覆盖率较低，地势比较平坦造成的。

6.2.4　土壤风蚀危险度评估小结

基于文献查阅和数据的可获得性，建立了包括风场强度、植被覆盖率、地形起伏度、土壤干燥度等因子在内的风蚀危险程度评价指标体系；利用遥感参数反演和地面气象观测数据，在地理信息系统技术支持下，建立上述因子的空间数据库；继而利用层次分析方法（AHP），构建土壤风蚀危险度评价模型，得到研究区土壤风蚀危险度的空间分布；最后结合研究区土地利用数据，探讨了风蚀危险度空间分布格局的土地利用背景。研究发现，该区土壤风蚀危险度呈现为从东南到西北逐渐增强的趋势，这与区域的植被、气候以及土地利用要素的空间格局具有内在的有机联系。

该研究仍然存在一些不足，主要表现为：第一，当前，国内学术界对于风蚀危险程度的定义尚不明确；第二，本书主要基于文献资料查阅同时兼顾各项指标数据的可获得性，确立了风蚀危险程度评价指标；这些指标是否能够系统、全面地表征风蚀过程的各类影响因子，显然存在很大的不确定性；第三，对各项风蚀影响因子的分级，存在一定程度的主观性，这将影响评价结果的客观程度。因此，在未来的研究中，应针对性地弥补以上不足，以便能够更客观、更准确地评价区域土壤风蚀危险度空间分布格局。

第 7 章 生态系统供给功能
（牧草产量）的监测与评估

牧草供给是锡林郭勒盟草地生态系统的最重要供给功能，是该区草地畜牧业生产的物质基础，并通过草食家畜生产为人类提供直接福利。牧草供给是通过草地产草量指标评价的，而产草量的计算可以通过地面草地样方调查获取，但在大尺度上要获取产草量数据则更多地依赖于遥感技术和模型模拟技术。因此，将遥感技术、模型模拟技术以及地面样方调查（及路线调查）数据相结合，互相补充、互相验证，可作为一个可行的技术路线。

本章使用了内蒙古草原勘测规划设计研究所 NDVI 和地面样方调查数据拟合计算，并结合牧区主管单位入户调查资料得到的分县产草量数据；在此基础上，对锡林郭勒盟草地生态系统的牧草供给功能的时空变化格局进行了分析。

7.1 锡林郭勒盟冷季天然草场牧草产量

依据内蒙古自治区政府有关要求，内蒙古草原勘察设计研究所每年均发布自治区载畜平衡公报。该公报包含内蒙古 33 个纯牧区冷季牧草生产总量，天然草场、人工、半人工天然草场生产总量，草场利用面积，牧业年度的牲畜头只数，建议出栏率等重要数据，其时间序列为 1996—2008 年共 13 年。在锡林郭勒盟，内蒙古草原勘察设计研究所发布的公报覆盖 12 个旗中的 9 个旗（市），不包括二连浩特市、多伦县、太仆寺旗 3 旗（县、市）。

7.1.1 冷季天然草场牧草产量基本特征

1996—2008 年，锡林郭勒盟冷季天然草场牧草产量多年平均值为 214 万 t，但产量相当不稳定。其年际标准偏差（STDEV）为 109 万 t，变异系数（CV）为 34.6%。天然草场牧草产量最高年份出现在 2003 年，为 584 万 t；天然草场牧草产量最低年份出现在

2007 年，为 165 万 t；最高产量是最低产量的 3.5 倍。见表 7-1。

表 7-1　1996—2008 年锡林郭勒盟天然草场牧草产量

年份	总产草量/万 t
1996	358.7
1997	242.7
1998	428.3
1999	343.1
2000	302.2
2001	249.4
2002	393.8
2003	584.4
2004	245.4
2005	259.8
2006	236.3
2007	164.6
2008	277.0
多年平均值	314.3
年际标准偏差（STDEV）	109
变异系数（CV）/%	34.6

　　为了清楚地刻画锡林郭勒盟天然草场牧草产量的年际变化特征，我们根据具体情况制定牧草丰年和歉年的指标：丰年指当年牧草产量高于多年平均产草总量的 20% 的年份（图中以绿色线条表示），而歉年则是指当年牧草产量低于多年平均产草总量的 20% 的年份（图中以红色线条表示），其余年份则定义为常年（或者称为平年）。据此，我们形成了锡林郭勒盟天然草场牧草产量丰年和歉年的时间变化序列，如图 7-1 所示；绿线以上为丰年；红线以下为歉年。由此进一步计算得到锡林郭勒盟天然草场牧草产量丰年、歉年的产草量年均值，如表 7-2 所示。

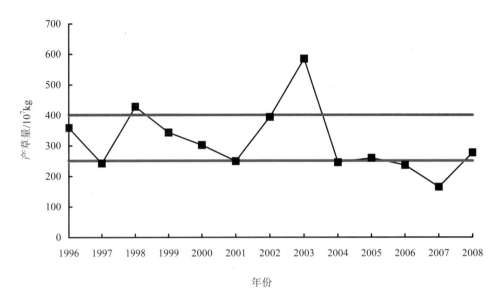

图 7-1　锡林郭勒盟草地天然草场牧草产量丰年、平年和歉年时序变化

表 7-2　锡林郭勒盟冷季天然草场牧草产量统计特征

年景	丰年	平年	歉年	丰年：平年：歉年
阈值/万 t	>400	250～400	<250	—
年均产草量/万 t	506	322	228	2.2：1.4：1
出现概率/%	23	47	30	—

锡林郭勒盟冷季天然草场牧草总产量的丰年发生频次最少，发生频率为 23%，仅在 1998 年、2001 年、2003 年这 3 年出现。在丰年，该区冷季天然草场牧草总产量年均值可达 506 万 t，其中 2003 年的冷季天然草场牧草总产量最高，为 584.4 万 t；其次为 1998 年，产草总量为 428.3 万 t。

锡林郭勒盟冷季天然草场牧草总产量平年发生频率最高，发生频率为 47%；在 1996 年、1999 年、2000 年、2002 年、2005、2008 年共 6 年出现平年（常年）。在平年，该区冷季天然草场牧草产量年均值为 322.4 万 t。其中 2002 年的总产草量是最高的，为 393.8 万 t；2005 年最低，为 259.8 万 t。

锡林郭勒盟冷季天然草场牧草总产量的歉年发生频率也较低，发生频率为 30%；仅在 1997 年、2004 年、2006 年和 2007 年共 4 个年度出现歉年。在歉年，该区冷季天然草场总产量的年均值仅为 227.7 万 t。其中，2007 年的冷季牧草产量最低，只有 164.6 万 t；2004 年最高，为 245.4 万 t。

7.1.2 冷季天然草场牧草产量的年际变化

1986—2008 年，锡林郭勒盟天然草场牧草生产总量的时间序列变化过程大致可以分为三个阶段，即 1996—2001 年的持续下降过程，2001—2003 年快速提升、恢复过程以及 2003—2008 年的大幅下降、保持稳定的过程（图 7-2）。

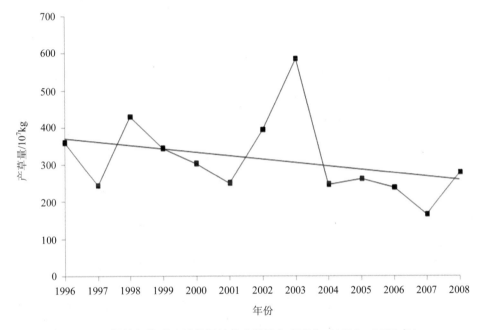

图 7-2　锡林郭勒盟天然草场牧草产量的年度变化（1996—2008 年）

第一阶段（1996—2001 年）：锡林郭勒盟的冷季天然草场牧草生产量整体上呈下降趋势。在此期间，锡林郭勒盟冷季天然草场牧草产量减少了 360.5 万 t，同比下降了 30.5%，下降速率为 22 万 t/a。

锡林郭勒盟的冷季天然草场牧草产量总量在此期间也有一些小的波动，即 1996—1997 年出现的减少现象，1997—1998 年的恢复过程以及 1998 年之后的持续走低过程。1996—1997 年，锡林郭勒盟的冷季天然草场牧草生产总量由 358.7 万 t 减少至 1997 年的 242.7 万 t，减少量高达 116 万 t。1997—1998 年出现明显恢复，由原来的 242.7 万 t 增加至 428.3 万 t，增加量为 185.6 万 t，达到区间最高值。1998 年以后，锡林郭勒盟天然草场牧草生产总量呈持续下降态势，并于 2001 年达到区间最低值（164.6 万 t）。

1997 年该区冷季天然草场牧草产量出现一个局部低值是因为当年降水量明显偏低，平均降水量比常年少一到两成，有些地区达三成之多。降水量的降低影响了牧草返青，使其不能按时返青而导致了生产量的降低。其 1998 年的恢复性增长原因是当年降水量偏高并且在空间上分配均匀，牧草返青早，长势良好。1998 年后锡林郭勒盟牧草生产总量呈下降趋势，这是因为从 1999—2001 年，锡林郭勒盟连续三年旱灾，并且在 2000 年遭受雪灾、2001 年遭遇极端寒冷年份。这一时期的气候变化严重影响到了锡林郭勒盟的天然草场牧草生长情况，使得牧草不能按时返青，或者刚刚返青就遭受旱灾而枯黄，由此导致锡林郭勒盟天然草场牧草生产总量持续下跌。

第二阶段（2001—2003 年）：锡林郭勒盟冷季天然草场牧草生产总量出现一次爆发性增长，2002 年出现接近前一阶段历史最高值（1998 年的 428 万 t），2003 年，更是超过前一阶段历史最高值的 50%左右。2001—2003 年，锡林郭勒盟冷季天然草场牧草总产量由 2001 年的 249.4 万 t 增长至 2003 年的 584.4 万 t，增加总量高达 335 万 t，两年共增长了 134%，年均增长速率高达 167.5 万 t/a。

分析表明，本阶段出现的草原生产力快速恢复过程，究其原因是自然因素和人类活动共同作用的后果。即 2001—2003 年，该区降水量逐年增多，且在 2003 年达到 1999 年以来的最高值，降雨量在空间分布均匀，这对于牧草的按时返青、从 2001 年的草地旱灾中恢复极为有利；2000 年之后该区开始的减畜减压等生态政策和措施，对于草原生态的恢复有着正向的促进作用；从 1996 年开始出现的草原牧草生长能力长期衰退，造成了 2001 年的局部极低值；因此草原恢复过程一旦出现，表现极为显著。

第三阶段（2003—2008 年）：锡林郭勒盟冷季天然草场牧草生产量在 2004 年出现一次暴跌过程，随后各年（2004—2008）总体上呈现稳中略降趋势，每年下降速率为 10 万 t/a。

2003—2004 年的降低过程是该区冷季天然草场牧草总产量年际变化过程中最为剧烈。仅仅在一年间，其冷季牧草总产量由 584.4 万 t 跌至 245.4 万 t，净减少量高达 339 万 t，减少幅度达到 58.0%。2004—2008 年，该区产草总量保持稳定、但略有下降趋势，下降速率为 10 万 t/a，年均产草量为 236.6 万 t，标准偏差（STDEV）仅为 43.1 万 t。

2003—2004 年锡林郭勒盟冷季天然草场牧草总产量的剧烈下降过程是由于 2004 年的降水量偏少，出现大规模的干旱从而导致牧草不能按时返青，影响牧草产量。2004 年之后呈现稳中略降趋势，是因为在此期间，锡林郭勒盟出现连年干旱现象，春季、夏季降水量普遍偏少导致牧草返青后又枯死、并最终导致天然草场牧草产量持续降低。

7.1.3　冷季天然草场牧草产量的空间格局和变化

　　进一步根据各地区产草总量、草地生产能力、牧草生产的时间变化特点等因子，将锡林郭勒盟各牧业旗县划分为东部牧业区、中部牧业区和西部牧业区 3 个大区，各个大区内的草原生态系统产草量具有不同的特点（表 7-3）。根据这一分区，可以对锡林郭勒盟各旗县的冷季天然草场牧草生产总量和生产力进行空间制图（图 7-3）。

表 7-3　锡林郭勒盟各旗县牧草生产总量统计特征　　　　（单位：万 t）

旗县市	产草总量均值	标准差	变异系数/%	丰年平均产草量	常年平均产草量	歉年平均产草量	丰年：平年：歉年
东部牧业区	153.6	51.2	33.4	215.6	142.1	93.7	2.3：1.0：1
中部牧业区	79.3	39.7	50.0	147.5	81.6	41.3	3.6：2.0：1
西部牧业区	81.4	41.9	51.4	150.4	79.7	52.6	2.9：1.5：1

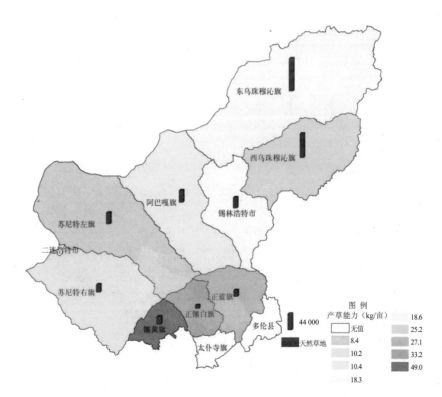

图 7-3　锡林郭勒盟多年平均天然草场牧草生产总量

东部牧业区包括东乌珠穆沁旗和西乌珠穆沁旗。该区的天然草场牧草产量水平相对较高，年际变异系数最低、丰歉年的变异幅度相对较小。该区冷季天然草场牧草产量多年平均值为153.5万t，年际标准偏差（STDEV）为51.2万t，变异系数（CV）为33.4%。丰年冷季天然草场牧草产量多年平均值为215.6万t，常年牧草产量多年平均值为142.1万t，歉年牧草产量多年平均值为93.7万t，其丰、平、歉年平均产草量的比值为2.3∶1∶1。其中，东乌珠穆沁旗的冷季天然草场牧草总产量最高，可达到88.5万t；其次为西乌珠穆沁旗，平均天然产草量为65.0万t。从其生产力来看，西乌珠穆沁旗的天然生产能力较东乌珠穆沁旗更强，为25.2kg/亩，东乌珠穆沁旗的产草能力仅为18.6kg/亩。

中部牧业区包括阿巴嘎旗、锡林浩特市以及正蓝旗。该区天然草场牧草产量水平居中，年际变异系数、丰歉年的变异幅度也相对居中。这些旗县的冷季天然草场牧草总产量基本相当，介于17.8万~32.8万t，冷季天然草场牧草产量多年平均值为79.3万t，年际标准偏差（STDEV）为39.7万t，变异系数（CV）为50%，丰年冷季牧草产量多年平均值为147.5万t，常年牧草产量多年平均值为81.6万t、歉年牧草产量多年平均值仅为41.3万t，其丰、平、歉年平均产草量的比值为3.6∶2∶1。其中，阿巴嘎旗产草量是中部旗县中最高的，为32.8万t；锡林浩特市的产草量次之，为28.7万t；正蓝旗的产草量最低，为79.3万t。从其牧草生产力来看，正蓝旗的生产力最高，为27.1kg/亩；锡林浩特市的产草力次之，为18.3kg/亩；而阿巴嘎旗的产草力则最低，仅为10.4kg/亩。

西部牧业区包括苏尼特左旗、镶黄旗、正镶白旗、苏尼特右旗。该区天然草场牧草产量水平相对中部旗县略高，年际变异系数最大、丰歉年的变异幅度也相对较大，冷季平均天然草场牧草产量为81.4万t、年际标准偏差（STDEV）为41.9万t，变异系数（CV）为51.4%，丰年冷季平均天然草场牧草产量为150.4t，常年平均天然草场牧草产量为79.7万t、歉年牧草产量多年平均值仅为52.6万t，其丰、平、歉年平均产草量的比值为2.9∶1.5∶1。其中，苏尼特左旗产草量是西部旗县中最高的，为30.6万t；苏尼特右旗的产草量次之，为21.1万t；接着为正镶白旗，为20.2万t；再次为正镶白旗，为9.5万t。从其牧草生产力来看，镶黄旗最高，为49kg/亩，这是西部旗县乃至整个锡林郭勒盟牧草生产力最高的旗县；正镶白旗的牧草生产力次之，为33.2kg/亩；接着为苏尼特右旗、其牧草生产力为10.2kg/亩，苏尼特左旗的牧草生产力最小，仅为8.4kg/亩。

在东部牧业区（图7-4和表7-4），具体来说：

东乌珠穆沁旗多年（1996—2008年）冷季天然草场牧草产量多年平均值为88.5万t，是锡林郭勒盟冷季天然草场牧草平均产量最高的旗县，其年际标准偏差为26.5万t，年际变异系数也最低，仅为30%，丰年冷季牧草产量多年平均值为119.7万t，常年牧草产量多年平均值为82.3万t，歉年牧草产量多年平均值为59.3万t，其丰、平、歉年平均产草量的比值为 2.0∶1.4∶1。这表明东乌珠穆沁旗草原生态系统是该区最高效、最稳定的地区。

西乌珠穆沁旗的多年平均冷季天然草场牧草产量次之为 65 万 t，相对东乌珠穆沁旗的产草总量较小。西乌珠穆沁旗的年际标准偏差为 30.9 万 t，年际变异系数较大，为47.4%，丰年冷季牧草产量多年平均值为101.5 万 t，常年牧草产量多年平均值为59.2 万 t，歉年牧草产量多年平均值为35.9 万 t，其丰、平、歉年平均产草量的比值为2.8∶1.6∶1，说明东西乌珠穆沁旗产草量稳定性相较东乌珠穆沁旗较低。

表 7-4　锡林郭勒盟各旗县牧草生产总量统计特征　　　　（单位：万 t）

旗县市	产草总量均值	标准差	变异系数	丰年平均产草量	常年平均产草量	歉年平均产草量	丰年∶平年∶歉年	产草力年均值/（kg/亩）
东乌珠穆沁旗	88.5	26.5	30.0	119.7	82.3	59.3	2.0∶1.4∶1	18.6
西乌珠穆沁旗	65.0	30.9	47.4	101.5	59.2	35.9	2.8∶1.6∶1	25.2
阿巴嘎旗	32.4	14.8	45	49.7	33.3	15.4	3.2∶2.2∶1	10.4
锡林浩特市	28.7	18.7	65.2	47.9	26	17.2	2.8∶1.5∶1	18.3
正蓝旗	17.8	9.7	54.3	30.0	17.7	11.2	2.7∶1.6∶1	27.1
苏尼特左旗	30.6	21.3	69.6	76.7	28.1	18.9	4.1∶1.5∶1	8.4
苏尼特右旗	21.1	9.5	45.0	33.5	20.2	13.3	2.5∶1.5∶1	10.2
镶黄旗	20.2	31.5	156.2	61.7	13.3	7.1	8.7∶1.9∶1	49
正镶白旗	9.5	4.0	42.73	15.4	9.4	5.1	3.0∶1.8∶1	33.2

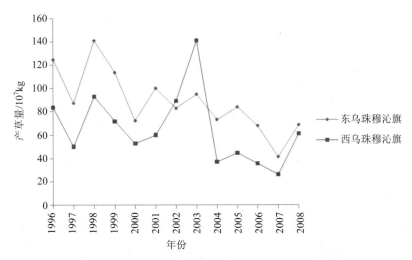

图 7-4　锡林郭勒盟东部旗县冷季天然草场牧草产量年际变化图

在中部牧业区（图 7-5 和表 7-4），具体来说：

阿巴嘎旗多年（1996—2008 年）冷季天然草场平均产草量为 32.4 万 t，为中部牧业旗县产草量最大的旗县，年际标准偏差为 17.7 万 t，变异系数则为 42.6%，仅次于中部的锡林浩特市，其丰年冷季平均天然草场牧草产量为 49.7 万 t，常年平均天然草场牧草产量为 33.3 万 t，歉年平均天然草场牧草产量仅为 15.4 万 t，其丰、平、歉年平均产草量的比值为 3.2：2.2：1。上述指标中除了年际变异系数高于中部旗县的平均水平外，其他指标均表明，阿巴嘎旗是锡林郭勒盟中部旗县中产草量最为稳定的旗县。

锡林浩特市的多年平均冷天然季牧草产量次之，为 28.7 万 t，相对阿巴嘎旗的天然草场牧草产量总量略小，其年际标准偏差则为 18.7 万 t，变异系数是中部区中的最大者，为 65.2%，丰年冷季牧草产量多年平均值为 47.9 万 t，常年牧草产量多年平均值为 26 万 t，歉年牧草产量多年平均值为 17.2 万 t，其丰、平、歉年平均产草量的比值为 2.8：1.5：1，说明锡林浩特市在中部旗县中最不稳定。

正蓝旗的多年平均冷季天然草场牧草产量是中部旗县中最低的，仅为 17.8 万 t，年际标准偏差为 12.6 万 t，牧草产量变异系数却在整个中部区域中次于锡林郭勒市，为 54.3%，丰年冷季平均天然草场牧草产量为 30 万 t，常年平均天然草场牧草产量为 17.7 万 t、歉年平均天然草场牧草产量为 11.2 万 t，其丰、平、歉年平均产草量的比值为 2.7：1.6：1，说明正蓝旗的牧草生产稳定性属于中等水平。

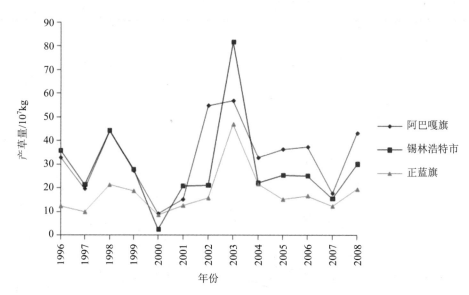

图 7-5　锡林郭勒盟中部旗县冷季天然草场牧草产量年际变化图

在西部牧业区（图 7-6 和表 7-4），具体来说：

苏尼特左旗的多年平均天然草场牧草产量为 30.6 万 t，是锡林郭勒盟西部牧业旗县中冷季天然草场牧草产量最高的旗县，其年际标准偏差为 21.3 万 t，致使其成为继镶黄旗之后西部区域的天然草场牧草产量年际波动第二大旗县，其值高达 69.6%。苏尼特左旗的丰年冷季平均天然草场牧草产量为 76.7 万 t，常年平均天然草场牧草产量为 28.1 万 t，歉年平均天然草场牧草产量为 18.9 万 t，丰、平、歉年平均产草量的比值为 4.1∶1.5∶1，说明苏尼特左旗的牧草生产稳定性在西部旗县中属于中等水平。

苏尼特右旗的多年平均天然草场牧草产量为 21.1 万 t，是西部牧业旗县中拥有第二大产草量的旗县，其年际标准偏差为 9.5 万 t，变异系数为 45%，是西部旗县中较小的旗县。苏尼特右旗的丰年冷季平均天然草场牧草产量为 33.5 万 t，常年平均天然草场牧草产量为 20.2 万 t，歉年平均天然草场牧草产量仅为 13.3 万 t，丰、平、歉年平均产草量的比值为 2.5∶1.5∶1，说明苏尼特右旗的牧草生产稳定性在西部旗县中是相对稳定的。

镶黄旗的多年平均天然草场牧草产量为 20.2 万 t，是西部牧业旗县中拥有第三大产草量的旗县，其年际标准偏差为 31.5 万 t，致使其成为镶黄旗之后西部区域，乃至整个锡林郭勒盟的第一大天然草场牧草产量年际波动旗县，其值高达 156.2%。镶黄旗的丰年冷季平天然草场牧草产量为 156.2 万 t，常年平均天然草场牧草产量为 13.3 万 t，歉年平均天然草场牧草产量仅为 7.1 万 t，丰、平、歉年平均产草量的比值为 8.7∶2.9∶1，说明镶黄旗的牧草生产稳定性在西部旗县中属于最不稳定的。

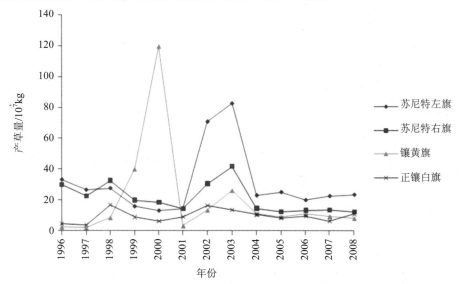

图 7-6　锡林郭勒盟西部旗县冷季天然草场牧草总产量年际变化图

　　正镶白旗的多年平均天然草场牧草产量只有 9.5 万 t，是西部牧业旗县，乃至整个锡林郭勒盟中产草量最小的旗县，其年际标准偏差为 4 万 t，变异系数为 44.7%。正镶白旗的丰年冷季平均天然草场牧草产量为 15.4 万 t，常年平均天然草场牧草产量为 9.4 万 t，歉年平均天然草场牧草产量仅为 5.1 万 t，丰、平、歉年平均天然草场牧草产量的比值为 3∶1.8∶1，说明正镶白旗的牧草生产稳定性在西部旗县中属于中等水平。

7.2　锡林郭勒盟冷季人工、半人工草场牧草产量

7.2.1　冷季人工、半人工草场牧草产量基本特征

　　1996—2008 年，锡林郭勒盟冷季人工、半人工草场牧草产量多年平均值为 104.7 万 t，年际标准偏差（STDEV）为 74.2 万 t，变异系数（CV）为 70.9%。产草量最大年份出现在 1996 年，为 299.8 万 t；产草量最低年份出现在 2001 年，为 48.7 万 t。具体可见表 7-5。

表 7-5　锡林郭勒盟 1996—2008 年人工、半人工草场牧草产量

年份	人工、半人工草场牧草产量/万 t
1996	299.8
1997	211.1
1998	146.9
1999	56.9
2000	64.4
2001	48.7
2002	77.2
2003	105.1
2004	95.2
2005	64.9
2006	72.3
2007	50.7
2008	67.2
多年平均值	104.7
年际标准偏差（STDEV）	74.2
变异系数（CV）/%	70.9

根据前面所述丰年、平年和歉年定义，我们形成了锡林郭勒盟人工草地产草量的丰年和歉年的时间变化序列，并进一步计算得到不同年景的产草量年均值，如图 7-7 和表 7-6 所示。

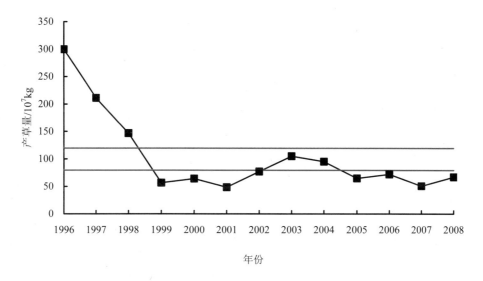

图 7-7　锡林郭勒盟人工草地产草量丰年、平年和歉年时序变化

表 7-6　丰年、歉年的判别标准及锡林郭勒盟丰歉冷季人工、半人工草场产草量均值

年景	丰年	平年	歉年	丰年：平年：歉年
临界值/万 t	＞120	80～120	＜ 80	—
年均产草量/万 t	219.3	100.2	62.8	3.5：1.6：1
出现概率/%	23	15	62	—

锡林郭勒盟冷季人工、半人工草场产草量的平年发生频次最少，出现频率为15%，仅在 2003 年、2004 年出现。在平年，该区冷季人工、半人工草场产草量年均值为100.2 万 t，其中 2003 年的冷季牧草人工牧草产量为 105.4 万 t，2004 年人工、半人工草场产草总量为 95.2 万 t。

锡林郭勒盟冷季人工、半人工草场总产草量歉年年份发生频率最高，出现频率为62%，在 1999 年、2000 年、2001 年、2002 年、2005 年、2006 年、2007 年、2008 年共八年出现歉年。在歉年，该区冷季人工、半人工草场牧草产量年均值为 62.8 万 t。其中2002 年的总产草量是最高的，为 77.2 万 t，其次为 2006 年，产草量为 72.3 万 t，接着依次为 2008 年、2005 年、2000 年、2007 年、2001 年，其冷季牧草总产量依次为 67.2 万 t、64.9 万 t、64.4 万 t、50.7 万 t、48.7 万 t。

锡林郭勒盟冷季总产草量的丰年发生频率也较低，出现频率为 23%，仅在 1996 年、1997 年和 1998 年共 3 个年度出现丰年。在丰年，该区冷季人工、半人工草场产草量年均值可达 219.3 万 t。其中 1996 年的冷季牧草人工牧草产量最高，为 299.8 万 t，其次为 1997 年，人工、半人工草场产草总量为 211.1 万 t，再次为 1998 年，人工、半人工草场产草总量 146.9 万 t。

7.2.2　冷季人工、半人工草场牧草产量的年际变化

1996—2008 年，锡林郭勒盟人工、半人工草场牧草生产量的时间序列变化过程大致可以分为三个阶段，即 1996—1999 年的持续、大幅下降过程，1999—2003 年的轻微上升过程以及 2003—2008 年的轻微下降过程（图 7-8）。

总体上看，锡林郭勒盟人工及半人工草场的牧草产量在 1996—1999 年大幅下滑后，在 1999—2008 年，则基本上处于振荡期。鉴于冷季人工、半人工草场牧草产量总体上呈现剧烈下降，而后平稳走低趋势，我们推测：在 1998 年前后，草原主管部门对于冷季人工、半人工草场牧草的定义可能发生了重大变化。

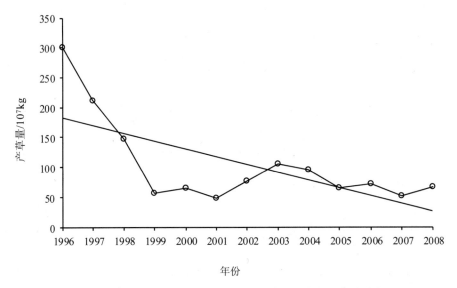

图 7-8　锡林郭勒盟人工、半人工草场牧草生产量的年度变化

第一阶段（1996—1999 年）：锡林郭勒盟的冷季人工、半人工草场牧草生产量呈大幅下降趋势。1996—1999 年，锡林郭勒盟冷季人工、半人工草场牧草产量从 1996 年的 299.8 万 t 下降到 1999 年的 56.9 万 t，平均每年下降 81.0 万 t，下降速度惊人。

第二阶段（1999—2003 年）：锡林郭勒盟的冷季人工、半人工草场牧草生产量呈现轻微上升趋势。锡林郭勒盟冷季牧草总产量由 1999 年的 56.9 万 t 增长至 2003 年的 105.1 万 t，增加了 48.2 万 t，平均每年增长 10.9 万 t。

第三阶段（2003—2008 年）：锡林郭勒盟的冷季人工、半人工草场牧草生产量呈现下降趋势。2008 年的人工、半人工草场产草量为 67.2 万 t，比 2003 年下降了 38.1 万 t，平均每年下降 7.62 万 t。

7.2.3 冷季人工、半人工草场牧草产量的空间格局和变化

对锡林郭勒盟各旗县的冷季人工、半人工草场牧草生产量和生产力（单位草地面积的牧草生产量）进行空间制图（图 7-9）；进一步根据各地区人工、半人工草场产草总量、草地生产能力、牧草生产的时间变化特点等因子，将锡林郭勒盟各牧业旗县划分为东部牧业区、中部牧业区和西部牧业区 3 个大区，各个大区内的草原生态系统产草量具有不同的特点（表 7-7）。

东部牧业区包括东乌珠穆沁旗和西乌珠穆沁旗。人工、半人工草场产草量水平相对较高，年际变异系数最高，但丰歉年的变异幅度较大：冷季人工、半人工草场牧草产量多年平均值为 34.3 万 t，年际标准偏差（STDEV）为 34.4 万 t，变异系数（CV）为 100.2%，丰年冷季人工、半人工草场牧草产量多年平均值为 76.7 万 t，常年人工、半人工草场牧草产量多年平均值为 44.4 万 t，歉年人工、半人工草场牧草产量多年平均值为 15.9 万 t，其丰、平、歉年平均产草量的比值为 3.9：3.5：1。其中，东乌珠穆沁旗的冷季牧草总产量最高，可达到 22.7 万 t，其次为西乌珠穆沁旗，平均产草量为 11.6 万 t。

中部牧业区包括阿巴嘎旗、锡林浩特市以及正蓝旗。该区人工、半人工草场总体产草量一般，年际变异系数居中、丰歉年的变异幅度也相对居中。该区冷季人工、半人工草场牧草总产量介于 8 万～15 万 t，冷季牧草产量多年平均值为 32.9 万 t，年际标准偏差（STDEV）为 22.9 万 t，变异系数（CV）为 69.5%，丰年冷季人工、半人工草场牧草产量多年平均值为 66.4 万 t，常年平均人工、半人工草场牧草产量为 21.7 万 t，歉年平均人工、半人工草场牧草产量仅为 23.23 万 t，其丰、平、歉年平均产草量的比值为 2.9：0.9：1。其中，正蓝旗人工、半人工草场产草量是中部旗县中最高的，年均值为 14.8 万 t；锡林浩特市的人工、半人工草场产草量次之，为 9.3 万 t；阿巴嘎旗的产草量最低为 8.8 万 t。

西部牧业区包括苏尼特左旗、镶黄旗、正镶白旗、苏尼特右旗。其人工、半人工草

场产草量水平相对较低，年际变异系数、丰歉年的变异幅度也相对较小，冷季人工、半人工草场牧草产量多年平均值为 37.4 万 t，年际标准偏差（STDEV）为 23.4 万 t，变异系数（CV）为 63.5%，丰年冷季平均人工、半人工草场牧草产量为 34.2 t，常年平均人工、半人工草场牧草产量为 30.9 万 t，歉年平均人工、半人工草场牧草产量仅为 23.66 万 t，其丰、平、歉年平均人工、半人工草场产草量的比值为 1.4∶1.3∶1。具体来说，正镶白旗人工、半人工草场产草量是西部旗县中最高的为 11.7 万 t，镶黄旗的人工、半人工草场产草量次之，为 10.6 万 t，接着为苏尼特左旗，为 8.1 万 t；再次为苏尼特右旗，为 7.0 万 t。

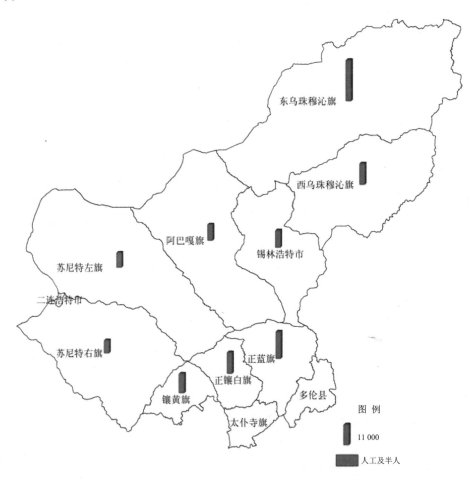

图 7-9　锡林郭勒盟人工、半人工草场多年平均牧草生产总量空间分布

表 7-7 锡林郭勒盟各旗县人工、半人工草场牧草生产总量统计特征 （单位：万 t）

旗县市	产草总量年均值	标准差	变异系数	丰年平均产草量	常年平均产草量	歉年平均产草量	丰年：平年：歉年
东部牧业区	34.3	34.4	100.2	76.7	44.4	15.9	4.8：2.8：1
中部牧业区	32.9	22.9	69.5	66.4	21.7	23.23	2.9：0.9：1
西部牧业区	37.4	23.4	63.5	34.2	30.9	23.66	1.4：1.3：1

在东部牧业区（图 7-10 和表 7-8），具体来说：

东乌珠穆沁旗多年（1996—2008 年）冷季人工、半人工草场牧草产量多年平均值为 22.7 万 t，是锡林郭勒盟冷季人工、半人工草场牧草平均产量最高的旗县，其年际标准偏差为 23.7 万 t，年际变异系数也是较高，为 104.4%，丰年冷季牧草产量多年平均值为 43.5 万 t，常年牧草产量多年平均值为 38.4 万 t，歉年牧草产量多年平均值为 11.0 万 t，其丰、平、歉年平均产草量的比值为 3.9：3.5：1。这表明东乌珠穆沁旗人工、半人工草场较不稳定。

西乌珠穆沁旗的多年平均冷季人工、半人工草场牧草产量为 11.6 万 t，相对东乌珠穆沁旗的产草总量较小。西乌珠穆沁旗的年际标准偏差为 14.2 万 t，年际变异系数大，为 122.9%，丰年冷季牧草产量多年平均值为 33.2 万 t，常年牧草产量多年平均值为 6.0 万 t，歉年牧草产量多年平均值为 4.9 万 t，其丰、平、歉年平均产草量的比值为 6.8：1.2：1，说明西乌珠穆沁旗人工、半人工草场产草量稳定性较低。

表 7-8 锡林郭勒盟各旗县人工、半人工草场牧草生产总量统计特征 （单位：万 t）

旗县市	产草总量年均值	标准差	变异系数	丰年平均产草量	常年平均产草量	歉年平均产草量	丰年：平年：歉年
东乌珠穆沁旗	22.7	23.7	104.4	43.5	38.4	11.0	3.9：3.5：1
西乌珠穆沁旗	11.6	14.2	122.9	33.2	6.0	4.9	6.8：1.2：1
阿巴嘎旗	8.8	9.7	110.4	24.7	2.5	4.4	5.6：0.6：1
锡林浩特市	9.3	8.9	96.2	12.6	6.0	8.9	1.4：0.7：1
正蓝旗	14.8	76.9	518.5	29.0	13.2	9.9	2.9：1.3：1
苏尼特左旗	8.1	4.2	52.4	13.6	8.5	5.9	2.3：1.5：1
苏尼特右旗	7.0	17.1	243.7	12.5	8.4	4.6	2.7：1.8：1
镶黄旗	10.6	10.0	94.2	22.1	8.0	6.9	3.2：1.2：1
正镶白旗	11.7	12.1	102.9	27.9	9.2	6.3	4.4：1.5：1

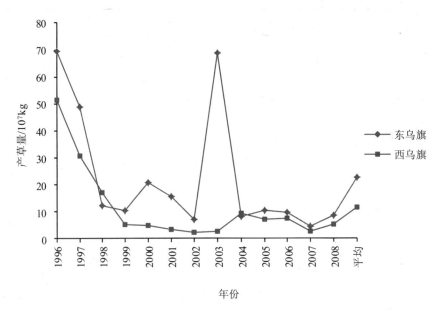

图 7-10　锡林郭勒盟东部旗县冷季人工、半人工草场牧草总产量年际变化图

在中部牧业区（图 7-11 和表 7-8），具体来说：

阿巴嘎旗多年（1996—2008 年）平均产草量为 8.8 万 t，是中部牧业旗县人工、半人工草场产草量最低的旗县，年际标准偏差为 9.7 万 t，变异系数则为 110.4%，其丰年冷季牧草产量多年平均值为 24.7 万 t，常年牧草产量多年平均值为 2.5 万 t，歉年牧草产量多年平均值为 4.4 万 t，其丰、平、歉年平均产草量的比值为 5.6∶0.6∶1。可见，阿巴嘎旗是锡林郭勒盟中部旗县中人工、半人工草场产草量极不稳定的旗县。

锡林浩特市的多年平均冷季人工、半人工草场牧草产量为 9.3 万 t，相对阿巴嘎旗的产草总量略高。锡林浩特市的年际标准偏差则为 8.9 万 t，变异系数是中部区中的最小者，为 96.2%，丰年冷季牧草产量多年平均值为 12.6 万 t，常年牧草产量多年平均值为 6.0 万 t，歉年牧草产量多年平均值为 8.9 万 t，其丰、平、歉年平均产草量的比值为 1.4∶0.7∶1，说明锡林浩特人工、半人工草场产草量在中部旗县中相对较稳定。

正蓝旗的多年平均冷季人工、半人工草场牧草产量是中部旗县中最高的，为 14.8 万 t。正蓝旗的年际标准偏差为 76.9 万 t，牧草产量变异系数却在整个中部区域中最大，为 518.5%，丰年冷季牧草产量多年平均值为 29.0 万 t，常年牧草产量多年平均值为 13.2 万 t，歉年牧草产量多年平均值为 9.9 万 t，其丰、平、歉年平均产草量的比值为 2.9∶1.3∶1，说明正蓝旗的牧草生产稳定性较差。

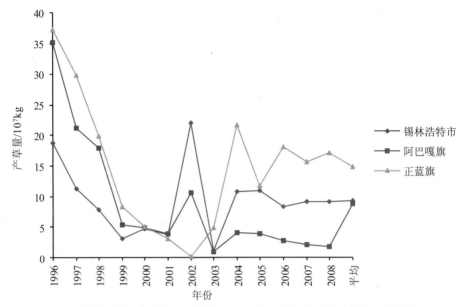

图 7-11　锡林郭勒盟中部旗县冷季人工、半人工草场牧草总产量年际变化图

在西部牧业区（图 7-12 和表 7-8），具体来说：

苏尼特左旗的多年平均人工、半人工草场产草量为 8.1 万 t，是锡林郭勒盟西部牧业旗县中冷季人工、半人工草场牧草产量较低的旗县，其年际标准偏差为 4.2 万 t，是西部区域人工、半人工草场牧草产量年际波动旗县最小的旗县，其值为 52.4%。苏尼特左旗的丰年冷季牧草产量多年平均值为 13.6 万 t，常年牧草产量多年平均值为 8.5 万 t，歉年牧草产量多年平均值为 5.9 万 t，丰、平、歉年平均产草量的比值为 2.3 : 1.5 : 1，说明苏尼特左旗的人工、半人工草场牧草生产稳定性在西部旗县中是最高的。

镶黄旗的多年牧草产量多年平均值为 10.6 万 t，人工、半人工草场产草量是西部牧业旗县中较大的，其年际标准偏差为 10.0 万 t，在西部旗县中波动相对较小，变异系数为 94.2%。镶黄旗的丰年冷季牧草产量多年平均值为 22.1 万 t，常年牧草产量多年平均值为 8.0 万 t，歉年牧草产量多年平均值仅为 6.9 万 t，丰、平、歉年平均产草量的比值为 3.2 : 1.2 : 1，说明镶黄旗的人工、半人工草场牧草生产稳定性在西部旗县中较不稳定。

苏尼特右旗的多年牧草产量多年平均值为 7.0 万 t，是西部牧业旗县中人工、半人工草场产草量最低的旗县，其年际标准偏差为 17.1 万 t，变异系数为 243.7%，是西部旗县中最大的旗县。苏尼特右旗的丰年冷季牧草产量多年平均值为 12.5 万 t，常年牧草产量多年平均值为 8.4 万 t，歉年牧草产量多年平均值仅为 4.6 万 t，丰、平、歉年平均产草量的比值为 2.7 : 1.8 : 1，说明苏尼特右旗的人工、半人工草场牧草生产稳定性在西部旗县中是较不稳定的。

正镶白旗的多年牧草产量多年平均值为 11.7 万 t，是西部牧业旗县，乃至整个锡林郭勒盟中产草量最大的旗县，其年际标准偏差为 12.1 万 t，变异系数为 102.9%。正镶白旗的丰年冷季牧草产量多年平均值为 27.9 万 t，常年牧草产量多年平均值为 9.2 万 t，歉年牧草产量多年平均值仅为 6.3 万 t，丰、平、歉年平均产草量的比值为 4.4 : 1.5 : 1，说明正镶白旗的牧草生产稳定性在西部旗县中属于较低水平。

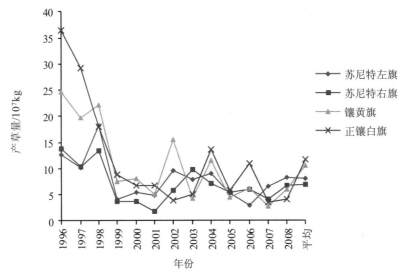

图 7-12　锡林郭勒盟西南部旗县冷季人工、半人工草场牧草总产量年际变化图

7.3　锡林郭勒盟冷季牧草总产量

7.3.1　冷季牧草总产量基本特征

1996—2008 年，锡林郭勒盟冷季牧草产量多年平均值为 419 万 t，年际标准偏差（STDEV）为 145 万 t，变异系数（CV）为 34.5%。产草量最大年份出现在 2003 年，为 690 万 t；产草量最低年份出现在 2007 年，为 215 万 t。具体可见表 7-9。

根据前面所述丰年、平年和歉年定义，我们形成了锡林郭勒盟人工草地产草量的丰年和歉年的时间变化序列，并进一步计算得到不同年景的产草量年均值，如图 7-13 和表 7-10 所示。

表 7-9　1996—2008 年锡林郭勒盟产草总量　　　　（单位：万 t）

年份	总产草量
1996	658.5
1997	453.8
1998	575.2
1999	400.1
2000	366.6
2001	298.0
2002	471.0
2003	689.6
2004	340.7
2005	324.7
2006	308.6
2007	215.3
2008	344.2
多年平均值	418.9
年际标准偏差（STDEV）	145
变异系数（CV）/%	34.5

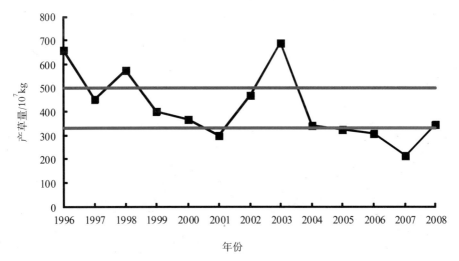

图 7-13　锡林郭勒盟草地产草量丰年、平年和歉年时序变化

表 7-10　丰年、歉年的判别标准及锡林郭勒盟丰歉冷季产草量均值　　　　（单位：万 t）

年景	丰年	平年	歉年	丰年：平年：歉年
临界值	＞500	330～500	＜330	—
年均产草量	641	396	286	2.2：1.4：1
出现概率	23%	47%	30%	—

锡林郭勒盟冷季总产草量的丰年发生频次最少，频率为 23%；仅在 1996 年、1998 年、2003 年这 3 年出现。在丰年，该区冷季总产草量年均值可达 641 万 t，其中 2003 年的冷季牧草总产量最高，为 689.6 万 t，其次为 1996 年，产草总量为 658.5 万 t，再次为 1998 年，产草总量也在 575 万 t 以上。

锡林郭勒盟冷季总产草量平年年份发生频率最高，发生频率为 47%，在 1997 年、1999 年、2000 年、2002 年、2004 年、2008 年共 6 年出现平年（常年）。在平年，该区冷季牧草产量年均值为 396.1 万 t。其中 2004 年的总产草量是最高的，为 340.7 万 t，其次为 2008 年，产草量为 344.2 万 t，接着依次为 2000 年、1999 年、1997 年、2002 年，其冷季牧草总产量依次为 366.6 万 t、400.1 万 t、453.8 万 t、471.0 万 t。

锡林郭勒盟冷季总产草量的歉年发生频率也较低，发生频率为 30%，仅在 2001 年、2005 年、2006 年和 2007 年共 4 年出现歉年。在歉年，该区冷季总产量的年均值仅为 286 万 t，其中，2007 年的冷季牧草产量最低，只有 215.3 万 t，其次是 2001 年，总产量为 298.0 万 t，接着依次是 2006 年与 2005 年，产草量分别为 308.6 万 t 和 324.7 万 t。

7.3.2 冷季牧草总产量的年际变化

1986—2008 年，锡林郭勒盟牧草生产量总产量的时间序列变化过程大致可以分为三个阶段，即 1996—2001 年的持续下降过程、2001—2003 年快速恢复和提升过程以及 2003—2008 年的略有下降并从 2004 年起保持稳定的过程（图 7-14）。

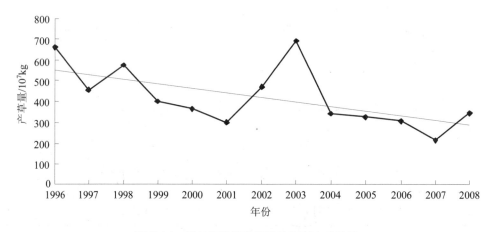

图 7-14 锡林郭勒盟牧草生产量的年度变化

第一阶段（1996—2001 年）：锡林郭勒盟的冷季牧草生产量整体上呈下降趋势。1996—2001 年，锡林郭勒盟冷季牧草总产减少量高达 360.5 万 t，下降了 55.7%，下降速率为 73 万 t/a。

锡林郭勒盟的冷季产草总量在此期间也有一些小的波动，即 1996—1997 年的减少现象以及 1997—1998 年的恢复过程。1996—1997 年，锡林郭勒盟的冷季牧草生产总量由 658.5 万 t 减少至 453.8 万 t，减少量高达 204.7 万 t。1997—1998 年出现明显恢复现象，由原来的 453.8 万 t 增加至 575.2 万 t，增加量为 121.4 万 t。1998 年以后，锡林郭勒盟牧草生产总量保持持续下降态势，并于 2001 年达到该时段的最低值（298.0 万 t）。

1997 年该区总牧草产量出现一个局部低值，原因是当年降水量明显偏低，平均降水量比常年少一到两成，有些地区达三成之多。降水量的减少影响了牧草返青期，使其不能按时返青而导致了总生产量的降低。1998 年的恢复性增长，究其原因是当年降水量偏高，并且在空间上分配均匀，牧草返青早，长势良好。1998 年后锡林郭勒盟牧草生产总量呈下降趋势，这是因为从 1999—2001 年，锡林郭勒盟连续三年旱灾，并且在 2000 年遭受雪灾，2001 年遭遇极端寒冷年份。因此，这一时期的气候变化严重影响到了锡林郭勒盟的天然草场牧草生长情况，使得其牧草不能按时返青，并进一步导致锡林郭勒盟牧草生产总量持续下跌。

第二阶段（2001—2003 年）：锡林郭勒盟冷季牧草生产总量迅猛增长，并恢复到 1996 年和 1998 年的水平。在 2001—2003 年，锡林郭勒盟冷季牧草总产量由 2001 年的 298 万 t 增长至 2003 年的 689.6 万 t，增加总量高达 391.5 万 t，两年共增长了 131%，年均增长速率高达 195 万 t/a。

分析表明，本阶段出现的草原生产力快速恢复过程，究其原因是自然因素和人类活动共同作用的后果，即在 2001 年之后，该区降水量较多且分布均匀，这对于牧草的按时返青、恢复草原生产力极为有利；而且，2000 年之后该区开始的减畜减压等生态政策和措施，对于草原生态的恢复有着很好的促进作用。此外，从 1996 年开始出现的草原牧草生长能力长期衰退，造成了 2001 年是一个局部极低值；因此草原恢复过程一旦出现，表现极为显著。

第三阶段（2003—2008 年）：锡林郭勒盟冷季牧草生产总量除了在 2004 年出现一次暴跌过程外，随后各年（2004—2008）总体上保持稳定，但略有下降趋势，每年下降速率为 10 万 t/a。

2003—2004 年出现降低过程是该区冷季牧草总产量年际变化过程中是最为剧烈的变化过程。仅仅在一年间，其冷季牧草总产量由 689.6 万 t 跌至 340.7 万 t，净减少量高达 348.9 万 t，减少幅度达到 50.6%。在 2004—2008 年，该区产草总量保持稳定，但略有下降趋势，每年下降速率为 10 万 t/a，年均产草量为 307 万 t，标准偏差（STDEV）为 50 万 t。

2003—2004 年锡林郭勒盟冷季牧草总产量的剧烈下降过程是由于在 2004 年的降水

量偏少，出现大规模的干旱从而导致牧草不能按时返青，影响牧草产量。2004 年之后基本保持稳定，但略有下降趋势，是因为在此期间，锡林郭勒盟出现连年干旱现象，春季、夏季降水量普遍偏少导致牧草返青后又枯死并最终导致牧草产量持续降低。

7.3.3 冷季牧草总产量的空间格局和变化

对锡林郭勒盟各旗县的冷季牧草生产总量和生产力（单位草地面积的牧草生产量）进行空间制图（图 7-15）。根据各地区产草总量、草地生产能力、牧草生产的时间变化特点等因子，可以将锡林郭勒盟各牧业旗县划分为东部牧业区、中部牧业区和西部牧业区 3 个大区，各个大区内的草原生态系统产草量具有不同的特点（表 7-11）。

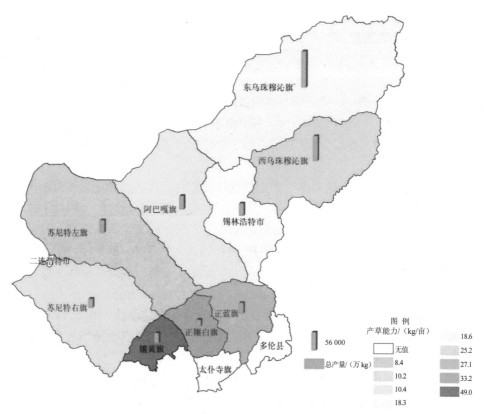

图 7-15 锡林郭勒盟多年平均牧草生产总量与牧草生产能力空间分布图

表 7-11　锡林郭勒盟各旗县牧草生产总量统计特征　　　（单位：万 t）

旗县市	产草总量年均值	标准差	变异系数	丰年平均产草量	常年平均产草量	歉年平均产草量	丰年：平年：歉年	产草力年均值/（kg/亩）
东部牧业区	187.9	74.6	39.7	263.4	170.5	122.7	2.1：1.4：1	20.8
中部牧业区	112.3	43.7	38.9	173.2	110.5	55.7	3.1：2.0：1	15.4
西部牧业区	118.8	46.3	38.9	170.1	110.7	72.3	2.4：1.5：1	13.8

东部牧业区包括东乌珠穆沁旗和西乌珠穆沁旗。总体产草量水平相对较高，年际变异系数最高，但丰歉年的变异幅度相对较小。冷季牧草产量多年平均值为 187.9 万 t，冷季平均产草力为 20.8 kg/亩，年际标准偏差（STDEV）为 74.6 万 t，变异系数（CV）为 39.7%。丰年冷季牧草产量多年平均值为 263.4 万 t，常年牧草产量多年平均值为 170.5 万 t，歉年牧草产量多年平均值为 122.7 万 t，其丰、平、歉年平均产草量的比值为 2.1：1.4：1。其中，东乌珠穆沁旗的冷季牧草总产量最高，可达到 111.2 万 t，其次为西乌珠穆沁旗，平均产草量为 76.6 万 t。从其生产力来看，西乌珠穆沁旗的牧草生产能力较东乌珠穆沁旗较强，为 25.2 kg/亩，东乌珠穆沁旗的产草能力仅为 18.6 kg/亩。

中部牧业区包括阿巴嘎旗、锡林浩特市及正蓝旗。该区产草量水平居中，年际变异系数最小，丰、歉年的变异幅度也相对居中。冷季牧草总产量基本相当，多年平均值为 112.3 万 t，冷季平均产草力为 15.4 kg/亩，年际标准偏差（STDEV）为 43.7 万 t，变异系数（CV）为 38.9%，丰年冷季牧草产量多年平均值为 110.5 万 t。常年牧草产量多年平均值为 110.5 万 t，歉年牧草产量多年平均值仅为 55.7 万 t，其丰、平、歉年平均产草量的比值为 3.1：2.0：1。其中，阿巴嘎旗产草量是中部旗县中最高的，为 41.7 万 t；锡林浩特市的产草量次之，为 38 万 t，正蓝旗的产草量最低，为 32.6 万 t。从其牧草生产力来看，锡林浩特市的产草力是锡林郭勒盟中部旗县中最高的，其值可达到 36.6 kg/亩，正蓝旗的生产力次之，为 27.1 kg/亩，而阿巴嘎旗的产草力则最低，仅为 10.4 kg/亩。

西部牧业区包括苏尼特左旗、镶黄旗、正镶白旗、苏尼特右旗。该区产草量水平相对中部旗县略高，年际变异系数、丰歉年的变异幅度也相当，冷季牧草产量多年平均值为 118.8 万 t，冷季平均产草力为 13.8 kg/亩，年际标准偏差（STDEV）为 46.3 万 t，变异系数（CV）为 38.9%。丰年冷季牧草产量多年平均值为 170.1 t，常年牧草产量多年平均值为 110.7 万 t，歉年牧草产量多年平均值仅为 72.3 万 t，其丰、平、歉年平均产草量的比值为 2.4：1.5：1。具体来说，苏尼特左旗产草量是西部旗县中最高的，为 38.7 万 t，镶黄旗的产草量次之，为 30.8 万 t，接着为正镶白旗，为 28.1 万 t，然后为苏尼特右旗，为 21.2 万 t。从其牧草生产力来看，镶黄旗最高，为 49 kg/亩，这是西部旗县乃至整个锡林郭勒盟牧草生产力最高的旗县。正镶白旗的牧草生产力次之，为 33.2 kg/亩，接着为苏尼特右旗，其牧草生产力为 10.2 kg/亩，苏尼特左旗的牧草生产力最小，仅为 8.4 kg/亩。

在东部牧业区（图 7-16 和表 7-12），具体来说：

东乌珠穆沁旗多年（1996—2008 年）冷季牧草产量多年平均值为 111.2 万 t，是锡林郭勒盟冷季牧草平均产量最高的旗县，但其多年平均牧草生产能力偏低，仅为 18.6 kg/亩，其年际标准偏差为 41.5 万 t，年际变异系数也是最低，仅为 37.3%。丰年冷季牧草产量多年平均值为 161.7 万 t，常年牧草产量多年平均值为 160.9 万 t，歉年牧草产量多年平均值为 74.4 万 t，其丰、平、歉年平均产草量的比值为 2.2：1.4：1。这表明东乌珠穆沁旗草原生态系统是该区最高效、最稳定的。

西乌珠穆沁旗的多年平均冷季牧草产量次之，为 76.6 万 t，为相对东乌珠穆沁旗的产草总量较小，但其多年平均牧草生产能力比东乌珠穆沁旗高，为 25.2 kg/亩。西乌珠穆沁旗的年际标准偏差为 35.1 万 t，年际变异系数较大，为 45.8%。丰年冷季牧草产量多年平均值为 119.9 万 t，常年牧草产量多年平均值为 72.1 万 t，歉年牧草产量多年平均值为 45.6 万 t，其丰、平、歉年平均产草量的比值为 2.6：1.6：1，说明东西乌珠穆沁旗产草量稳定性相较东乌珠穆沁旗较低。

表 7-12　锡林郭勒盟各旗县牧草生产总量统计特征　　　　（单位：万 t）

旗县市	产草总量年均值	标准差	变异系数	丰年平均产草量	常年平均产草量	歉年平均产草量	丰年：平年：歉年	产草力年均值/（kg/亩）
东乌珠穆沁旗	111.2	41.5	37.3	161.7	106.9	74.4	2.2：1.4：1	18.6
西乌珠穆沁旗	76.6	35.1	45.8	119.9	72.1	45.6	2.6：1.6：1	25.2
阿巴嘎旗	41.7	17.7	42.6	63.2	40.6	21.5	2.9：1.9：1	10.4
锡林浩特市	38	18.1	47.7	58.1	35.5	18.8	3.1：1.9：1	18.3
正蓝旗	32.6	12.6	38.7	45.1	30.7	15.1	3.0：2.0：1	27.1
苏尼特左旗	38.7	22.7	58.6	65.6	32.7	22.0	3.0：1.5：1	8.4
苏尼特右旗	28.1	12.3	43.7	41.9	22.3	17.8	2.3：1.3：1	10.2
镶黄旗	30.8	30.8	100.0	87.3	26.8	12.9	6.8：2.1：1	49.0
正镶白旗	21.2	9.4	44.4	33.1	19.1	13.4	2.5：1.4：1	33.2

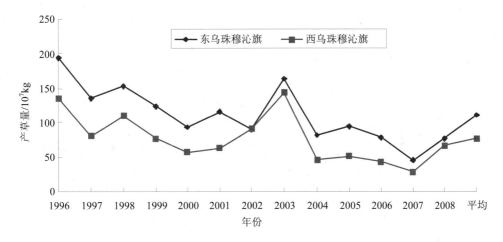

图 7-16　锡林郭勒盟东部旗县冷季牧草总产量年际变化图

在中部牧业区（图 7-17 和表 7-12），具体来说：

阿巴嘎旗多年（1996—2008 年）平均产草量为 41.7 万 t，是中部牧业旗县产草量最多的，但其产草能力则偏低，仅为 10.4 kg/亩，其年际标准偏差为 17.7 万 t，变异系数则为 42.6%，仅次于中部的锡林浩特市。其丰年冷季牧草产量多年平均值为 63.2 万 t，常年牧草产量多年平均值为 40.6 万 t，歉年牧草产量多年平均值仅为 21.5 万 t，其丰年、平年、歉年平均产草量的比值为 2.9：1.9：1。上述指标中除了年际变异系数高于中部旗县的平均水平外，其他指标均表明，阿巴嘎旗是锡林郭勒盟中部旗县中产草量最为稳定的旗县。

锡林浩特市的多年平均冷季牧草产量次之，为 38 万 t，相对于阿巴嘎旗，其产草总量略小，但其多年平均牧草生产能力比阿巴嘎旗高，为 18.3 kg/亩，是中部旗县中产草力最高的旗县。锡林浩特市的年际标准偏差则为 18.1 万 t，变异系数是中部区中的最大值，为 47.7%。丰年冷季牧草产量多年平均值为 58.1 万 t，常年牧草产量多年平均值为 35.5 万 t、歉年牧草产量多年平均值为 18.8 万 t，其丰、平、歉年平均产草量的比值为 3.1：1.9：1，说明锡林浩特市的产草量稳定性相比阿巴嘎旗的略低。

正蓝旗的多年平均冷季牧草产量是中部旗县中最低的，仅为 32.6 万 t，但其多年平均牧草生产能力却是中部旗县中最高的，为 27.1 kg/亩，是中部旗县中产草力第二高的旗县。正蓝旗的年际标准偏差为 12.6 万 t，牧草产量变异系数却在整个中部区域中最小，仅为 38.7%。丰年冷季牧草产量多年平均值为 45.1 万 t，常年牧草产量多年平均值为 30.7 万 t，歉年牧草产量多年平均值为 15.1 万 t，其丰年、平年、歉年平均产草量的比值为 3.0：2.0：1，说明正蓝旗的牧草生产稳定性属于中等水平。

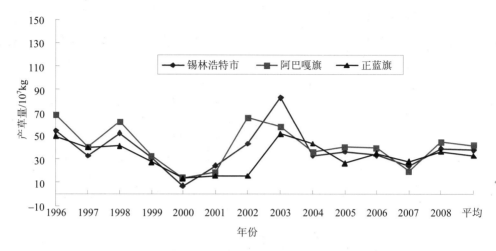

图 7-17 锡林郭勒盟中部旗县冷季牧草总产量年际变化图

在西部牧业区（图 7-18 和表 7-12），具体来说：

苏尼特左旗的多年平均产草量为 38.7 万 t，是锡林郭勒盟西部牧业旗县中冷季牧草产量最高的旗县，但其产草力偏低，仅为 8.4 kg/亩，其年际标准偏差为 22.7 万 t，致使其成为镶黄旗之后西部区域的第二大牧草产量年际波动旗县，其值高达 58.6%。苏尼特左旗的丰年冷季牧草产量多年平均值为 65.5 万 t，常年牧草产量多年平均值为 32.7 万 t，歉年牧草产量多年平均值为 22 万 t，丰年、平年、歉年平均产草量的比值为 3.0∶1.5∶1。说明苏尼特左旗的牧草生产稳定性在西部旗县中属于中等水平。

镶黄旗的多年牧草产量平均值为 30.8 万 t，是西部牧业旗县中拥有第二大产草量的旗县，其产草力则为 49 kg/亩，是西部旗县中产草力最强的旗县，其年际标准偏差为 30.8 万 t，致使其成为锡林郭勒盟的第一大牧草产量年际波动旗县，其值高达 100.2%。镶黄旗的丰年冷季牧草产量多年平均值为 87.3 万 t，常年牧草产量多年平均值为 26.8 万 t，歉年牧草产量多年平均值仅为 12.9 万 t，丰年、平年、歉年平均产草量的比值为 6.8∶2.1∶1，说明镶黄旗的牧草生产稳定性在西部旗县中属于最不稳定的。

苏尼特右旗的多年牧草产量多年平均值为 28.1 万 t，是西部牧业旗县中拥有第三大产草量的旗县，其产草力为 10.2 kg/亩，年际标准偏差为 12.3 万 t，变异系数为 43.7%，是西部旗县中最小的旗县。苏尼特右旗的丰年冷季牧草产量多年平均值为 41.9 万 t，常年牧草产量多年平均值为 22.3 万 t，歉年牧草产量多年平均值仅为 17.8 万 t，丰年、平年、歉年平均产草量的比值为 2.3∶1.3∶1，说明苏尼特右旗的牧草生产稳定性在西部旗县中是最稳定的。

正镶白旗的多年牧草产量多年平均值只有 21.2 万 t，是西部牧业旗县，乃至整个锡林郭勒盟中产草量最小的旗县，但产草力却高达 33.2 kg/亩，是锡林郭勒盟西部旗县，乃至整个锡林郭勒盟的产草力第二大旗县；其年际标准偏差为 9.4 万 t，变异系数为 44.4%。正镶白旗的丰年冷季牧草产量多年平均值为 33.1 万 t，常年牧草产量多年平均值为 19.1 万 t，歉年牧草产量多年平均值仅为 13.4 万 t，丰年、平年、歉年平均产草量的比值为 2.5∶1.4∶1，说明正镶白旗的牧草生产稳定性在西部旗县中属于中等水平。

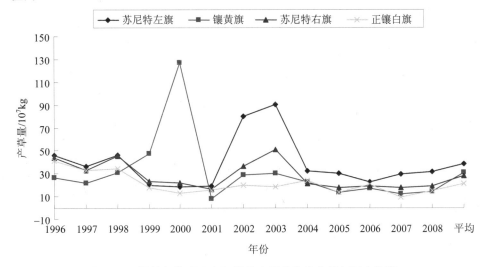

图 7-18　锡林郭勒盟西南部旗县冷季牧草总产量年际变化图

7.4　草地生态系统牧草供给功能小结

通过对内蒙古草原勘测设计研究所公报数据的分析表明：

（1）1996—2008 年，锡林郭勒盟冷季天然草场牧草产量多年平均值为 214 万 t，但产量相当不稳定。其年际标准偏差（STDEV）为 109 万 t，变异系数（CV）为 34.6%，最高产量是最低产量的 3.5 倍。在时间上，天然草场牧草生产总量的时间序列变化过程大致可以分为三个阶段，即 1996—2001 年的持续下降过程，2001—2003 年快速提升、恢复过程以及 2003—2008 年大幅下降后、保持稳定的过程；在空间上，由于旗县面积的控制缘故，天然产草量从高到低的排序为：东部牧业区＞西部牧业区＞南部牧业区；由于温度、降水等因素控制，单位草地面积上的天然产草量排序为：南部牧业区＞东部牧业区＞西部牧业区。

（2）1996—2008 年，锡林郭勒盟冷季人工、半人工草场牧草产量多年平均值为

104.7 万 t，年际标准偏差（STDEV）为 74.2 万 t，变异系数（CV）为 70.9%。人工、半人工草场牧草生产量的时间序列变化过程大致可以分为三个阶段，即 1996—1999 年的持续下降过程、1999—2003 年的轻微上升过程以及 2003—2008 年的持续轻微下降过程。在空间上，由于受到区域农牧民生产力水平因素以及畜牧业需求控制，锡林郭勒盟多年以来人工、半人工草场上的产草总量排序为：东部牧业区＞南部牧业区＞西部牧业区。鉴于冷季人工、半人工草场牧草产量总体上呈现剧烈下降，而后平稳走低趋势，我们推测：在 1998 年前后，草原主管部门对于冷季人工、半人工草场牧草的定义可能发生了重大变化。

（3）1996—2008 年，锡林郭勒盟冷季牧草产量多年平均值为 419 万 t，年际标准偏差（STDEV）为 145 万 t，变异系数（CV）为 34.5%。产草量最大年份出现在 2003 年，为 690 万 t；产草量最低年份出现在 2007 年，为 215 万 t。锡林郭勒盟牧草生产总量的时间序列变化过程大致可以分为三个阶段，即 1996—2001 年的持续下降过程，2001—2003 年快速提升、恢复过程以及 2003—2008 年大幅下降后、保持稳定的过程。在空间上，产草总量从高到低的排序为：东部牧业区＞南部牧业区＞西部牧业区；但是，就单位草地面积产草总量而言，排序为：南部牧业区＞东部牧业区＞西部牧业区。

第 8 章　生态系统变化驱动机制分析

生态系统变化驱动机制分析是从根本上把握生态系统变化规律，进而利用这些规律对生态系统进行必要调控的基本依据。生态系统变化的驱动机制分析中，首先要把握驱动因子，理解驱动因子的数量、性质、内容、影响力等。一般来说，驱动因子包括自然条件、气候变化、经济发展、社会环境和人口变化等方面的因素。这些驱动因子从总体上可以划分为自然因素和社会经济因素两个层面。在较短时间尺度上，自然因素的影响主要体现为累积性效应，而社会经济因素对生态系统时空过程的影响相对活跃且易于探测。

8.1　锡林郭勒盟气候变化分析

在确定区域生态系统空间分布的基本格局和驱动区域生态系统变化的全部驱动力中，区域气候及其变化是最重要的因子。在锡林郭勒盟，区域气候作用于内蒙古高平原特定的地形、地貌、土壤和植被环境，在长时间尺度上决定了该区的生态系统演化方向和速度；同时，区域气候也在很大程度上影响了该区人类活动的形式和活动强度，由此在短时间尺度上对区域生态系统格局及其变化施加影响。

8.1.1　数据、方法和指标

研究选取中国气象局提供的 1958—2007 年 51 年来锡林郭勒盟及周边地区 40 个气象站点的每日观测数据集。各个站点都是位于锡林郭勒盟周边 250 km 缓冲区内的气象观测基准站点。在上述 40 个站点中，有 9 个位于锡林郭勒盟境内，另有 17 个位于内蒙古自治区其他盟市，8 个位于河北省境内、2 个位于北京境内、2 个位于山西省境内、1 个位于吉林省境内、1 个位于辽宁省境内。

尽管该研究是以锡林郭勒盟为研究区，但所采用的气象要素数据集在地域范围上则超过了锡林郭勒盟的行政区划。这主要是考虑到在研究各气象要素空间分布格局及其变化规律时，需要对相应要素进行空间插值。为了避免插值函数在边沿区因缺乏必要的控制数据而采用外推方法。由此造成这些边沿地区插值精度大幅下降的情形，有必要构建一定的缓冲区并提供相应的实测数据，从而使得整个研究区的插值精度基本大致相同。

　　根据中国气象局提供的原始数据，首先要对数据进行必要的预处理，主要是针对缺测数据进行插补操作。对于缺测数据（原代码为 32766），采用前后两天同一时段数据进行插值；对于记录所得的微量数据（原代码为 32700），则简单地以数值 0 替换。在经过以上预处理后，利用统计软件计算各气象要素的年均值和季节均值。其中，对于季节的划分，是按照以下区段进行划分：春季（MAM：March-April-May）：3—5 月，夏季（JJA：June-July-August）：6—8 月，秋季（SON：September-October-November）：9—11 月，冬季（DJF：December-January-February）：12—翌年 2 月。

　　在此基础上，提取锡林郭勒盟境内的 9 个站点数据，对这些站点展开时间序列研究，分析其均值、变异系数，同时对其年均值和季节均值开展线性回归，分析它们的年际变化规律。在开展常规的时间序列统计分析的同时，我们利用全部 40 个站点数据，基于克立金插值方法进行空间插值，并利用锡林郭勒盟的行政边界对插值后的数据集进行剪切，由此形成研究区各气象要素的空间数据集。基于这些研究区空间数据集，绘制相应的等值线，对等值线的移动过程、等值区的面积变化过程进行目视判读和空间统计分析。

　　根据锡林郭勒盟生态环境特点，尤其是该地区土壤风蚀严重的特点，我们主要分析了温度、降水和风速 3 个常规气象观测指标。然而，仅仅依靠上述观测参数并不能彻底掌握该地区的干湿变化，为此，我们依据温度和降水等观测数据，计算并分析了潜在蒸散率的变化。

　　潜在蒸散率（PER）是潜在蒸散量（PE）与年降水量（P）的比值，即

$$PER = PE/P$$

PER 越高，表明越干燥；反之，则越湿润。潜在蒸散量是温度的函数，即

$$PE = 58.93 \times ABT$$

式中：ABT（Annual Bio-Temperature）——指年生物温度均值，℃；而生物温度则是指植物可以进行营养生长的温度，其范围一般为 0～30℃；超过 30℃的平均温度按 30℃计算，低于 0℃的均按 0℃计算。因此，ABT 可以进一步写为：

$$ABT = \frac{1}{365}\sum_{i=1}^{365} t_i$$

式中：t_i ——日均温度（0℃ ≤ t_i ≤ 30℃，i=1，…，365）。

8.1.2 气候变化年际分析

锡林郭勒盟 1958 年以来年均气温时间序列变化如图 8-1 所示。锡林郭勒盟年均气温最低值出现在 1969 年，为 0.82℃；年均温度最高值出现在 2007，为 4.61℃。由图可见，锡林郭勒盟的温度变化过程大致可以分成两个阶段：1988 年之前，锡林郭勒盟气温总体保持稳定，这一时段的年均温度为 2.05℃，线性回归后的回归系数仅为 0.007，年际变异系数为 27.4%；1988 年之后，年均气温呈增长趋势，这一时段年均温度为 3.39℃，线性回归后的回归系数为 0.297，年际变异系数为 19.8%。20 世纪 60 年代、70 年代、80 年代、90 年代以及 21 世纪初，年均气温分别为 1.94℃、2.13℃、2.23℃、3.14℃ 和 3.69℃；从 20 世纪 80—90 年代年均气温增幅最大，10 年平均值增加了 0.91℃。

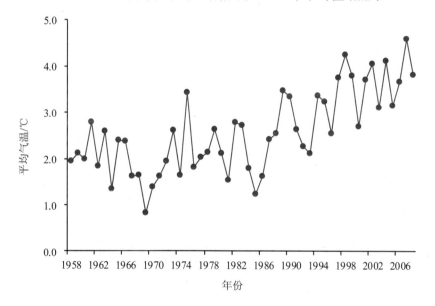

图 8-1 1958—2008 年锡林郭勒盟的年均温度

锡林郭勒盟自 1958 年以来年降水总量的时间序列变化如图 8-2 所示。锡林郭勒盟年降水总量最低值出现在 1980 年，当年降水总量为 163.1 mm；年降水量最大值出现在 1959 年，当年降水总量为 414.5 mm。从年降水量的时间序列分析上看，锡林郭勒盟年降水量没有明显变化，具体表现为：1958—2008 年，年均降水量为 250.5 mm，年变异系数为 20.83%；对上述年际降水量数据进行线性回归后，回归系数约等于 0。20 世纪 60 年代、70 年代、80 年代、90 年代以及 21 世纪初，年降水总量分别为 243 mm、261 mm、234 mm、278 mm、214 mm。

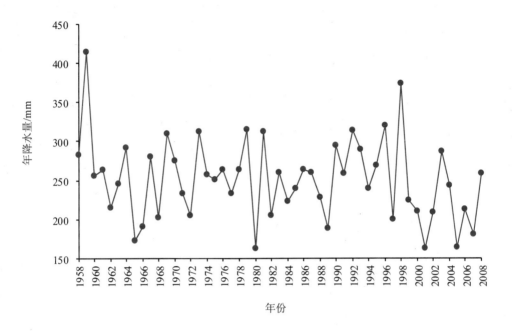

图 8-2　1958—2008 年锡林郭勒盟的年降水总量

　　锡林郭勒盟自 1958 年以来年平均风速的时间序列变化如图 8-3 所示。年均风速最大值出现在 1958 年，为 4.40 m/s，年均风速最小值出现在 2003 年，为 3.20 m/s。年均风速变化大致可以分成两个阶段：1980 年之前，锡林郭勒盟风速总体保持稳定，这一时段的年均风速为 4.11 m/s，线性回归分析后的回归系数仅为 0.09，年均风速的年际变异系数仅为 3.88%；1980 年之后，年均风速呈减小态势，这一时段的年均风速为 3.59 m/s，线性回归分析后的回归系数为 −0.64，年均风速的年际变异系数仅为 5.19%。20 世纪 60 年代、70 年代、80 年代、90 年代以及 21 世纪初的每十年平均风速分别为 4.10 m/s、4.09 m/s、3.76 m/s、3.57 m/s、3.40 m/s。

　　锡林郭勒盟自 1958 年以来年潜在蒸散率（Potential Evapotranspiration Ratio，PER）的时间序列变化如图 8-4 所示。年 PER 最大值出现在 2001 年为 3.28；年 PER 最小值出现在 1959 年，为 1.06。年 PER 变化大致可以分成两个阶段：在 1998 年之前，锡林郭勒盟 PER 总体保持稳定，这一时段的 PER 为 1.84，变化较为不规律，没有明显的线性关系；1998 年之后，PER 呈现出增长的态势，这一时段的 PER 为 2.46，比 1998 年前的平均值增加了 0.62。20 世纪 60 年代、70 年代、80 年代、90 年代以及 21 世纪初的每 10 年平均 PER 分别为 1.94、1.76、2.04、1.77、2.49。

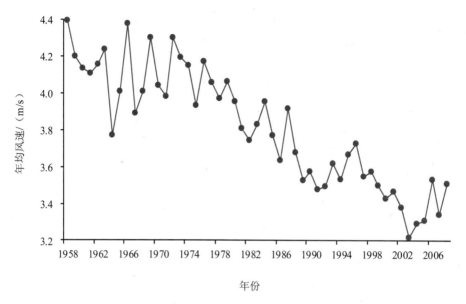

图 8-3　1958—2008 年锡林郭勒盟的平均风速

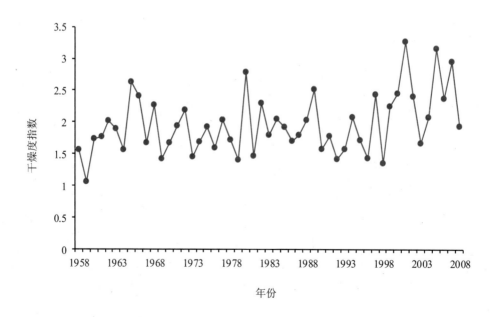

图 8-4　1958—2008 年锡林郭勒盟 PER 指数

8.1.3 区域气候季节分析

自 1958 年以来，锡林郭勒盟季节平均气温都呈增加趋势（图 8-5），且以冬季气温增加趋势最为明显，增幅为 0.48℃/10 a；秋季增温幅度次之，增幅为 0.43℃/10 a；然后是春天，增加幅度为 0.40℃/10 a；夏季增温最缓，增幅为 0.38℃/10 a。近 51 年来春季平均气温为 4.04℃，春季最高温度出现在 1998 年，为 7.00℃，最低出现在 1970 年，为 1.36℃；夏季平均温度为 19.63℃，最高出现在 2000 年的 22.03℃，最低则为 1959 年的 17.96℃；秋季平均气温为 2.88，最高出现在 2006 年的 4.88℃，最低则为 1981 年的 -0.10℃；冬季平均气温为 -16.53℃，最高出现在 2001 年的 -12.25℃，最低则为 1967 年的 -22.87℃。

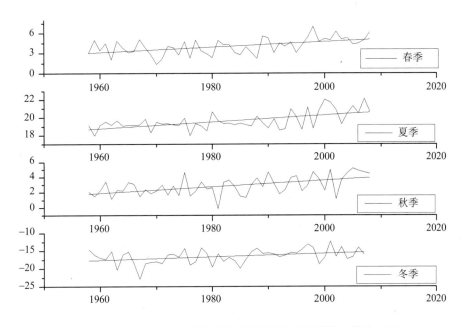

图 8-5　1958—2008 年锡林郭勒盟季节平均气温变化（单位：℃）

自 1958 年以来，锡林郭勒盟季节降水总量分析表明（图 8-6），该区降水主要集中在夏季（JJA），降水在各个季节都有轻微的下降趋势，但下降趋势并不明显；此外，锡林郭勒盟夏季降水量在 20 世纪 90 年代出现了一次较为明显的增加。

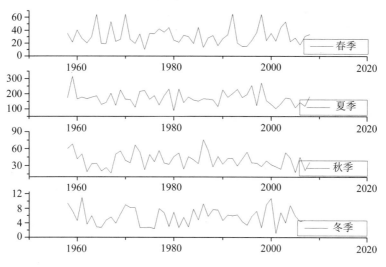

图 8-6　1958—2008 年锡林郭勒盟各季节降水变化（单位：mm）

　　自 1958 年以来，锡林郭勒盟的各季节平均风速分析表明（图 8-7），春季平均风速最大，其他各个季节平均风速相差不大；各个季节的平均风速都呈下降趋势，其中春季和冬季风速下降较为明显，下降速率分别为 0.23 m/s/10 a、0.22 m/s/10 a，夏季和秋季风速的下降速率为 0.15 m/s/10 a、0.16 m/s/10 a。

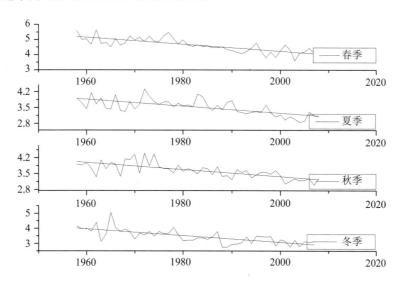

图 8-7　1958—2008 年锡林郭勒盟各季平均风速变化（单位：m/s）

自 1958 年以来,锡林郭勒盟各季 PRE 分析表明(图 8-8),春、夏、秋、冬季的平均值分别为 13.89、7.20、9.65 和 0.10。由于冬季平均气温基本小于 0℃,由此计算得到的冬季 PER 并不适用于同其他各季节 PER 做横向比较。就春夏秋三季来看,春季 PER 数值最大,秋季次之,夏季最小。可知,该区干燥程度依次为:春季>秋季>夏季;从各个季节长时间的 PER 的变化趋势来看,各个季节的 PER 值都呈增加趋势。增幅最大的为秋季,增幅为 0.75/10 a;其次是春季,增幅为 0.47/10 a;秋季的 PER 增幅为 0.39/10 a;冬季 PER 增幅为 0.015/10 a。

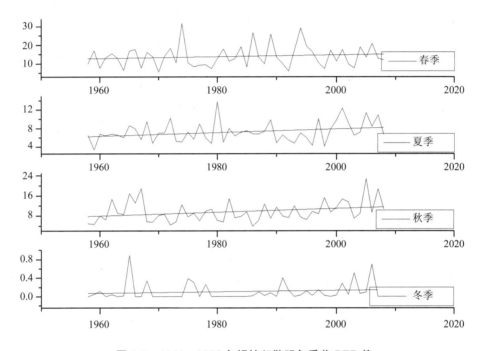

图 8-8　1958—2008 年锡林郭勒盟各季节 PER 值

8.1.4　区域气象要素空间分布格局

从 20 世纪 60 年代到 21 世纪,锡林郭勒盟气温分布的空间格局没有重大变化(图 8-9),其基本格局是:从南向北、从西向东,气温总体上是逐渐降低的。区域气温的高值区域是在苏尼特右旗的西部地区,这一地区的年均温度通常在 3.5℃以上;区域气温的低值区域是在东乌珠穆沁旗的北部地区,这一地区的年均温度通常在 0.5℃以下。

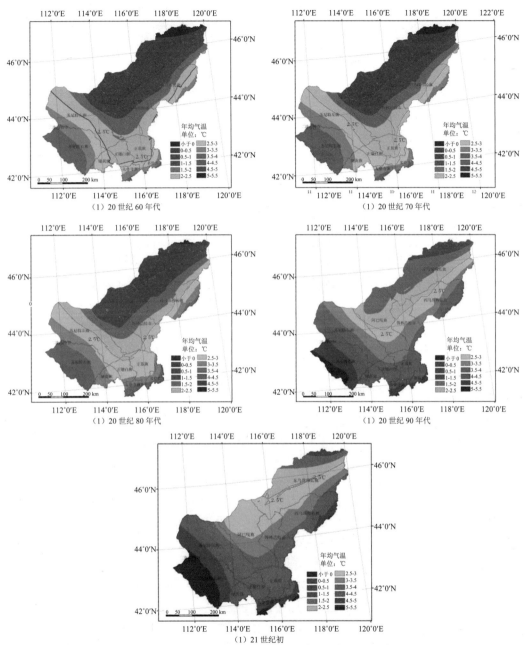

图 8-9　1960—2008 年锡林郭勒盟每 10 年气温分布图

　　对各年代气温空间分布的研究可以发现，从 20 世纪 60 年代到 21 世纪，锡林郭勒盟气温高值区是在逐步扩张的。以该地区重要的 2.5℃等值线为例，在 20 世纪 60 年代，该等值线从南部位于苏尼特左旗中部（达日罕乌拉苏木、巴彦宝力道苏木）—镶黄旗东部（巴彦塔拉苏木）—正镶白旗南部（星耀乡）—正蓝旗的南部（卓伦高勒苏木、上都音高勒苏木）—东部边界（杭哈拉苏木）延伸到西乌珠穆沁旗东部（阿拉坦高勒苏木、宝日格斯台苏木）。从 20 世纪 60 年代开始，该等值线不断北移，到 20 世纪 90 年代已经完全移出正镶白旗和正蓝旗；至 21 世纪，该等值线已经全部退到东乌珠穆沁旗中部（呼布钦高毕苏木、宝拉格苏木、特卓尔苏木）。总体上看，20 世纪 60 年代的 2.5℃等值线区域与 21 世纪初的 4℃等值线基本吻合，温度上升了大约 1.5℃；年均气温大于 2.5℃的区域面积由 20 世纪 60 年代的 5.8 万 km^2 扩展到 21 世纪的 17.7 万 km^2，面积扩大了 3 倍。与此相应，年均气温小于 1.0℃的区域面积在 20 世纪 60 年代为 5.0 万 km^2，到 21 世纪年均气温小于 1.0℃的区域已经消失。

从 20 世纪 60 年代到 21 世纪，锡林郭勒盟年降水量的空间格局没有发生重大变化（图 8-10）。其基本格局是：从南向北、从西到东，年降水量总体上是逐渐减少的。降水量的低值区域是在苏尼特右旗、苏尼特左旗、二连浩特等西部和北部地区，这一地区的年降水总量通常在 200 mm 以下；而年降水总量的高值区域是在东乌珠穆沁旗、西乌珠穆沁旗以及多伦县等东部地区，这一地区的年降水总量通常在 350 mm 以上。

对各年代年降水总量的空间分布探索可以发现：从 20 世纪 60 年代到 21 世纪，锡林郭勒盟年降水总量呈现以 10 年为一个周期的波动。以该地区降水量小于 150 mm 的区域为例，该区域在 20 世纪 60 年代、80 年代以及 21 世纪初出现，而 20 世纪 70 年代、90 年代则基本没有出现。总体来看，降雨量没有明显的增加或减少的趋势；但在 20 世纪 90 年代降雨量最为丰沛，在这一时期，水量大于 400 mm 的区域面积达到 2.4 万 km^2，占全盟面积的 12%。

从 20 世纪 60 年代到 21 世纪，锡林郭勒盟年均风速分布的空间格局没有发生重大变化（图 8-11）。其基本格局是：从南向北、从西向东，年均风速总体上是逐渐降低的。年均风速的高值区是在苏尼特右旗的西部地区，年均风速通常在 4.5 m/s 以上；年均风速的低值区在东乌珠穆沁旗的东北部地区，这一地区的年均风速通常在 3 m/s 以下。

对各年代年均风速空间分布的探索可以发现，从 20 世纪 60 年代到 21 世纪，锡林郭勒盟年均风速是在逐步减小的。以该地区重要的 3.5 m/s 等值线为例，在 20 世纪 60 年代，该等值线位于东乌珠穆沁旗的中东部（额仁高毕苏木、翁根苏木）—西乌珠穆沁旗的东侧（巴彦花苏木）—正蓝旗东部（乌日图塔拉苏木、乌苏图查干苏木、上都音高勒苏木）。从 20 世纪 60 年代开始，该等值线北部不断向西移动，该等值线南部不断向南、向西移动，至 21 世纪，该等值线已经移动到二连浩特市北部—苏尼特左旗东北部（巴彦乌拉苏木、白日乌拉苏木）—正镶白旗西北部（阿拉坦嘎达苏木）—镶黄旗东南部（那仁乌拉苏木、新宝拉格苏木）。从年均风速变化的面积来看，年均风速小于 3.5 m/s 的区域面积由 20 世纪 60 年代的 3.2 万 km^2

扩展到 21 世纪的 15.1 万 km²，面积扩大了接近 4 倍。与此相应，年均风速大于 4 m/s 的区域面积由 20 世纪 60 年代的 7.3 万 km² 减小到 21 世纪的 1.2 万 km²，面积减少了大约 5/6。

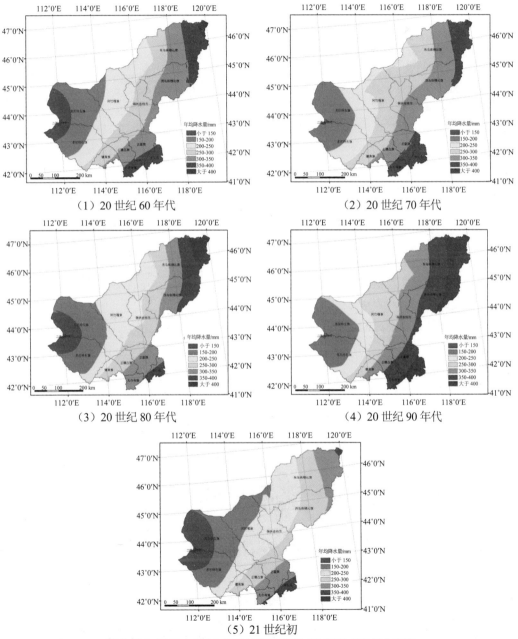

（1）20 世纪 60 年代 　　　　　（2）20 世纪 70 年代

（3）20 世纪 80 年代 　　　　　（4）20 世纪 90 年代

（5）21 世纪初

图 8-10　1960—2008 年锡林郭勒盟每 10 年降水空间分布图

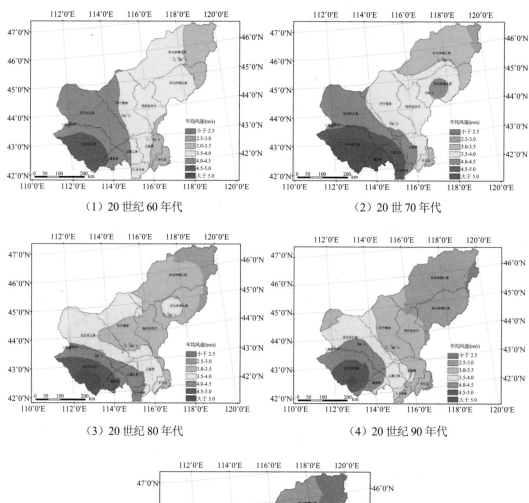

（1）20世纪60年代　　　　　　　　　（2）20世70年代

（3）20世纪80年代　　　　　　　　　（4）20世纪90年代

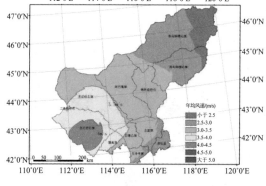

（5）21世纪初

图 8-11　1960—2008 年锡林郭勒盟每 10 年年均风速空间分布图

从 20 世纪 60 年代到 21 世纪，锡林郭勒盟 PER 的空间格局没有发生重大变化，其基本格局，如图 8-12 所示：从西到东，从南到北，PER 总体上是逐渐变小的。年 PER 的高值区域在苏尼特右旗、苏尼特左旗、二连浩特等西部地区，PER 通常在 2.5 以上；而区域 PER 的低值区域是在东乌珠穆沁旗东北部、西乌珠穆沁旗中部以及多伦县等东部地区，PER 通常在 1.5 以下。

对各年代 PER 的空间分布研究可以发现：从 20 世纪 60 年代到 21 世纪，锡林郭勒盟 PER 呈现出波动式上升的趋势。以该地区 PER 大于 2.5 的区域为例，该区域在 20 世纪 60 年代、80 年代以及 21 世纪初面积分别为 2.9 万 km²、4.4 万 km²、6.4 万 km²，呈现明显的上升趋势，而 20 世纪 70 年代、90 年代也呈上升趋势，并且该区域的面积分别为 1.4 万 km²、2.4 万 km²，也呈现出上升趋势。总体来看，PER 在 2000 年之前变化相对较小，在 2000 年之后，干燥程度明显增加。

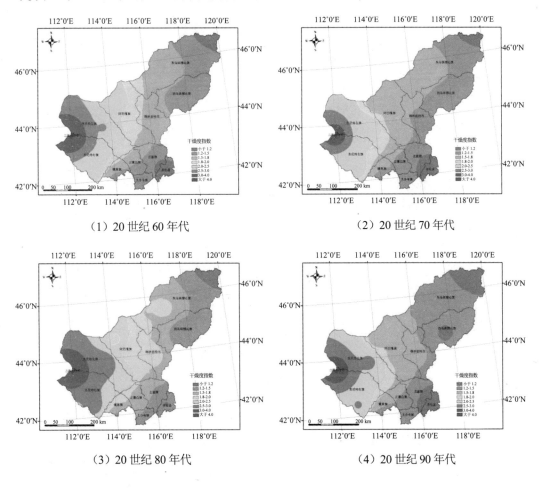

（1）20 世纪 60 年代　　　　　　　　　（2）20 世纪 70 年代

（3）20 世纪 80 年代　　　　　　　　　（4）20 世纪 90 年代

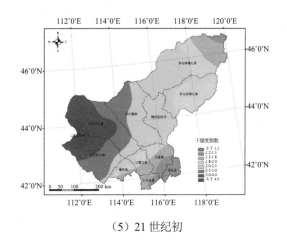

（5）21 世纪初

图 8-12　1960—2008 年锡林郭勒盟每 10 年 PER 空间分布图

8.1.5　区域气候变化的时空特征

从 20 世纪 60 年代到 21 世纪，锡林郭勒盟年均温度是不断上升的，年均气温增加幅度为 0.32～0.43℃/10 a。从区域上看（图 8-13）：从南到北，从东向西，温度增加的幅度是逐渐增大。快速增温的区域位于锡林郭勒盟西部和西北部，包括二连浩特市、苏尼特左旗北部、阿巴嘎旗北部、东乌珠穆沁旗西北部地区，增温速率一般在 0.405℃/10 a 以上；增温速度较慢的区域主要是锡林郭勒盟东部、南部的区域，包括西乌珠穆沁旗大部分地区、锡林浩特市东部、正蓝旗大部分地区、多伦县以及太仆寺旗东南部，其增温速率在 0.32～0.39℃/10 a。

从 20 世纪 60 年代到 21 世纪，从时间序列统计上看，锡林郭勒盟降水量变化不明显，仅有微弱的下降趋势。从区域上看（图 8-14），年降水量较多的地区同时也是年降水量减少速率最大的地区，这些地区主要是锡林郭勒盟东部和南部，包括东乌珠穆沁旗东部、西乌珠穆沁旗东北部、正镶白旗南部、太仆寺旗和多伦县；这些地区年降水量减少速率为 8.35～20.02 mm/10 a；除此之外，降雨量相对较少的地区，其年降水量减少速率也相应较小，这些地区主要位于锡林郭勒盟西部和西北部地区，包括苏尼特左旗和苏尼特右旗地区，年降水量减少速率为 2.49～6.45 mm/10 a。

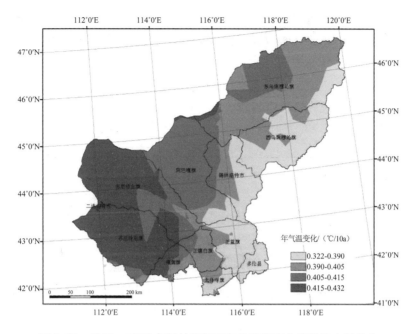

图 8-13 1958—2008 年锡林郭勒盟年均温度变化趋势的空间分布

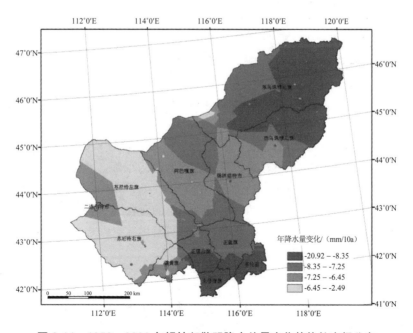

图 8-14 1958—2008 年锡林郭勒盟降水总量变化趋势的空间分布

从 20 世纪 60 年代到 21 世纪，锡林郭勒盟年平均风速总体上是下降的，每 10 年风速下降的幅度为 0.14～0.29 m/s。从区域上看（图 8-15），风速较快下降的两个地区是包括苏尼特右旗中南部、镶黄旗、太仆寺旗西部在内的锡林郭勒盟西南部地区和以东乌珠穆沁旗中北部为核心的锡林郭勒盟东部地区，这两个地区的每 10 年风速下降速率一般在 0.23～0.29 m/s。而东乌珠穆沁旗东北部、阿巴嘎旗东南部、锡林浩特市、正蓝旗以及多伦县等地区，风速下降的速率则相对较缓，每 10 年一般在 0.19 m/s 以下。

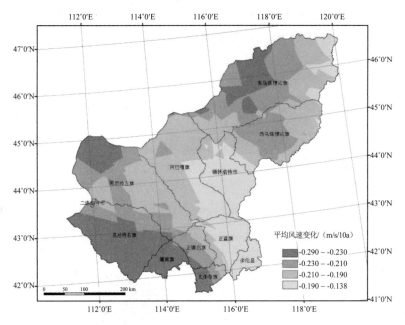

图 8-15　1958—2008 年锡林郭勒盟平均风速变化趋势的空间分布

从 1958—2008 年锡林郭勒盟地区 PER 的变化来看（图 8-16），PER 在总体上呈上升趋势，其中东乌珠穆沁旗的东北部、西乌珠穆沁旗的东部、多伦县、正蓝旗以及太仆寺旗等地区 PER 的变化速率相对较小，每 10 年一般小于 0.10，而苏尼特左旗、苏尼特右旗以及二连浩特市等锡林郭勒盟西部地区 PER 的变化速率较大，每 10 年一般大于 0.20。与 PER 值的空间分布对比可以看出，相对湿润地区，PER 的变化增速则较小；而相对干燥地区，PER 的变化增速则较大。

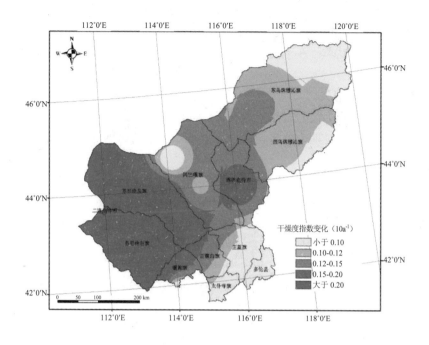

图 8-16　1958—2008 年锡林郭勒盟 PER 变化趋势的空间分布

8.1.6　区域气候格局及变化小结

本节利用中国气象局提供的 40 个站点的 1958—2008 年长时间序列气象观测数据对锡林郭勒盟的气温、降水、风速等指标进行分析，并进一步计算了潜在蒸散率，以分析该区的干湿程度的变化。分析表明：

（1）锡林郭勒盟的年均温度、年降水、年均风速、年 PER 在空间上呈现规律变化。自西向东，自南向北，年均温度是逐渐升高的；锡林郭勒盟多年年均温度为 2.58℃；自东向西、自南向北，年降水量是逐渐降低的；锡林郭勒盟年降水总量多年平均值为 250.5 mm；自东向西、自南向北，年均风速是升高的；锡林郭勒盟多年年均风速为 3.81 m/s；自东向西、自南向北，潜在蒸散率（PER）是升高的，锡林郭勒盟多年平均的 PER 为 1.96。

上述指标的空间分布直接说明了锡林郭勒盟气候主要受东亚季风、蒙古高原温带大陆性气候影响的特点，同时也指明了锡林郭勒盟的气候变化梯度为东南-西北方向，由此决定的气候生物分区将主要会是东北-西南方向的条带状。

（2）1958—2008 年，锡林郭勒盟气候呈现暖干化趋势，风速呈减小趋势；由于多年来该区降水量的变化并不显著，因此暖干化过程的决定因子主要来自于气温的不断升高。气温呈上升趋势，每 10 年气温增幅为 0.32～0.43℃；季节性气温上升幅度依次为：冬季＞秋季＞春季＞夏季；在空间上，从东向西、从南到北，温度增加幅度逐渐加大；与 1950 年相比，21 世纪初，年均气温大于 2.5℃的区域面积扩大了 3 倍，年均气温小于 1.0℃的区域已经彻底消失。

年降雨总量在时间上没有发生明显变化；但在 20 世纪 90 年代出现了一次降雨量相对丰沛的时期，在这一时期，降水量大于 400 mm 的区域达到 2.4 万 km²，占全盟国土面积的 12%。

风速呈下降趋势，每 10 年减小幅度在 0.14～0.29 m/s；季节性的风速下降幅度依次为：春季＞冬季＞秋季＞夏季；在空间上，从东向西、从南到北，风速下降幅度逐渐加大；与 1950 年相比，21 世纪初，年均风速小于 3.5 m/s 的区域面积扩大了近 4 倍；年均风速大于 4 m/s 的区域面积减少了大约 83%。

年 PER 呈增加趋势，每 10 年 PER 增加幅度为 0.12；季节性 PER 的增长强度表现为：秋季＞春季＞夏季＞冬季；在空间上，从东向西、从南到北，PER 增加幅度逐渐加大；PER 总体曾现出以 10 年为周期的波动式上升趋势。PER 在 2000 年之前变化相对较小，在 2000 年之后，干燥程度明显增加。

8.2 锡林郭勒盟草食畜牧业变化分析

长时间以来，草原畜牧业一直是锡林郭勒盟的主要产业。然而，无限制的牲畜数量以及不合理的畜牧生产方式，都会引起草地生态系统载畜压力过高，草地生态系统因此发生退化。所以，分析草地畜牧业生产对草地生态系统退化的驱动过程和影响程度，有助于了解和掌握草地生态系统变化的动因和趋势，从而制定有效的恢复治理对策。

8.2.1 草食畜牧业基本特征

根据内蒙古草原勘测设计研究所发布的内蒙古 33 个纯牧业区的历年年中牲畜总头只数、出栏率等数据，1996—2008 年锡林郭勒盟冷季畜牧总头只数的多年平均值为 1 840.5 万羊单位，年际标准偏差（STDEV）为 294.1 万羊单位，变异系数（CV）为 16.0%。畜牧总头只数最大年份出现在 1999 年，为 2 278.3 万羊单位；最低畜牧总头只数出现在 2008 年，为 1 457.5 万羊单位。

1996—2008 年锡林郭勒盟冷季畜牧存栏量的多年平均值为 1 077 万羊单位，年际标准偏差（STDEV）为 258 万羊单位，变异系数（CV）为 24.0%。畜牧存栏量最大年份出现在 1999 年，为 1 435.6 万羊单位；最低畜牧存栏量出现在 2008 年，为 776.9 万羊单位。

1996—2008 年锡林郭勒盟冷季畜牧出栏率的多年平均值为 42.0%，年际标准偏差（STDEV）为 6.1%，变异系数（CV）为 14.5%。畜牧出栏率最大年份出现在 2007 年，为 50.5%；最低畜牧出栏率出现在 1996 年，为 31.5%。具体可见表 8-1。

表 8-1　1996—2008 年锡林郭勒盟载畜量　　　　　　　　　　（万羊单位）

年份	暖季存栏量 （6 月份）	冷季存栏量 （年末）	出栏率/%
1996	1 985.4	1 359.5	31.5
1997	2 122.7	1 389.5	34.5
1998	2 053	1 317.1	35.8
1999	2 278.3	1 435.6	37
2000	2 260.1	1 367.3	39.5
2001	1 820.8	1 059.8	41.8
2002	1 625.9	966.6	40.5
2003	1 507.4	831.9	44.8
2004	1 507.4	792.1	47.5
2005	1 707.7	881.2	48.4
2006	1 589.5	824.4	48.1
2007	2 010.7	995.4	50.5
2008	1 457.5	776.9	46.7
多年平均值	1 840.5	1 076.7	42.0
年际标准偏差（STDEV）	294.1	258.3	6.1
变异系数（CV）/%	16.0	24.0	14.5

8.2.2　草食畜牧业年际变化

自 1996 年以来，锡林郭勒盟畜牧生产可以分为 3 个阶段（图 8-17）。其总的趋势是：牲畜出栏率呈现缓慢上升趋势；暖季存栏量和冷季存栏量则在 1996—1999 年平稳上升；在 1999—2004 年为快速下降；2004—2008 年为恢复性上升。具体过程如下：

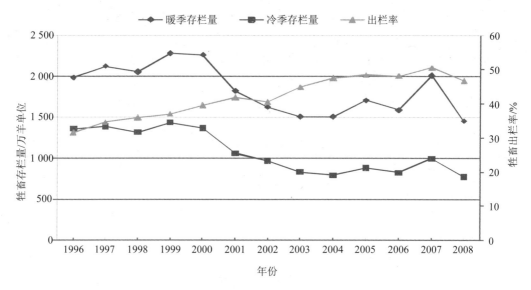

图 8-17　锡林郭勒盟草食家畜发展历程

第一阶段，1996—1999 年，为平稳上升过程：锡林郭勒盟的平均草食家畜饲养量在 2 000 万羊单位的水平，总体上呈上升趋势。期间并无大幅度变化，由 1996 年的 1 985.4 万羊单位上升至 1999 年的 2 278.3 万羊单位，净增长量为 293 万羊单位，增长幅度为 14.8%。

分析其原因，这是改革开放以来，锡林郭勒盟的牧业经济得到了极大程度的发展，其草食家畜饲养量较 20 世纪 70 年代大大幅增长，这为锡林郭勒盟草食家畜饲养量的增加提供了基础，因此到了 90 年代中后期时，其多年平均饲养总量的水平达到了 2 000 万羊单位，是锡林郭勒盟草食家畜饲养量历史上的最高值。同时，1996—1999 年，并没发生灾害性气候变化，草场产草量虽然呈下降趋势，却没有出现剧烈的波动，因此对家畜饲养量的影响并不明显。尽管锡林郭勒盟的家畜饲养规模不断攀升，但由于当时的生产水平有限使得牲畜出栏率保持在 35% 的水平。由于在锡林郭勒盟的牧草总生产量保持持续下降趋势的同时，其草食家畜饲养量却在不断攀升，导致锡林郭勒盟草原出现严重退化，这与遥感研究而得的草地退化情况完全吻合，因此可认为锡林郭勒盟草地退化与其家畜饲养量的规模有必然的联系。

第二阶段，1999—2004 年，持续下降过程：锡林郭勒盟的平均草食家畜饲养量在 1 800 万羊单位的水平，总体上呈下降趋势。在此时段，锡林郭勒盟的草食家畜饲养量并没有出现大的波动，持续保持下降趋势，由 1999 年的 2 278.3 万羊单位下降至 2004 年的 1 507.4 万羊单位，净减少量为 771.0 万羊单位，下降幅度高达 33.8%，是整个 1996—2008 年变化最为剧烈的阶段。

1999—2001 年锡林郭勒盟草食家畜饲养量的急剧下降主要原因是天灾。这一时期，该区连续三年干旱受灾，并且在 2000 年遭受雪灾、2001 年遭遇极端寒冷天气，上述灾害性气候直接影响到了牧草生产量，导致大量的牲畜冻死、饿死。2001 年之后家畜饲养量的下降则多为政策原因，即：首都北京以及整个华北在经历了 2001 年的特大沙尘暴灾害后，中央政府和地方各级政府鉴于该区生态环境急剧恶化、草地退化的现状，迅速在环北京的河北省、内蒙古自治区（主要是锡林郭勒盟南部地区）、山西省等地区开展了京津风沙源治理工程，主要措施就是退耕还林还草；与此同时，内蒙古自治区政府也在锡林郭勒盟北部地区开展了相应的"三牧"（禁牧、休牧、轮牧）工程，实施"草畜平衡"策略。在此政策和工程导引下，锡林郭勒盟的畜牧业生产在数量上受到极大限制。此时受政策、生态效应以及经济水平等多重因素的影响下，该区家畜出栏率得到提升到 42.8% 的水平，比上个四年（1996—1999 年）高出 8.1 百分点。

第三阶段，2004—2008 年，锡林郭勒盟的家畜饲养量波动比较明显，即 2004—2007 年的逐步上升过程以及 2007—2008 年的迅速降低过程。2004—2007 年，锡林郭勒盟草食家畜饲养总量由 1 507.7 万羊单位上升至 2 010.7 万羊单位，净增长量为 503.3 万羊单位，涨幅高达 33.4%，是整个过程中（1996—2008 年）增长最为剧烈的时段。但在 2007—2008 年，其饲养量迅速下降，为 1 457.5 万羊单位，是第三时段，乃至整个过程中的最低值；降低量高达 553.2 万羊单位。对于上述变化，究其原因，主要是在经历了严格的生态建设工程后，农牧民开始增加舍饲牲畜数量，同时由于牲畜饲养技术的提高，出栏率也得到提高，牲畜总头只数得到提高。

8.2.3　草食畜牧业的空间格局和变化

2008 年，锡林郭勒盟牧业旗县草食家畜饲养规模约为 1 457.5 万羊单位。其中，镶黄旗的家畜饲养量不到 100 万羊单位；正镶白旗、苏尼特右旗、正蓝旗、锡林浩特市、苏尼特左旗的家畜饲养量为 100 万~200 万羊单位；阿巴嘎旗、东乌珠穆沁旗、西乌珠穆沁旗家畜饲养量均在 200 万羊单位以上，东乌珠穆沁旗饲养量更是高达 427.7 万羊单位。

根据锡林郭勒盟生态环境以及畜牧业生产特点，尤其根据锡林郭勒盟草场产草量的空间分布特征，可以将全盟 9 个牧业旗县分为东部、中部、西部 3 个牧业区。其中，属于东部区的旗县有：东乌珠穆沁旗、西乌珠穆沁旗；属于中部区的旗县有：阿巴嘎旗、锡林浩特市、正蓝旗；属于西部区的旗县有：苏尼特左旗、苏尼特右旗、镶黄旗、正镶白旗。

东部牧业区的家畜饲养量基数较大，其多年平均饲养总量在 700 万羊单位以上，其中，东乌珠穆沁旗的多年平均饲养总量最大，为 427.7 万羊单位，西乌珠穆沁旗的多年平均饲养总量为 344.5 万羊单位，因此同样幅度的增长将导致牲畜头只数绝对数量的大幅上升。其草食家畜饲养量的年际变化波动与锡林郭勒盟草食家畜饲养量的变化格局基本一致，根据具体数值，仍将其发展历程分为三个阶段（图 8-18）。

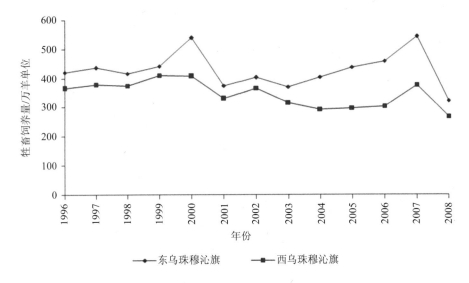

图 8-18　锡林郭勒盟东部各旗县草食家畜饲养量的年度变化趋势

在第一阶段，即 1996—1999 年，东乌珠穆沁旗增加 20.9 万羊单位、西乌珠穆沁旗增加 145.4 万羊单位；1999—2004 年，东乌珠穆沁旗减少 38.84 万羊单位、西乌珠穆沁旗减少 117.6 万羊单位；2004—2008 年，东乌珠穆沁旗、西乌珠穆沁旗的草食家畜饲养量的变化与全区饲养量变化完全一致，也是到 2007 年逐步上升，之后迅速下降；其中，2004—2007 年，东乌珠穆沁旗的饲养总量增加了 139.5 万羊单位，西乌珠穆沁旗则增加了 84.5 万羊单位，但在 2008 年之后，东乌珠穆沁旗的饲养总量减少至 322.3 万羊单位，减少了 219.9 万羊单位，西乌珠穆沁旗则减少了 108.5 万羊单位。

总体上，锡林郭勒盟东部牧业区的草食家畜饲养量的年际变化较为稳定；东部区的草食家畜饲养量年际标准差为 96.8 万羊单位，变异系数则仅为 12.5%。

中部牧业区的草食家畜饲养量较东部牧业区较小，多年平均饲养总量在 500 万羊单位以上，其中阿巴嘎旗的草食家畜饲养量最大，平均在 200 万羊单位以上，锡林浩特市次之，多年平均饲养总量为 178.4 万羊单位，正蓝旗的最小，为 142.2 万羊单位。其草食家畜饲养量的年际变化波动与锡林郭勒盟草食家畜饲养量的变化格局基本一致，根据具体数值，仍将其发展历程分为三个阶段（图 8-19）。

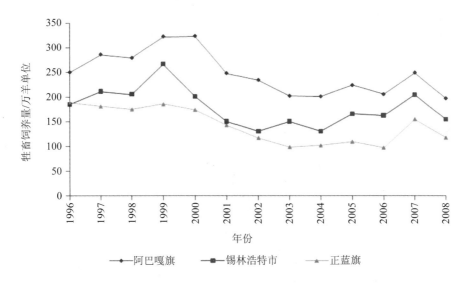

图 8-19 锡林郭勒盟中部各旗县草食家畜饲养量的年度变化趋势

1996—1999 年，阿巴嘎旗家畜饲养量增加了 72.4 万羊单位、锡林浩特市增加了 81 万羊单位、正蓝旗则减少了 2.9 万羊单位，其中，锡林浩特市的家畜饲养量增加最多。在 1999—2004 年，阿巴嘎旗草食家畜饲养量减少 121.1 万羊单位，锡林浩特市家畜饲养量减少 135.2 万羊单位，正蓝旗饲养量减少 83.6 万羊单位，其中仍是锡林浩特市的减少量最大。中部牧业区的草食家畜饲养量 2004—2008 年的年际变化特征也与全区饲养量一致，仍是在 2004—2007 年增加，到 2008 年又出现急速下降：阿巴嘎旗的家畜饲养量到 2007 年增加了 47.8 万羊单位、锡林浩特市增加了 73.6 万羊单位，正蓝旗增加了 53.2 万羊单位；但到 2008 年，阿巴嘎旗减少了 51.6 万羊单位，锡林浩特市减少了 49.9 万羊单位，正蓝旗则减少了 37.3 万羊单位。

整体上，除了正蓝旗的草食家畜饲养量于 1996—1999 年发生轻微减少之外，中部区的草食家畜饲养量的变化格局与全盟一致，其家畜饲养量的变化稳定性则居中。中部区的草食家畜饲养量年际标准差为 111.4 万羊单位，变异系数则为 19.6%。

西部牧业区的草食家畜饲养量是锡林郭勒盟三个牧业区中最小的，多年平均饲养总量在 500 万羊单位以下，其中苏尼特左旗的草食家畜饲养量最大，平均在 180 万羊单位以上，苏尼特右旗次之，多年平均饲养总量为 130 万羊单位，接着依次为正镶白旗和镶黄旗，多年平均饲养总量分别为 104 万羊单位与 74.9 万羊单位。其草食家畜饲养量的年际变化波动与锡林郭勒盟草食家畜饲养量的变化格局基本一致，根据具体数值，仍将其发展历程分为三个阶段（图 8-20）。

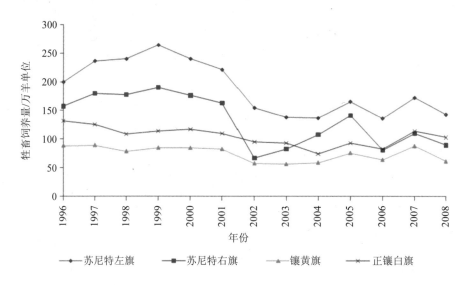

图 8-20　锡林郭勒盟西部各个旗县草食家畜饲养量的年度变化趋势

在 1996—1999 年，苏尼特左旗家畜饲养量增加了 64.6 万羊单位、苏尼特右旗增加了 32.8 万羊单位、正镶白增加了 104.3 万羊单位，镶黄旗则增加了 74.9 万羊单位，其中，苏尼特左旗的草食家畜饲养量基数大，因此其增长量也是最大的。在 1999—2004 年，苏尼特左旗草食家畜饲养量减少 127.6 万羊单位，苏尼特右旗家畜饲养量减少 82.1 万羊单位，正镶白旗饲养量减少 39.6 万羊单位，镶黄旗饲养量减少 25.4 万羊单位，其中仍是苏尼特左旗的减少量最大。西部牧业旗的草食家畜饲养量在 2004—2008 年的年际变化特征也与全区饲养量一致，仍是在 2004—2007 年增加，到 2008 年又出现急速下降：苏尼特左旗的家畜饲养量到 2007 年增加了 53.2 万羊单位，苏尼特右旗增加了 1.6 万羊单位，正镶白旗增加了 39.2 万羊单位，镶黄旗则增加了 28.3 万羊单位；但到 2008 年，阿巴嘎旗减少了 37.3 万羊单位，苏尼特右旗减少了 20.2 万羊单位，正镶白旗减少了 10.5 万羊单位，镶黄旗则减少了 26.0 万羊单位。

整体上，西部牧业旗的草食家畜饲养量的变化格局与全盟一致，但其家畜饲养量的变化在锡林郭勒盟三个牧业分区中最不稳定；西部区的草食家畜饲养量年际标准差为 113.5 万羊单位，变异系数则为 22.7%。

8.2.4　草地载畜压力基本特征

1996—2008 年锡林郭勒盟多年平均理论载畜量为 1 038.0 万羊单位，总体上呈波动降低趋势如表 8-2 所示，即由 1996 年的 1 594.8 万羊单位降至 2008 年的 882.6 万羊单位，减少 712.2 万羊单位。除此之外,锡林郭勒盟的现实载畜量在 1996—2008 年基本上呈降低趋势,由 1 359.5 万羊单位降至 776.5 万羊单位,减少了 582.6 万羊单位。

根据理论载畜量和现实载畜量,可以计算得到锡林郭勒盟草地载畜平衡数和压力指数:

锡林郭勒盟 1996—2008 年的理论载畜总量与现实载畜总量之间的平衡数多年平均值为–38.7 万羊单位,说明在 1996—2008 年,锡林郭勒盟冷季草场处于轻微超载状态。

在 1996—2008 年,草地载畜压力指数的多年平均值为 1.1。这表明锡林郭勒盟草原在 1996—2008 年处于轻微超载状态,比正常的放牧水平高出了 0.1 倍。

从载畜压力指数的年度变化特征看,锡林郭勒盟草原载畜压力呈波动上升趋势,即由 1996 年的 0.85 上升到 2000 年的 0.88,增长水平仅为 3.3%。其中,1999 年、2000 年、2001 年连续三年保持较高的压力水平,三年平均压力指数达到 1.49 的水平;之后在 2007 年再次出现最高压力指数,为 1.8,高出正常水平 0.8 倍。在 1996 年、1998 年、2003 年三个年份,该区载畜压力指数较低,三年平均压力指数仅为 0.76。

表 8-2　1996—2008 年锡林郭勒盟冷季草畜平衡

年份	理论载畜总量	现实载畜总量	总量平衡数	载畜压力
1996	1 594.8	1 359.5	235.3	0.85
1997	1 106.7	1 389.5	−282.8	1.26
1998	1 403.0	1 317.1	85.9	0.94
1999	975.8	1 435.6	−459.9	1.47
2000	894.1	1 367.3	−473.2	1.53
2001	726.9	1 059.8	−333.0	1.46
2002	1 148.8	966.6	182.2	0.84
2003	1 663.0	831.9	831.1	0.50
2004	893.8	792.1	101.7	0.89
2005	843.9	881.2	−37.3	1.04
2006	808.4	824.4	−16.0	1.02
2007	552.2	995.4	−443.2	1.80
2008	882.6	776.9	105.7	0.88
平均	1 038.0	1 076.7	−38.7	1.1

8.2.5 草地载畜压力年际变化

1996—2008 年，根据锡林郭勒盟载畜压力指数的时间序列变化过程大致可以分为三个阶段，如图 8-21 所示，即 1996—2001 年的波动上升后趋于稳定过程、2001—2003 年快速降低过程以及 2003—2008 年的大幅上升后迅速降低过程。

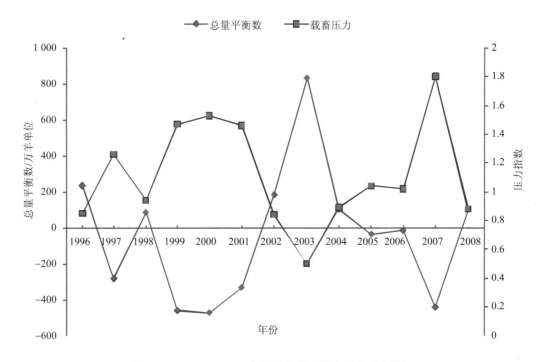

图 8-21　1996—2008 年锡林郭勒盟载畜压力基本特征

第一阶段（1996—2001 年），波动上升后趋于稳定过程：锡林郭勒盟的载畜压力呈波动上升趋势，其载畜压力指数由 1996 年的 0.85 上升至 2000 年的 1.53，涨幅高达 80%。从其年际变动情况来看，在 1996—1997 年有个迅速上升过程，从 0.85 涨到 1.26，造成本次暴涨的原因是锡林郭勒盟的理论载畜量呈现迅速下降，而现实载畜量有所上升。其理论载畜量由 1996 年的 1 594.8 万羊单位迅速下降至 1 106.7 万羊单位，而现实载畜量则有 1 359.5 万羊单位上升至 1 389.5 万羊单位。1997—2000 年，锡林郭勒盟草原载畜压力指数保持持续的上升趋势，并于 2000 年达到本时期的最高值 1.53。在 1997—2000 年锡林郭勒盟草原载畜压力指数持续上升的原因是在本时期其理论载畜量持续降低，而现实载畜量的变化则趋于稳定，显然理论载畜量的减少直接导致了锡林郭勒盟的载畜压力持续上升。锡林郭勒盟的现实载畜量由 1997 年的 1 106.7 万羊单位迅速降至 2000 年的 894.1 万羊单位，但其现实载畜量则只有轻微降低趋势，由 1 389.5 万羊单位降低至 1 367.3 万羊单位。2000—2001 年，其载畜压力指数呈现轻微降低趋势，为 1.46，究其原因，尽管在 2000—2001 年锡林郭勒盟的理论载畜量已降至 726.9 万羊单位，但其现实载畜量发生大幅降低，由 1 367.3 万羊单位暴跌至 1 059.8 万羊单位，因此其理论载畜量下降，但其载畜压力却没有持续上升。

　　第二阶段（2001—2003 年），快速降低过程：锡林郭勒盟载畜压力呈快速下降趋势，其载畜压力从 2001 年的 1.46 迅速降至 2003 年的 0.5，降低了 0.96，减幅为 65.8%。从其年际变化情况来看，在 2001—2003 年没有发生波动，只是持续下降。在该时段，其载畜压力发生持续下降的原因是，锡林郭勒盟理论载畜量持续上升，由 2001 年的 726.9 万羊单位上升至 2003 年的 1 663 万羊单位，净增加了 936.1 万羊单位，涨幅达到了 128.8%；而其现实载畜量则持续下降，由 2001 年的 1 059.8 万羊单位降至 2003 年的 831.9 万羊单位，减少 227.9 万羊单位，降幅则为 21.5%。

　　第三阶段（2003—2008 年），大幅上升后迅速降低的过程：锡林郭勒盟的载畜压力呈持续上升后迅速降低趋势，总体上呈上升趋势。2003—2007 年，锡林郭勒盟草原载畜压力指数从 0.5 迅速上升至 1.8，增长量高达 1.3，涨幅高达 260%。在这个时段，出现了一个小波动，即由 2003 年的 0.5 上升至 2005 年的 1.04 后，在 2006 年轻微降低至 1.02。在本时段，锡林郭勒盟的理论载畜量发生快速降低，由 2003 年的 1 663 万羊单位降低至 2006 年的 808.4 万羊单位，将近减少了一半，而其现实载畜量则由 2003 年的 831.9 万羊单位增加到 2005 年的 881.2 万羊单位后于 2006 年降低至 824.4 万羊单位，是在本时段，锡林郭勒盟载畜压力指数在 2005 年达到高值 1.04 后又有轻微降低的现象的原因。该区的载畜压力指数在 2006 年出现小降低之后于 2007 年达到 1996—2008 年的最高压力指数值 1.8，出现该现象的原因是由于 2007 年，锡林郭勒盟的理论载畜量发生明显降低，由 2006 年的 808.4 万羊单位降低至 552.2 万羊单位，是在 1996—2008 年的最小理论载畜量值，而其现实载畜量则由 2006 年的 824.4 万羊单位上升至 995.4 万羊单位。在 2008 年，锡林郭勒盟的载畜压力指数发生明显降低，为 0.88。在 2008 年，锡林郭勒盟的载畜压力指数发生迅速下降的原因是，其理论载畜量发生恢复性上升，由 2007 年的 552.2 万羊单位上升至 2008 年的 882.6 万羊单位，现实载畜量则发生降低，由 2007 年的 776.9 万羊单位降至 2008 年的 776.9 万羊单位。

8.2.6　草地载畜压力的空间格局和变化

　　对锡林郭勒盟各旗县多年（1996—2008 年）的冷季理论载畜总量、冷季现实载畜总量以及载畜压力指数进行分析，进一步根据各地区理论载畜总量、现实载畜总量、载畜压力指数的时间变化特点等因子，可以将锡林郭勒盟各牧业旗县划分为东部牧业区、中部牧业区和西部牧业区 3 个大区，各个大区内的载畜压力具有不同的特点，如表8-3 所示。

东部牧业区包括东乌珠穆沁旗和西乌珠穆沁旗，中部牧业区包括阿巴嘎旗、锡林浩特市以及正蓝旗，西部牧业区包括苏尼特左旗、镶黄旗、正镶白旗、苏尼特右旗。锡林郭勒盟东部地区冷季载畜量最低，为 0.002 4 羊单位/亩，其压力指数最小，为 0.97，草食畜牧业尚有发展潜力；西部的冷季载畜量居中，为 0.002 48 羊单位/亩，载畜压力指数为 1.0 强，基本不超载；中部的冷季现实载畜量最高，为 0.002 97 羊单位/亩，其压力指数也最大，为 1.18，属于畜牧超载地区。

从各个旗县的分析如表 8-4 所示，锡林郭勒盟各旗县多年（1996—2008 年）平均理论载畜总量以东部的东乌珠穆沁旗、西乌珠穆沁旗以及中部的阿巴嘎旗较高，平均达到230.8 万羊单位，而西部的正镶白旗较低，为 53.1 万羊单位；其他旗县的理论载畜量则为 50 万～100 万羊单位，属于中等水平。

锡林郭勒盟的冷季现实载畜总量的空间分布格局与冷季理论载畜量大致吻合。东部的东乌珠穆沁旗、西乌珠穆沁旗以及中部的阿巴嘎旗较高，平均达到 188.4 万羊单位，西部的正镶白旗，镶黄旗较低，平均现实载畜总量为 64.5 万羊单位，其他各旗县现实载畜总量水平相当，为 70 万～100 万羊单位。从锡林郭勒盟各个牧业旗县的现实载畜量来看，中部的阿巴嘎旗、锡林浩特市，西部的苏尼特左旗、苏尼特右较高，平均在 0.003羊单位/亩（即 333 亩/羊单位），东部的东乌珠穆沁旗、西部的镶黄旗较低，平均在 0.002羊单位/亩的水平（即 500 亩/羊单位），其他旗县的现实载畜量则为 0.002～0.003 羊单位/亩（333～500 亩/羊单位）。

由上述数据可计算得到锡林郭勒盟各个牧业旗县的载畜压力指数：其中西部正镶白旗的压力指数最高，为 1.15，超出正常情况 0.15 倍，最小的为镶黄旗，为 0.58，东部的东乌珠穆沁旗、中部的正蓝旗在 1996—2008 年总体上并没有发生超载情况，其他旗县则有不同程度的超载现象。

表 8-3　锡林郭勒盟各区域多年平均冷季载畜量与压力指数

地区	冷季现实载畜量		压力指数
	羊单位/亩	亩/羊单位	
东部	0.002 39	418	0.97
中部	0.002 97	337	1.18
西部	0.002 48	403	1.00

表 8-4 锡林郭勒盟各牧业旗县多年平均载畜总量以及载畜压力 （单位：万羊单位）

旗县市	冷季理论载畜总量	冷季现实载畜总量	载畜压力指数
东乌珠穆沁旗	273.4	247.6	0.91
西乌珠穆沁旗	188.3	201.3	1.07
阿巴嘎旗	103.5	145.3	1.40
锡林浩特市	94.2	104.3	1.11
正蓝旗	84.7	84.1	0.99
苏尼特左旗	95.2	110.7	1.16
苏尼特右旗	69.7	78.5	1.13
正镶白旗	53.1	61.1	1.15
镶黄旗	76.0	43.8	0.58

表 8-5 锡林郭勒盟各牧业旗县多年平均载畜量以及载畜压力

旗县市	冷季现实载畜量		载畜压力
	羊单位/亩	亩/羊单位	
东乌珠穆沁旗	0.002 2	455	0.91
西乌珠穆沁旗	0.002 6	385	1.07
阿巴嘎旗	0.003 5	286	1.40
锡林浩特市	0.002 7	370	1.11
正蓝旗	0.002 6	385	0.99
苏尼特左旗	0.002 9	345	1.16
苏尼特右旗	0.002 8	357	1.13
正镶白旗	0.002 0	500	1.15
镶黄旗	0.002 1	476	0.58

从锡林郭勒盟各旗县的草畜平衡情况来看，如表 8-5 所示：

1996—2008 年，东部区的东乌珠穆沁旗平均理论载畜总量为 273.4 万羊单位；其平均现实载畜总量为 247.6 万羊单位，平均现实载畜量为 0.002 2 羊单位/亩，多年平均载畜压力为 0.91。由上可知，1996—2008 年，总体上东乌珠穆沁旗并没有超载。

从其载畜量与压力指数年际变化情况来看，东乌珠穆沁旗的理论载畜总量分别于 1996 年、1997 年、1998 年、1999 年、2003 年出现相对高值（表 8-6），其理论载畜总量分别为 451.3 万羊单位、331.3 万羊单位、302.8 万羊单位、373.7 万羊单位、386.0 万羊单位，其中，1996 年的理论载畜量是最高的。于 2006 年、2007 年、2008 年出现理论载畜量的低值，其载畜量依次为 203.8 万羊单位、198.1 万羊单位、117.2 万羊单位，其中，2007 年的理论载畜量是最低的；其现实载畜量则于 1996 年、1997 年、1999 年、2000 年出现较高值，其现实载畜量依次为 287.9 万羊单位、285.3 万羊单位、278.2 万羊单位、325.5 万羊单位，其中，2000 年的现实载畜量是最高的。于 2003 年、2004 年、2008 年出现低值，现实载畜量分别为 204.5 万羊单位、211.6 万羊单位、171.8 万羊单位，其中 2008 年的现实载畜量是最低的。从其压力指数的年际分布情况来看，于 2000 年、2002 年、2006 年、2007 年出现高值，其压力指数分别为 1.44、1.09、1.16、2.29，其中，2007 年的压力指数是最高的。于 2003 年达到最低值，为 0.53。

东乌珠穆沁旗的草畜平衡情况表明在理论载畜量较高的年份其现实载畜量较低，两种情况交叉出现，这是东乌珠穆沁旗压力指数偏低的原因。

表 8-6 1996—2008 年东乌珠穆沁旗冷季草地压力　　　　（单位：万羊单位）

年份	冷季理论载畜量	冷季实际存栏数	载畜压力
1996	451.3	287.9	0.64
1997	331.3	285.3	0.86
1998	373.7	266.4	0.71
1999	302.8	278.2	0.92
2000	226.6	325.5	1.44
2001	282.5	217.8	0.77
2002	219.4	239.3	1.09
2003	386.0	204.5	0.53
2004	213.4	211.6	0.99
2005	247.9	225.3	0.91
2006	203.8	237.4	1.16
2007	117.2	268.4	2.29
2008	198.1	171.8	0.87
平均	273.4	247.6	0.91

1996—2008 年（图 8-22），东部区的西乌珠穆沁旗平均理论载畜总量为 188.3 万羊单位；其平均现实载畜总量为 201.3 万羊单位，平均现实载畜量为 0.0 026 羊单位/亩，多年平均载畜压力为 1.07。因此，1996—2008 年，西乌珠穆沁旗处于超载状态，比正常多 0.07 倍。

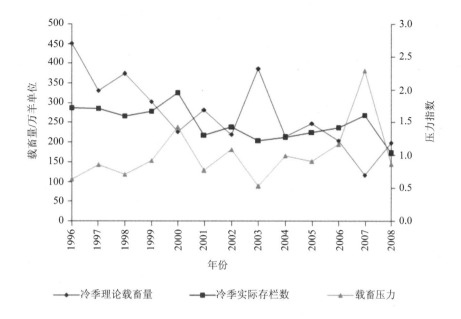

图 8-22　1996—2008 年东乌珠穆沁旗载畜压力

　　从其载畜量与压力指数年际变化情况来看（表 8-7 和图 8-23），西乌珠穆沁旗的理论载畜总量分别于 1996 年、1998 年、2002 年、2003 年出现相对高值，其理论载畜总量分别为 321.3 万羊单位、268.4 万羊单位、223.0 万羊单位、337.3 万羊单位，其中 2003年的理论载畜量是最高的。于 2007 年出现理论载畜量的最低值，为 74.0 万羊单位，不足 100 万羊单位；其现实载畜量则于 1996 年、1997 年、1999 年、2000 年出现较高值，其现实载畜量依次为 249.7 万羊单位、247.2 万羊单位、258.3 万羊单位、245.8 万羊单位，其中，1999 年的现实载畜量是最高的。于 2004 年、2005 年、2008 年出现低值，现实载畜量分别为 153.6 万羊单位、153.1 万羊单位、143.0 万羊单位，其中 2008 年的现实载畜量是最低的。从其压力指数的年际分布情况来看，于 1999 年、2000 年、2006 年、2007年出现高值，其压力指数分别为 1.37、1.74、1.39、2.52，其中，2007 年的压力指数是最高的。于 2003 年达到最低值，为 0.51。

　　西乌珠穆沁旗的草畜平衡情况表明在理论载畜量较低的年份其现实载畜量也相应较高，两种情况交叉出现，这是西珠穆沁旗压力指数大于 1 的原因。

表 8-7　1996—2008 年西乌珠穆沁旗冷季草地压力　　　　　　　　　（单位：万羊单位）

年份	冷季理论载畜量	冷季实际存栏数	载畜压力
1996	321.3	249.7	0.78
1997	197.5	247.2	1.25
1998	268.4	239.9	0.89
1999	188.2	258.3	1.37
2000	141.0	245.8	1.74
2001	155.1	191.5	1.23
2002	223.0	217.5	0.98
2003	337.8	173.8	0.51
2004	121.6	153.6	1.26
2005	135.6	153.1	1.13
2006	113.3	156.9	1.39
2007	74.0	186.5	2.52
2008	170.7	143.0	0.84
平均	188.3	201.3	1.1

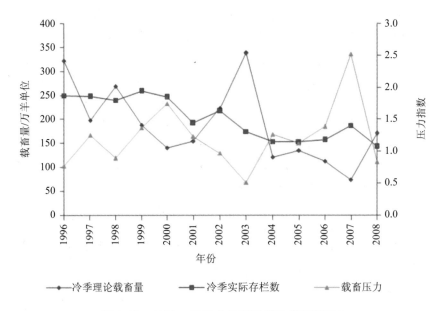

图 8-23　1996—2008 年西乌珠穆沁旗载畜压力

在 1996—2008 年（表 8-8 和图 8-24），中部区的阿巴嘎旗平均理论载畜总量为 103.5 万羊单位；其平均现实载畜总量为 145.3 万羊单位，平均现实载畜量为 0.0 026 羊单位/亩，多年平均载畜压力为 1.4。因此，1996—2008 年，总体上阿巴嘎旗处于超载状态，比正常多 0.4 倍。

表 8-8　1996—2008 年阿巴嘎旗冷季草地压力　　　（单位：万羊单位）

年份	冷季理论载畜量	冷季实际存栏数	载畜压力指数
1996	165.7	171.2	1.03
1997	99.4	187.2	1.88
1998	151.3	178.9	1.18
1999	79.8	203.2	2.55
2000	34.6	195.6	5.66
2001	46.7	144.4	3.09
2002	159.2	139.5	0.88
2003	136.1	111.8	0.82
2004	96.2	105.9	1.10
2005	105.5	115.6	1.10
2006	105.1	106.7	1.02
2007	50.9	123.4	2.42
2008	115.4	105.4	0.91
平均	103.5	145.3	1.4

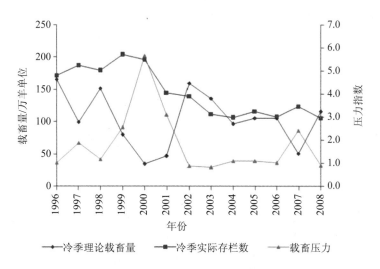

图 8-24　1996—2008 年阿巴嘎旗载畜压力

从其载畜量与压力指数年际变化情况来看，阿巴嘎旗的理论载畜总量分别于 1996 年、1998 年、2002 年出现相对高值，其理论载畜总量分别为 165.7 万羊单位、151.3 万羊单位、159.2 万羊单位，其中 1996 年的理论载畜量是最高的。于 2000 年、2001 年、2007 年出现理论载畜量的最低值，分别为 34.6 万羊单位，46.7 万羊单位、50.9 万羊单位，其中，2000 年的理论载畜量是最低的；其现实载畜量则于 1996 年、1997 年、1999 年、2000 年出现较高值，其现实载畜量依次为 171.2 万羊单位、187.2 万羊单位、203.2 万羊单位、195.6 万羊单位，其中，1999 年的现实载畜量是最高的。于 2004 年、2006 年、2008 年出现低值，现实载畜量分别为 105.9 万羊单位、106.7 万羊单位、105.4 万羊单位，其中 2008 年的现实载畜量是最低的。从其压力指数的年际分布情况来看，于 1999 年、2000 年、2001 年、2007 年出现高值，其压力指数分别为 2.55、5.66、3.09、2.42。其中，2000 年的压力指数是最高的，2003 年达到最低值，为 0.82。

阿巴嘎旗的草畜平衡情况表明在理论载畜量较低的年份其现实载畜量相应较高，两种情况交叉出现，这是东阿巴嘎旗压力指数偏大的原因。

在 1996—2008 年（表 8-9 和图 8-25），中部区的锡林浩特市平均理论载畜总量为 94.2 万羊单位；其平均现实载畜总量为 104.3 万羊单位，平均现实载畜量为 0.002 5 羊单位/亩，多年平均载畜压力为 1.11。因此，在 1996—2008 年，总体上锡林浩特市处于超载状态，比正常多 0.11 倍。

表 8-9　1996—2008 年锡林浩特市冷季草地压力　　　　（单位：万羊单位）

年份	冷季理论载畜量	冷季实际存栏	载畜压力指数
1996	132.8	126.7	0.95
1997	79.7	138.1	1.73
1998	127.3	131.7	1.03
1999	75.1	167.7	2.23
2000	17.5	121.7	6.95
2001	60.0	87.6	1.46
2002	105.0	77.7	0.74
2003	195.1	83.0	0.43
2004	86.5	68.8	0.80
2005	95.1	85.4	0.90
2006	87.3	84.4	0.97
2007	62.9	101.3	1.61
2008	100.2	82.4	0.82
平均	94.2	104.3	1.1

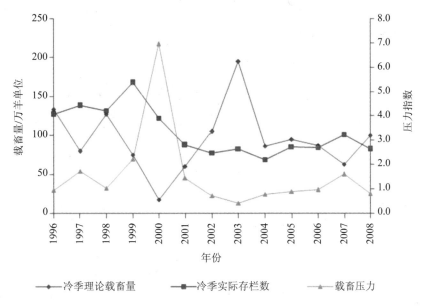

图 8-25　1996—2008 年锡林浩特市载畜压力

　　从其载畜量与压力指数年际变化情况来看,锡林浩特市的理论载畜总量分别于 1996 年、1998 年、2002 年、2003 年、2008 年出现相对高值,其理论载畜总量分别为 132.8 万羊单位、127.3 万羊单位、105.0 万羊单位、195.1 万羊单位、100.2 万羊单位,其中 2003 年的理论载畜量是最高的。于 2000 年、2001 年、2007 年出现理论载畜量的最低值,分别 17.5 万羊单位、60.0 万羊单位、62.9 万羊单位,其中,2000 年的理论载畜量是最低的;其现实载畜量则于 1999 年出现最高值,其现实载畜量高达 167.7 万羊单位;于 2002 年、2004 年、2008 年出现低值,现实载畜量分别为 77.7 万羊单位、68.8 万羊单位、82.4 万羊单位,其中 2004 年的现实载畜量是最低的。从其压力指数的年际分布情况来看,于 1997 年、1999 年、2000 年、2007 年出现高值,其压力指数分别为 1.73、2.23、6.95、1.61。其中,2000 年的压力指数是最高的,2003 年达到最低值,仅为 0.43。

　　锡林浩特市的草畜平衡情况表明在理论载畜量较低的年份其现实载畜量相应较高,两种情况交叉出现,这是锡林浩特市压力指数偏大的原因。

　　在 1996—2008 年(表 8-10 和图 8-26),中部区的正蓝旗平均理论载畜总量为 84.7 万羊单位;其平均现实载畜总量为 84.1 万羊单位,平均现实载畜量为 0.002 6 羊单位/亩,多年平均载畜压力为 1.0。因此,1996—2008 年,总体上正蓝旗处于平衡状态。

　　从其载畜量与压力指数年际变化情况来看,正蓝旗的理论载畜总量分别于 1996

年、1998 年、2003 年、2004 年出现相对高值，其理论载畜总量分别为 127.3 万羊单位、127.3 万羊单位、100.6 万羊单位、158.4 万羊单位、113.7 万羊单位，其中 2003 年的理论载畜量是最高的。于 2000 年、2001 年、2002 年出现理论载畜量的最低值，分别为 33.5 万羊单位、38.3 万羊单位、38.9 万羊单位。其中，2000 年的理论载畜量是最低的；其现实载畜量则于 1996 年、1997 年、1998 年、1999 年、2000 年连续五年出现相对高值，其现实载畜量依次为 129.3 万羊单位、118.8 万羊单位、117.2 万羊单位、112.5 万羊单位、105.6 万羊单位；于 2003 年、2004 年、2006 年出现低值，现实载畜量分别为 54.8 万羊单位、53.8 万羊单位、50.9 万羊单位，其中 2006 年的现实载畜量是最低的。从其压力指数的年际分布情况来看，1999 年、2000 年、2001 年、2002 年出现高值，其压力指数分别为 1.78、3.15、2.18、1.8，其中 2000 年的压力指数是最高的，2003 年达到最低值，仅为 0.35。

正蓝旗的草畜平衡情况表明在理论载畜量较低的年份其现实载畜量相应较低，分布较均匀，这是正蓝旗草地处于平衡状态的重要原因。

表 8-10 1996—2008 年正蓝旗冷季草地压力 （单位：万羊单位）

年份	冷季理论载畜量	冷季实际存栏数	载畜压力指数
1996	127.3	129.3	1.02
1997	96.9	118.8	1.23
1998	100.6	112.5	1.12
1999	66.0	117.2	1.78
2000	33.5	105.6	3.15
2001	38.3	83.5	2.18
2002	38.9	70.0	1.80
2003	158.4	54.8	0.35
2004	113.7	53.8	0.47
2005	70.4	56.7	0.81
2006	91.0	50.9	0.56
2007	71.8	77.0	1.07
2008	93.8	63.0	0.67
平均	84.7	84.1	1.0

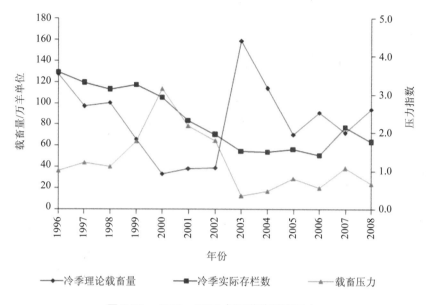

图 8-26　1996—2008 年正蓝旗载畜压力

　　在 1996—2008 年（表 8-11 和图 8-27），西部区的苏尼特左旗平均理论载畜总量为 95.2 万羊单位；其平均现实载畜总量为 110.7 万羊单位，平均现实载畜量为 0.002 9 羊单位/亩，多年平均载畜压力为 1.16。因此，在 1996—2008 年，总体上苏尼特左旗存在超载现象。

　　从其载畜量与压力指数年际变化情况来看，苏尼特左旗的理论载畜量分别于 1996 年、1998 年、2002 年、2003 年出现相对高值，其理论载畜总量分别为 114.6 万羊单位、111.7 万羊单位、196.0 万羊单位、213.5 万羊单位，其中，2003 年的理论载畜量是最高的。于 1999 年、2000 年、2001 年出现理论载畜量的低值，其载畜量依次为 48.4 万羊单位、45.3 万羊单位、47.2 万羊单位，其中，2000 年的理论载畜量是最低的；其现实载畜量则于 1997 年、1998 年、1999 年、2000 年出现较高值，其现实载畜量依次为 154.3 万羊单位、153.5 万羊单位、166.1 万羊单位、144.8 万羊单位，其中，1999 年的现实载畜量是最高的。于 2003 年、2004 年、2006 年、2008 年出现低值，现实载畜量分别为 75.9 万羊单位、71.5 万羊单位、70.3 万羊单位、76.0 万羊单位，其中 2006 年的现实载畜量是最低的。从其压力指数的年际分布情况来看，于 1997 年、1999 年、2000 年、2001 年出现高值，其压力指数分别为 1.73、3.43、3.2、2.72。其中，1999 年的压力指数是最高的，2003 年达到最低值，为 0.36。

　　苏尼特左旗的草畜平衡情况表明在理论载畜量较低的年份其现实载畜量仍然较高，

两种情况同时出现，这是苏尼特左旗压力指数偏高的原因。

表 8-11　1996—2008 年苏尼特左旗冷季草地压力　　　　　（单位：万羊单位）

年份	冷季理论载畜量	冷季实际存栏数	载畜压力指数
1996	114.6	136.3	1.19
1997	89.4	154.3	1.73
1998	111.7	153.5	1.37
1999	48.4	166.1	3.43
2000	45.3	144.8	3.20
2001	47.2	128.3	2.72
2002	196.0	91.7	0.47
2003	213.5	75.9	0.36
2004	84.0	71.5	0.85
2005	72.0	85.1	1.18
2006	59.8	70.3	1.18
2007	74.8	85.0	1.14
2008	81.6	76.0	0.93
平均	95.2	110.7	1.2

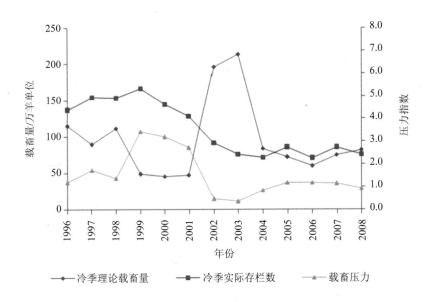

图 8-27　1996—2008 年苏尼特左旗载畜压力

在 1996—2008 年（表 8-12 和图 8-28），西部区的苏尼特右旗平均理论载畜总量为 69.7 万羊单位；其平均现实载畜总量为 78.5 万羊单位，平均现实载畜量为 0.002 8 羊单位/亩，多年平均载畜压力为 1.13。因此，1996—2008 年，总体上苏尼特右旗有超载现象。

表 8-12　1996—2008 年苏尼特右旗冷季草地压力　　　（单位：万羊单位）

年份	冷季理论载畜量	冷季实际存栏数	载畜压力指数
1996	109.2	107.8	0.99
1997	79.9	117.9	1.48
1998	111.4	114.1	1.02
1999	57.1	119.8	2.10
2000	53.8	106.6	1.98
2001	39.2	95.0	2.43
2002	88.1	39.8	0.45
2003	121.0	45.5	0.38
2004	56.4	56.8	1.01
2005	46.1	72.9	1.58
2006	50.2	41.9	0.83
2007	44.6	54.3	1.22
2008	48.5	47.7	0.98
平均	69.7	78.5	1.1

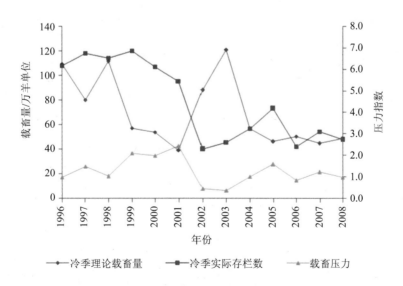

图 8-28　1996—2008 年苏尼特右旗载畜压力

从其载畜量与压力指数年际变化情况来看，苏尼特右旗的理论载畜量分别于1996年、1998年、2003年出现相对高值，其理论载畜总量分别为109.2万羊单位、111.4万羊单位、121.0万羊单位，其中，2003年的理论载畜量是最高的。于2001年、2005年、2007年出现理论载畜量的低值，其载畜量依次为39.2万羊单位、46.1万羊单位、44.6万羊单位。其中，2001年的理论载畜量是最低的；其现实载畜量则于1996年、1997年、1998年、1999年、2000年出现较高值，其现实载畜量依次为107.8万羊单位、117.9万羊单位、114.1万羊单位、119.8万羊单位、106.6万羊单位，其中，1999年的现实载畜量是最高的。于2002年、2003年、2006年出现低值，现实载畜量分别为39.8万羊单位、45.5万羊单位、41.9万羊单位，其中2002年的现实载畜量是最低的。从其压力指数的年际分布情况来看，于1999年、2000年、2001年出现高值，其压力指数分别为2.10、1.98、2.43。其中，2001年的压力指数是最高的，2003年达到最低值，为0.38。

苏尼特右旗的草畜平衡情况表明在理论载畜量较低的年份其现实载畜量较高，两种情况的出现，这是苏尼特右旗压力指数偏高的原因。

在1996—2008年（表8-13和图8-29），西部区的正镶白旗平均理论载畜总量为53.1万羊单位；其平均现实载畜总量为61.1万羊单位，平均现实载畜量为0.002 0羊单位/亩，多年平均载畜压力为1.15。因此，1996—2008年，总体上正镶白旗存在超载现象。

从其载畜量与压力指数年际变化情况来看，正镶白旗的理论载畜量分别于1996年、1997年、1998年出现相对高值，其理论载畜总量分别为105.3万羊单位、80.1万羊单位、84.3万羊单位。其中，1996年的理论载畜量是最高的。于2000年、2007年出现理论载畜量的低值，其载畜量依次为31.2万羊单位、24.9万羊单位，其中，2007年的理论载畜量是最低的；其现实载畜量则于1996年、1997年出现较高值，其现实载畜量依次为89.9万羊单位、82.1万羊单位，其中，1996年的现实载畜量是最高的。于2004年、2005年、2006年出现低值，现实载畜量分别为38.9万羊单位、47.7万羊单位、42.5万羊单位，其中2004年的现实载畜量是最低的。从其压力指数的年际分布情况来看，于1999年、2000年、2001年、2007年出现高值，其压力指数分别为1.66、2.26、1.66、2.25。其中，2000年的压力指数是最高的，2004年达到最低值，为0.62。

正镶白旗的草畜平衡情况表明在理论载畜量较低的年份其现实载畜量较高，两种情况同时出现，这是正镶白旗压力指数偏高的原因。

表 8-13　1996—2008 年正镶白旗冷季草地压力　　　　　　（单位：万羊单位）

年份	冷季理论载畜量	冷季实际存栏数	载畜压力指数
1996	105.3	89.9	0.85
1997	80.1	82.1	1.02
1998	84.3	69.3	0.82
1999	43.0	71.6	1.66
2000	31.2	70.5	2.26
2001	38.3	63.6	1.66
2002	48.9	56.5	1.16
2003	43.4	51.3	1.18
2004	62.7	38.9	0.62
2005	36.2	47.7	1.32
2006	53.5	42.5	0.79
2007	24.9	56.0	2.25
2008	38.2	54.7	1.43
平均	53.1	61.1	1.2

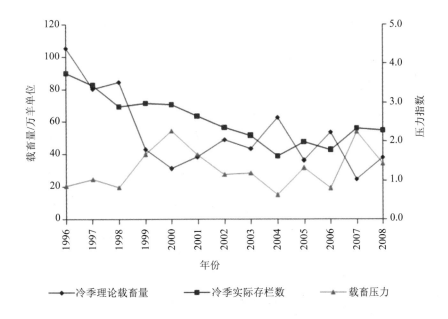

图 8-29　1996—2008 年正镶白旗载畜压力

在 1996—2008 年（表 8-14 和图 8-30），西部区的镶黄旗平均理论载畜总量为 76.0 万羊单位；其平均现实载畜总量为 43.8 万羊单位，平均现实载畜量为 0.0 021 羊单位/亩，多年平均载畜压力为 0.58。因此，在 1996—2008 年，总体上镶黄旗并没有超载。

表 8-14　1996—2008 年镶黄旗冷季草地压力　　（单位：万羊单位）

年份	冷季理论载畜量	冷季实际存栏数	载畜压力指数
1996	67.3	60.6	0.90
1997	52.5	58.5	1.11
1998	74.5	50.7	0.68
1999	115.4	53.5	0.46
2000	310.5	51.2	0.16
2001	19.6	48.2	2.46
2002	70.4	34.7	0.49
2003	71.7	31.5	0.44
2004	59.4	31.3	0.53
2005	35.2	39.3	1.12
2006	44.4	33.5	0.75
2007	30.9	43.5	1.41
2008	36.1	33.0	0.91
平均	76.0	43.8	0.6

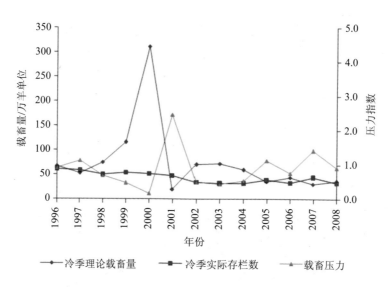

图 8-30　1996—2008 年镶黄旗载畜压力

　　从其载畜量与压力指数年际变化情况来看，镶黄旗的理论载畜量分别于 1999 年、2000 年出现相对高值，其理论载畜总量分别为 115.4 万羊单位、310.5 万羊单位，其中，2000 年的理论载畜量是最高的。于 2001 年出现理论载畜量的低值，其载畜量为 19.6 万羊单位；其现实载畜量则于 1996 年、1997 年出现较高值，其现实载畜量依次为 60.6 万羊单位、58.5 万羊单位，其中，1996 年的现实载畜量是最高的。于 2003 年、2004 年和 2008 年出现低值，现实载畜量分别为 31.5 万羊单位、31.3 万羊单位、33.0 万羊单位，其中 2004 年的现实载畜量是最低的。从其压力指数的年际分布情况来看，于 1997 年、2001 年、2005 年和 2007 年出现高值，其压力指数分别为 1.11、2.46、1.12 和 1.41。其中，2001 年的压力指数是最高的，2000 年达到最低值 0.16。

　　镶黄旗的草畜平衡情况表明其压力指数较小，实际存栏数与理论载畜量之间较为平衡。

　　总体来看，除东乌珠穆沁旗和西乌珠穆沁旗在 1996—2008 年载畜压力指数相对较小，超载现象较少；大部分旗县在 2001 年之前载畜压力指数较高，在 2001 年之后载畜压力指数明显降低，发生超载的次数减少或者超载不明显；总体上锡林郭勒盟的超载现象在 2001 年之后得到了较好的控制，大多数旗县载畜压力指数小于或者接近于 1。

8.2.7　畜牧业和载畜压力分析小结

　　根据锡林郭勒盟冷季畜牧存栏数、冷季草场理论载畜量等数据，可以得到以下主要结论：

　　（1）1996—2008 年锡林郭勒盟冷季畜牧存栏量的多年平均值为 1 077 万羊单位，变异系数（CV）为 24.0%。畜牧出栏率的多年平均值为 42.0%。锡林郭勒盟畜牧生产总的趋势是：牲畜出栏率呈现逐年缓慢上升趋势，从 1996 年的 31.5%上升到 2007 年的 50.5%；6 月份和年末存栏数变化较大，大致可以分成：1996—1999 年平稳上升；在 1999—2004 年为快速下降；2004—2008 年为恢复性上升 3 个阶段。

　　在空间上，东部牧业旗（东乌珠穆沁旗、西乌珠穆沁旗）的家畜饲养总量较大，其多年平均饲养总量在 700 万羊单位以上，饲养量的年际变化较为稳定；中部牧业旗县（阿巴嘎旗、锡林浩特市、正蓝旗）的草食家畜饲养量较东部牧业区小，多年平均饲养总量在 500 万羊单位以上，其家畜饲养量的变化稳定性则居中；西部牧业区（苏尼特左旗、苏尼特右旗、镶黄旗、正镶白旗）的草食家畜饲养量是锡林郭勒盟三个牧业区中最小的，多年平均饲养总量在 500 万羊单位以下，其家畜饲养量的变化在锡林郭勒盟三个牧业旗县中最不稳定。

　　（2）锡林郭勒盟 1996—2008 年多年平均理论载畜量为 1 038.0 万羊单位，总体上呈波动降低趋势，即由 1996 年的 1 594.8 万羊单位降至 2008 年的 882.6 万羊单位。理论载畜总量与现实载畜总量之间的平衡数的多年平均值为-38.7 万羊单位，草地载畜压力指数的多年平均值为 1.1，即超载了 10% 左右。

从载畜压力指数的年度变化特征看，锡林郭勒盟草原载畜压力呈波动上升趋势，即由 1996 年的 0.85 上升到 2000 年的 0.88。其中，1999 年、2000 年、2001 年连续 3 年保持较高的压力水平，3 年平均压力指数达到 1.49 的水平；之后在 2007 年再次出现最高压力指数，为 1.8，高出正常水平 80%。在 1996 年、1998 年、2003 年 3 个年份，该区载畜压力指数较低，3 年平均压力指数仅为 0.76。

在空间上，1996—2008 年，东部牧业区的冷季现实载畜量最低，其压力指数最小（0.97），草食畜牧业仍有潜力；西部的冷季现实载畜量居中，压力指数则居中，为 1.0 强，基本不超载；中部现实载畜量也最高，压力指数也最大，为 1.18，属于畜牧超载地区。

8.3 锡林郭勒盟经济社会发展分析

人类社会经济活动与生态环境紧密相连。一方面，人类的生存和发展离不开生态环境提供的物质、能量和信息，生态环境是经济社会存在和发展的必要条件和基础。另一方面，社会经济系统也会强烈地影响着生态环境的变化，如人类经济社会系统通过制定和实施区域发展战略，尤其是通过土地政策、产业发展政策、环保政策等，在短时间尺度上对区域生态系统造成巨大影响；在短时间尺度上，这种影响力甚至可以超过任何一种自然因素对区域生态系统的影响。

8.3.1 区域发展政策及其后果

锡林郭勒盟区域发展，尤其是牧区发展战略和具体政策，受到国家、自治区发展的大背景影响。从整体上看，锡林郭勒盟的区域发展战略可以分为 4 个时期：第一时期为 1978 年前的文化大革命时期；第二时期为 1978—1984 年的"牲畜作价，户有户养"时期；第三时期为 1984—2000 年的"畜草双承包"、"双权一制"时期；第四时期为 2000 年之后的"三牧内部减负荷，三牧外部找出路"时期。具体政策演变及其后果简述如下：

20 世纪 70 年代，在文化大革命极端狂热的背景下，内蒙古自治区政府曾提出牧区也要"以粮为纲"、牧区也要实现"粮食自给"等不科学、不合理、不切实际的目标，在草原上开始了广泛的、有组织的垦殖活动。

1978 年"文革"结束后，内蒙古政府为发展地方经济，在草原经营体制方面进行了积极的探索和实践。从 1983 年起，锡林郭勒盟牧区全面推行"牲畜作价，户有户养"的生产责任制；到 1985 年，全区 95% 的集体牲畜已经作价归户。在这一时期，对于牧区草场的所有权和使用权没有规定，草场处于无人管理的"公共草场"状态，区域发展的激励政策也是以牲畜数量指标为中心。在此背景下，牧户可以随意使用草场，牧户为个人经济利益一味追求牧畜头数，各级政府及其官员也有在其任期内不顾草原载畜能力、盲目推高牲畜头数的绩效考核冲动。尽管当时有畜草平衡的构想，但实施过程中却无人顾忌草原自然生产力，只能片面追求牲畜头数；衡量畜牧业丰、歉的标准纯粹是以牲畜头只数的增长率为主要考核指标；其结果必然是牧畜头数激增，草场严重退化、沙化。

1984 年之后，鉴于"牲畜作价，户有户养"政策所暴露的种种问题，牧区开始推行"畜草双承包"责任制，把草牧场所有权划归嘎查所有，把人、畜、草和责、权、利统一起来，使畜牧业经营和草原经营紧密挂钩起来。在具体的承包形式上，主要有三种办法，即承包到户、承包到联户、承包到浩特（自然村）。从 1996 年开始，在草畜双承包的基础上，进一步落实草牧场的"双权一制"和旨在"增草增畜，提高质量，提高效益"的"双增双提"战略。"双权一制"是指草牧场的所有权、使用权和承包责任制，"双权一制"是对"草畜双承包"制度的明确化和法律化，增强了农牧民对于草原经营的信心。到 2005 年，内蒙古牧区"双权一制"工作基本完成。

在 1998 年华南长江流域爆发特大洪水、2000 年华北地区爆发特大沙尘暴天气灾害后，中央出台一系列旨在加强生态保护、重点推进有关生态治理工程的政策。国务院在内蒙古自治区锡林郭勒盟实施的重大工程包括：退耕还林还草工程、京津风沙源治理工程、"三北"防护林体系建设工程、草原沙化防治工程等。在锡林郭勒盟，政府在积极实施国家有关战略工程的基础上，进一步提出了"三牧内部减负荷，三牧外部找出路"、大力推进"两转双赢"战略的实施思路。力求通过转移牧区人口、转变畜牧业生产经营方式，达到恢复改善草原生态、增加农牧民收入的目标；"三牧内部"是指转移农村牧区人口、减少牧区牲畜、增加农牧民收入，把转人、减畜、增收作为主要抓手；"三牧外部"是指：大力推进"三化互动"，即工业化、城镇化、产业化，为三牧工作目标创造空间，提高反哺支持能力。

2005 年后，第十届全国人大常委会第十九次会议通过《关于废止中华人民共和国农业税条例的决定》，中国实施了近 50 年的农业税条例被依法废止。锡林郭勒盟以及各旗市县政府开始关注依托丰富的煤炭资源及其他矿产资源，努力培育壮大能源、化工、矿产采选冶炼、农畜产品加工、建材等优势特色工业产业。2008 年，全盟工业增加值完成121.6 亿元，比 2002 年翻了三番多，占地区生产总值的比重超过 50%。在工业经济的强劲拉动下，锡林郭勒盟财政收入达到 51 亿元，比 2002 年翻了三番。2008 年，财政投入"三农三牧"的资金达 11.3 亿元，占财政总支出的 14.6%，是 2002 年的 13 倍，工业反哺农牧业的能力明显增强。

需要指出的是，在中央政府彻底免除畜牧业税费以后，采矿业成为锡林郭勒盟多数旗的支柱产业和发展重点。采矿业大力发展再给农牧业提供反哺能力的同时，也存在一些负面影响，主要有：一些滥采乱挖矿产资源，造成牧民永远失去草场，并引起草场经济压力加大；此外，采矿过程中，大量抽取排放地下水造成草场盐碱化、车辆碾压草场、大量松散堆积物、矿渣也造成草原污染和沙化。

8.3.2 经济社会发展历史

2007 年，锡林郭勒盟国民生产总值（GDP）总量达 289 亿元，其中一产、二产、三产产业增加值占国民生产总值的比重分别为 13.5%，58.8%和 27.7%。2007 年锡林郭勒盟总人口为 101.6 万人；其中城镇人口为 55.47 万人，城镇化率达到 53.15%。

在 GDP 增长速率（图 8-31 和表 8-15）方面，锡林郭勒盟 GDP 总量一直呈增长趋势，但不同阶段的增长速率有着明显差异。在 2003 年之前，GDP 增长速度不大，平均每年增长 17%左右。从 2003 年开始，锡林郭勒盟的 GDP 进入了极快速增长时期，平均年增长为 29%。从总量上看，1978 年锡林郭勒盟 GDP 仅 2.2 亿元；至 1988 年超过 10 亿元，达到 11.2 亿元；2003 年锡林郭勒盟 GDP 接近 100 亿元（97.6 亿元），2004 年进入 100 亿元地级市行列；继而仅用 2 年时间，至 2006 年超过 200 亿元；预计 2008 年 GDP 可突破 300 亿元。

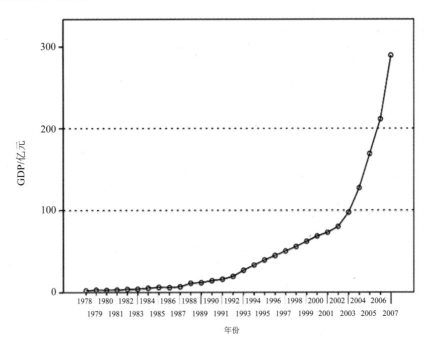

图 8-31　1978—2007 年锡林郭勒盟国民生产总值（GDP）

在经济构成（图 8-32）方面，1978—2000 年，以畜牧业为主体的第一产业始终是锡林郭勒盟经济的主体产业，第一产业增加值占 GDP 的比重都在 33% 以上。24 年间，有 7 年比重超过了 50%，有 10 年的比重在 48% 以上。第一产业在国民经济中的地位的下降实际上从 1988 年即已开始。除个别年份出现涨落外，第一产业增加值占 GDP 的比重总体趋势是下降的。至 2007 年，第一产业增加值比重仅占 GDP 的 13.5%。第二产业从 1988 年开始，其比重持续增加；在 1992 年即超过 33%，随后于 2006 年起超过 GDP 的 50%，并在随后几年继续保持上升趋势。第三产业比重则从 1990 年起持续增加；至 2001—2004 年达到其最高值 33% 左右，随后各年其份额缓步不前，甚至从 2005 年起轻微回落至 27%（2007 年）。针对 2007—2008 年的统计年鉴资料分析表明，目前在锡林郭勒盟，第一产业对经济增长的贡献率仅为 2.1%，第二产业对经济增长的贡献率为 67.8%，第三产业对经济增长的贡献率为 30.1%。

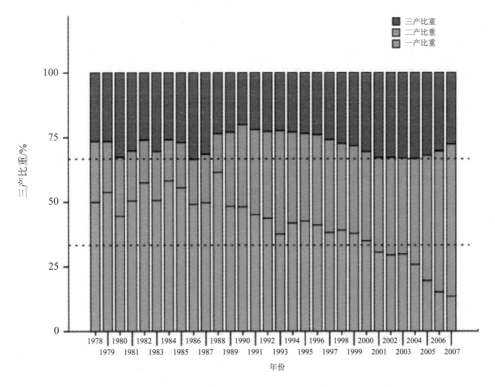

图 8-32　1978—2007 年锡林郭勒盟国民生产总值（GDP）构成

从 1978—2007 年人口变化轨迹（图 8-33）来看：在总人口方面，除个别年份、个别阶段（1999—2001 年）出现人口异常波动外，锡林郭勒盟总人口是稳步增长的。至

2005 年，该地区人口超过 100 万。在人口构成方面，该地区城镇化率不断攀升。在 2000年之前，该区城镇化率一直在 30%～40%，到 2001 年，锡林郭勒盟城镇化率突破 40%；到 2005 年，该区城镇化率首次突破 50%，至 2007 年，城镇化率达到 53.2%（剔除了 2004年的异常值）。

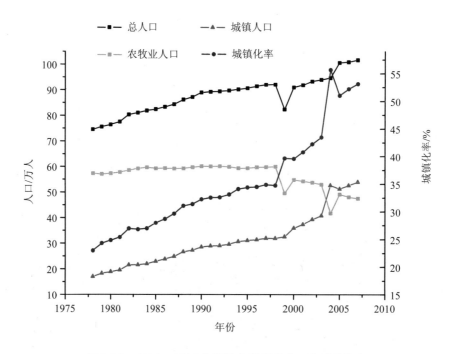

图 8-33　1978—2007 年锡林郭勒盟总人口和城镇化率

在城镇化率不断提高的同时，即城镇人口相对比例不断提高、农牧民人口相对比重不断下降的同时，农牧民人口的绝对数目在 1998 年达到顶峰，从 1999 年起，农牧民人口数不断下降，到 2007 年，农牧民人口已经下降到 47.64 万人，比 1978 年的 59.41 万人还要低 12 万人（剔除了 2004 年的异常值）。

锡林郭勒盟农牧民人口的绝对值自 1999 年开始下降，这一方面是该区经济发展、社会自发出现城镇化的结果；另一方面，这也是锡林郭勒地方政府从 2000 年起重点推进"两转双赢"战略，该战略把从事传统农牧业生产的农村牧区人口转移到城镇，转变传统的农牧业生产经营方式，由此达到草原生态恢复和农牧民增收的双重目标。

表 8-15　1978—2007 年锡林郭勒盟经济社会发展概况

年份	GDP/万元	一产比重/%	二产比重/%	三产比重/%	总人口/万人	城市化率/%
1978	21 579	49.9	23.5	26.6	74.55	22.99
1979	29 310	53.8	19.6	26.6	75.52	24.32
1980	26 870	44.6	22.7	32.8	76.40	24.87
1981	29 911	50.4	19.4	30.3	77.56	25.39
1982	37 025	57.4	16.5	26.1	80.31	26.98
1983	40 012	50.6	18.8	30.5	81.02	26.82
1984	52 435	58.1	16.0	25.9	81.86	27.00
1985	62 158	55.5	17.5	27.0	82.45	27.99
1986	58 631	49.1	17.3	33.6	83.34	28.71
1987	68 067	49.7	18.8	31.6	84.33	29.67
1988	111 825	61.4	15.0	23.6	86.18	31.10
1989	117 692	48.3	28.7	23.1	87.16	31.41
1990	142 248	48.2	31.7	20.1	88.91	32.28
1991	160 645	45.1	32.9	22.0	89.19	32.59
1992	193 895	43.7	33.5	22.8	89.39	32.64
1993	268 576	37.5	40.0	22.5	89.69	33.15
1994	334 120	41.9	35.1	23.0	90.16	34.13
1995	396 269	42.7	33.8	23.6	90.60	34.42
1996	450 353	41.0	35.0	24.0	91.36	34.51
1997	504 756	38.1	36.0	25.9	91.98	34.89
1998	559 248	39.0	33.6	27.4	92.04	34.78
1999	623 167	37.7	34.0	28.3	82.37	39.66
2000	686 803	34.9	34.5	30.6	90.95	39.60
2001	731 906	30.5	36.6	33.0	91.83	40.80
2002	803 497	29.4	37.7	32.9	93.31	42.27
2003	976 702	29.8	37.1	33.1	93.97	43.51
2004	1 276 342	25.8	40.9	33.2	94.66	55.70
2005	1 692 189	19.6	48.5	32.0	100.60	51.04
2006	2 116 902	15.1	54.5	30.4	100.90	52.22
2007	2 894 609	13.5	58.8	27.7	101.68	53.15

8.3.3 经济社会发展格局和动态

就 GDP 总量而言，锡林郭勒盟东部地区、南部地区的经济发展情况要比西部和北部地区发展要好，东部地区和南部地区的 GDP 总量比西部和北部地区要高；但是就人均 GDP 而言，东部地区的人均 GDP 依然能够保持在全盟前列，但是南部地区的人均 GDP 则常常落后于大部分旗县，处于全盟各旗县中靠后的位置。二连浩特市由于其特殊的区位特点和发展历史，GDP 总量在 1990 年之前比较落后，但是人均 GDP 较高；1990 年之后，二连浩特市的 GDP 总量和人均 GDP 都在全盟前列。具体来说：

1978 年，从各旗县的 GDP 总量（图 8-34）来看，太仆寺旗和锡林浩特市的 GDP 总量对全盟的贡献最大，在 3 000 万元以上；而苏尼特左旗、镶黄旗和二连浩特市 GDP 总量较小，低于 1 000 万元。但是，从人均 GDP 来看（图 8-35），二连浩特市、东乌珠穆沁旗和阿巴嘎旗人均 GDP 最大，人均 GDP 在 450 元以上，太仆寺旗、多伦县和西乌珠穆沁旗人均 GDP 较小，低于 300 元。

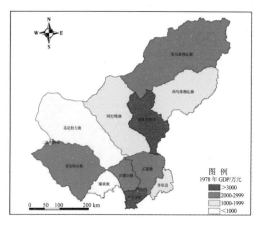

图 8-34　1978 年锡林郭勒盟 GDP 空间分布

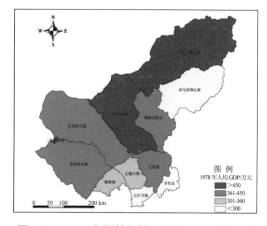

图 8-35　1978 年锡林郭勒盟人均 GDP 空间分布

1990 年，从各旗县的 GDP 总量（图 8-36）来看，东乌珠穆沁旗、西乌珠穆沁旗和锡林浩特市的 GDP 总量对全盟的贡献最大，当年 GDP 在 1.5 亿元以上；苏尼特左旗和镶黄旗 GDP 总量较小，低于 6 000 万元。但是从 1990 年锡林郭勒盟各旗县的人均 GDP（图 8-37）来看，二连浩特市和东乌珠穆沁旗人均 GDP 最大，人均 GDP 在 3 000 元以上，太仆寺旗、苏尼特右旗、多伦县和正镶白旗人均 GDP 较小，均低于 1 000 元。

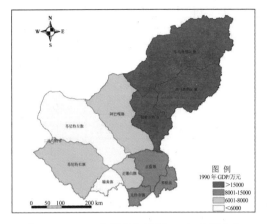

图 8-36　1990 年锡林郭勒盟 GDP 空间分布　　　　图 8-37　1990 年锡林郭勒盟人均 GDP 空间分布

　　2007 年，从各旗县的 GDP 分布（图 8-38）来看，东乌珠穆沁旗、正蓝旗和锡林浩特市的 GDP 总量对全盟的贡献最大，当年 GDP 在 30 亿元以上，阿巴嘎旗、正镶白旗和镶黄旗 GDP 总量较小，低于 15 亿元。从人均 GDP（图 8-39）来看，苏尼特左旗、锡林浩特市和二连浩特市人均 GDP 最大，人均 GDP 在 4.5 万元以上，其中二连浩特市人均 GDP 高达 10 万元以上，而太仆寺旗、多伦县和正镶白旗人均 GDP 较小，均低于 2 万元。

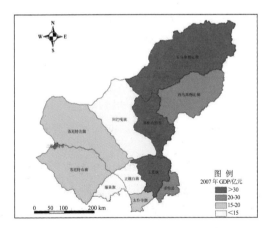

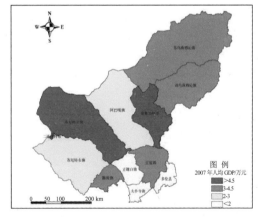

图 8-38　2007 年锡林郭勒盟 GDP 空间分布　　　　图 8-39　2007 年锡林郭勒盟人均 GDP 空间分布

表 8-16　锡林郭勒盟各旗县 GDP 与人均 GDP 的变化

旗县	1978		1990		2007	
	GDP/万元	人均 GDP/元	GDP/万元	人均 GDP/元	GDP/万元	人均 GDP/元
二连浩特市	424	614	5 994	5 167	255 013	102 828
锡林浩特市	3 660	445	35 081	2 859	767 243	46 840
阿巴嘎旗	1 805	506	7 246	1 830	125 577	28 605
苏尼特左旗	987	387	4 295	1 413	157 420	46 712
苏尼特右旗	2 177	383	6 228	917	174 740	25 251
东乌珠穆沁旗	2 883	545	18 015	3 128	330 754	44 696
西乌珠穆沁旗	1 634	283	15 127	2 238	272 003	37 159
太仆寺旗	4 506	232	12 514	582	171 123	8 196
镶黄旗	870	358	3 387	1 172	122 425	40 404
正镶白旗	2 028	325	6 614	920	103 713	14 385
正蓝旗	2 537	382	11 909	1 559	301 673	37 290
多伦县	1 623	201	9 153	922	201 471	19 713

8.3.4　重要生态工程

在环境保护和生态建设方面，国家对内蒙古自治区在资金投入方面给予了倾斜，全国实施生态环境建设的六大生态工程，即天然林保护、退耕还林、京津风沙源治理、"三北"防护林体系建设、野生动植物保护及自然保护区建设、重点地区速生丰产林基地建设。内蒙古自治区是全国唯一拥有上述六大工程的省区。在锡林郭勒盟，主要的生态工程包括其中 5 项，即天然林保护、退耕还林、京津风沙源治理、"三北"防护林体系建设、野生动植物保护及自然保护区建设。

天然林保护工程：据 2006 年资源统计年报，全盟林地面积为 1 414.9 万亩，林木总蓄积 993.5 万 m^3，其中有林地为 352.6 万亩，灌木林地 553.4 万亩，疏林地 66.1 万亩，未成林造林地面积 437.8 万亩，四旁树面积 3 万亩，苗圃地面积 2 万亩。全盟森林覆盖率为 2.99%。天然林主要分布在东南山地的大兴安岭余脉和浑善达克沙地中东部，是锡林郭勒盟三大水系的主要发源地和水源涵养区。"天保工程"实施 10 年来，我国北方最重要的生态屏障——内蒙古大兴安岭林区天然林资源保护工程及生态建设成就显著，累计人工更新造林 1 817.8 万亩，活立木蓄积量新增 1.2 亿 m^3，森林覆盖率已从 10 年前的

69.09%提高到 75.68%。

京津风沙源治理工程：2000 年 6 月开始试点，2002 年 3 月工程建设全面展开。工程规划范围涉及北京、天津、河北、山西、内蒙古 5 省（自治区、直辖市）的 75 个县（旗、市、区），工程区国土总面积 45.8 万 km^2，其中沙化土地面积 10.18 万 km^2。工程建设分 2001—2005 年和 2006—2010 年两个阶段进行。工程主要措施包括：营林造林、退耕还林还草、草地保护和治理、小流域综合治理、水源及节水设施建设等，工程重点区域是：沙化草原、浑善达克沙地、农牧交错地带沙化土地和燕山丘陵山地水源保护区沙地。

京津风沙源治理工程是在 21 世纪初期特定条件下启动实施的，规划任务艰巨，治理难度较大，时间跨度较长。随着工程建设不断向前推进，与工程建设初期相比，工程建设的内外部环境条件发生了巨大变化，早期的一些政策已不适宜工程健康、持续和稳定发展，特别是一些矛盾和问题日趋显现，建设形势不容乐观。主要表现在：工程区生态环境仍十分脆弱，沙化危害仍然突出；工程建设难度加大，主要表现在工程治理难度加大、组织实施难度加大以及工程管护难度加大；工程投资标准偏低，结构不合理；工程区林草资源利用不足，后续产业发展缓慢。一些具体问题包括：在退耕还林还草过程中，由于传统的畜牧经营方式，家庭联产承包责任制还没有真正地落到实处，草地的权属关系和还林还草组织形式还不够清晰，多数农牧民还不可能依靠林草收入维持生计，农牧民为实现自身利益最大化目标，还不能完全成为生态环境的建设者和捍卫者。

野生动植物保护及自然保护区建设：全盟现有湿地资源 1 876 万亩，占全盟总土地面积的 6.23%。锡林郭勒盟湿地主要集中分布在乌拉盖水系、查干淖水系和滦河水系。三大水系湿地总面积达到 949.5 万亩，占全盟湿地总面积的 50.6%。有自治区级自然保护区 5 处，面积 613 万亩，盟市旗县级自然保护区 3 处，面积 62 万亩。主要为森林、草原、沙地、湿地和濒危动物保护类型自然保护区，保护区都建有相应管理机构，东乌珠穆沁旗建立了自然保护区管理局，乌拉盖湿地自然保护区被列入全国湿地保护工程建设范围。

8.3.5 微观过程的影响机理

影响草场的不仅仅取决于牲畜的头数，同时也取决于植被暴露于牲畜的时间；蒙古族牧民也将这一破坏性因素称为"蹄灾"。在过去的几十年里，由于放牧范围、大畜比重等因子发生变化，这对于锡林郭勒盟草地生态有着重要影响。

盟旗制度、游牧、定牧和围栏：17 世纪以来，清政府在蒙古地区推行盟旗制度，使蒙古民族传统的生产生活方式发生巨大的变化。在推行盟旗制度以后，牧民的游牧范围由过去上千千米范围，缩小到被严格限制在 200～300 km 范围内。中华人民共和国成立后，首先于 1958 年实行人民公社制度，牧民游牧活动进一步被严格限制在生产队范围，游牧距离由原来的 200～300 km 缩小到 40～50 km，在牧区南部地区甚至缩小到不足 10 km；1983 年，内蒙古自治区继而实行草畜双承包制，牧民终年放牧面积进一步缩小到千亩到万亩范围内。2000 年后，为保护草原而推行的"三牧"政策之一的"划区轮牧"使草场面积更加微型化。游牧范围的缩小以及消失会直接引起牲畜对小范围草原高强度的践踏，造成对草原生态环境的破坏。另一方面，在传统的游牧生活中，牧民在一个营地逗留时间一般在 15 天左右，这与牧草生长存在采食两周后生产力暴涨的规律是相协调的。由此可见，游牧活动自身就是一种生产资源、改善生态的生产方式。此外，近半个世纪几次歼灭式扑杀和草场被网围栏分割等使草原没有了羊群的大范围游动，这使草原永远失去了牧草种子和微量元素在区域间的调剂和平衡机制，使草原整体出现退化。

大畜比重的变化及其影响：1965 年以来，内蒙古牧区 24 旗市牲畜总数由 3 505 万羊单位减少到 2002 年的 3 420 万羊单位，牲畜的实际总蹄数却由 1965 年的 8 330 万增加到 2002 年的 11 359 万，净增 757 万只羊的蹄子数。这实际上是大畜在畜群结构中比重的下降导致的。大畜比重的下降也加剧了蹄灾的严重程度。换句话说，1965—2002 年，在指示经济效益指标[即牲畜总头数（标准羊单位）]下降的情况下，牲畜蹄子对草场的破坏力不仅没有下降，反而增加了 1/5。而大牲畜比重下降的主要原因是因为实行草场承包到户的经营制度，农牧户个体率先追求个体经济效益，而绵羊的饲养一般来说能够给予农牧户更高的投入产出比。

枯草层的破坏：一般认为，内蒙古高原牧区植物生长期只有 100～130 d，并且，每年 7—8 月份的雨季降雨量大小对于草地生产力大小具有控制作用。但在地表枯草层完好的情况下，由于枯草层的保水、保肥和调节土壤温度等作用，牧区植物的实际生长期可以是 3 月底至 8 月底，共 150 多天。此外，枯草层还是蝗虫和老鼠的天敌，也就是说，枯草层的存在有利于提高草场的生物丰度和生产力、避免草场鼠害、虫害所引发的生态退化。

在草地遭受蹄灾后，牧草根系和草场生产力遭受严重损伤，最终导致枯草层完全消失。枯草层消失以后，由于土壤水分、养分的大量丧失和夏季土壤日夜温差的成倍增加（由十几摄氏度增加到 50 多摄氏度），土壤干化硬化，土壤微生物急剧减少，牧草根系大量死亡，牧草的生长完全依靠雨季降雨，导致实际生长期减少到只有雨季的 60 d 左右，草场的生产力水平与生态功能大幅度下降。

挖药材和搂发菜：1980—1990 年，持续十余年间，有数百万外来人口前来内蒙古自治区挖药材与搂发菜，致使 700 万 hm² 草原受到严重破坏，其中 400 万 hm² 已荒漠化；

在锡林郭勒盟的苏尼特右旗多达 5 万人搂发菜，致使 10 万 hm² 草场退化沙化，成为"寸草未生，赤地千里"的荒野。搂发菜灾难最严重的地区是典型草原和半干旱草原地区。由于搂发菜时，枯草层一同被搂走。

家庭牧场经营模式：1990 年开始在牧区推广五配套的现代化家庭牧场经营模式，即做到网围栏、棚圈、机井、高产饲料地和青储窖等 5 项配套，要求每户开垦 20 亩高产饲料地，这一方式使得在 2003 年锡林郭勒盟高产饲料地面积达到 67 万多亩。这一方式使得牧区遍地开垦，农田的分布由过去局部优质草原向整个草原牧区蔓延，整个草原形成了无数斑点状沙源地。

第 9 章 总述

该研究以内蒙古自治区锡林郭勒盟为研究区，抓住其大尺度、典型草原、农牧交错的特点，以遥感和地理信息系统技术为主要技术支撑，构建了锡林郭勒盟长时间序列生态环境综合数据库系统。以此为依托，开展了对锡林郭勒盟生态系统格局、功能变化规律的分析，总结和凝练了有关锡林郭勒盟生态系统基本格局及其变化趋势的科学规律。最后，对隐藏在生态系统格局及其变化过程之后的区域气候、政治、经济和社会发展、人类重大活动等进行了分析。该章对锡林郭勒盟生态系统的基本格局、演变态势及其时空驱动机制进行提要总述。

9.1 生态系统演变驱动因子及其作用

9.1.1 区域地理、气候及其变化控制了生态系统的基本格局及其演变趋势

（1）大地构造运动确定了锡林郭勒盟各基本地理单元。新生代喜马拉雅山造山运动促使阴山山脉和大兴安岭山脉显著上升，但它在高原的内部存在区域差异。阿巴嘎熔岩台地及其西部地区相对上升，东部及南部地区则相对下降。在上升和下降的软弱带则有大量玄武岩喷发。更新世期间，该区气候转湿，形成了较为丰富的地表水文网络，尤其以阴山山前和东部地区为甚。乌拉盖河水系、达里诺尔湖以及查干淖尔湖都要比现在大，乌拉盖河、达里诺尔湖水系等有可能北流至蒙古国，浑善达克沙地中的小湖泊则应呈南北方向相连。全新世以来，由于地势抬升，气候转干，形成许多风成地貌。东部及南部洼地中发育着河流，沉积了第四纪松散堆积物；而西部地区，长期以来受到剥蚀作用，形成广阔的剥蚀地形，不仅无地表水系，同时潜水也不丰富，埋藏又深。

经过上述大地构造运动，锡林郭勒盟形成了东邻大兴安岭，南接阴山北麓，西部大致以集二线（集宁—二连浩特铁路）与乌兰察布高原相接的基本地理单元；其地势南高北低，略向中间倾斜，中央形成了轻微起伏的波状平原。在该基本地理单元内部，可以进一步划分出乌拉盖洼地、阿巴嘎熔岩台地、浑善达克沙地等二级地理单元。

乌拉盖洼地位于东北部,是断陷盆地级河湖相沉积洼地。该区地表水和地下径流主要汇集在乌拉盖河下游的湖泊和湿地;在冲积平原中河谷洼地、河漫滩地、平坦低地与湖泊相连,形成盐渍化沼泽,发育了盐渍化草甸草原。

阿巴嘎熔岩台地在北部,为大片玄武岩台地。它南抵浑善达克沙地北缘,东以锡林河为界,西至阿巴嘎旗查干淖尔,北至巴龙马格隆丘陵地。南北长达 250 km,岩顶在 1 400 m 以上。台间低地,水草良好;台地顶部,形成缺水草场。

浑善达克沙地位于南部,主要由固定沙区、半固定沙丘构成。浑善达克沙地由西北向东南延伸,东西长约 280 km,南北宽 40~100 km 不等。这一地区降水较多,汇集在丘间低地可以形成短促水流或汇成湖泊;地下水埋藏不深,植被覆盖达 40%~50%;沙丘上生长灌丛或小片森林,丘间发育沙地草原或湿润草甸。

(2)受东亚季风、蒙古高原温带大陆性气候影响,锡林郭勒盟属中温带半干旱、干旱大陆性季风气候,气候变化梯度为 SE-NW 方向。锡林郭勒盟地处中纬度蒙古高原内陆,东南部的大兴安岭山脉以及南部的阴山山脉,在地形上形成天然屏障,阻碍了海洋性气候的北移。而北部和西部地势平缓,常处于西北内陆干旱气流和蒙古高气压的控制之下,利于西伯利亚和极低冷空气的侵袭。在地理位置和地形地貌格局控制下,锡林郭勒盟属于中温带半干旱、干旱大陆性季风气候。

该区温度多年平均为 2.58℃,大致在 0.82~4.61℃;自西向东,自南向北,年均温度逐渐升高;降水总量多年平均为 250.5 mm,大致在 163.1~414.5 mm;自东向西、自南向北,年降水量逐渐降低;风速多年平均为 3.81 m/s,大致在 3.20~4.4 m/s;自东向西、自南向北,年均风速逐渐升高;年均潜在蒸散率(PER)多年平均为 1.96,大致在 1.06~3.28;自东向西、自南向北,潜在蒸散率(PER)逐渐升高。

(3)受基本地理单元和区域气候变化梯度控制,锡林郭勒盟气候生态分区大致呈现自东向西逐渐过渡的特征;同时,在叠加了以人类的土地开发活动后,锡林郭勒盟的农业生态大致呈现自南向北的规律变化。

锡林郭勒盟东部地区以草地生态系统为主导,其次为森林生态系统、水体与湿地生态系统;在锡林郭勒盟南部和中部,仍然以草地生态系统为主导,但是南部地区的农田生态系统跃升为仅次于草地的重要生态系统类型,并成为支撑这些旗县经济发展的重要类型;在锡林郭勒盟西部和北部地区,尽管草地生态系统类型仍然是主导生态系统,但是荒漠生态系统类型比例增加迅猛,并且两者之间界限模糊、转换迅速。

锡林郭勒盟的生态系统格局同时呈现了两种变化特征。一种是自东向西的自然生态系统变化,即表现为"森林—草甸草原—典型草原—荒漠草原—草原荒漠"的植被类型转化;另一种则是自南向北的"农业—农牧交错—牧业"的转换。上述两种梯度变换,是自然地带性与人类活动共同作用的结果,即一方面表现生态系统内部有关植被盖度、生态系统建群种的变化；另一方面表现为人工干预类型和程度的分界和过渡。

（4）1950 年以来，锡林郭勒盟区域气候呈现暖干化趋势，风速呈减小趋势；这一趋势对该区生态系统的支持功能（NPP）、调节功能（土壤风力侵蚀、风蚀危险性）的变化具有控制作用。

气温呈上升趋势，年均气温增加幅度为 0.32～0.43℃/10 a；季节性气温上升幅度依次为：冬季＞秋季＞春季＞夏季；在空间上，从东向西、从南到北，温度增加幅度逐渐增加；与 20 世纪 50 年代相比，21 世纪初，年均气温大于 2.5℃的区域面积扩大了 3 倍，年均气温小于 1.0℃的区域已经彻底消失。

年降雨总量在时间上没有发生明显变化；但在 20 世纪 90 年代出现了一次降雨量相对丰沛的时期，在这一时期，降水量大于 400 mm 的区域达到 2.4 万 km²，占全盟国土面积的 12%。

风速呈下降趋势，减小幅度在 0.14～0.29 m/s/10 a；季节性的风速下降幅度依次为：春季＞冬季＞秋季＞夏季；在空间上，从东向西、从南到北，风速下降幅度逐渐加大；与 20 世纪 50 年代相比，21 世纪初，年均风速小于 3.5 m/s 的区域面积扩大了近 4 倍；年均风速大于 4 m/s 的区域面积减少了大约 83%。

潜在蒸散率（PER）呈增加趋势，年 PER 均值增加幅度为 0.12/10 a；季节性的 PER 的增长强度表现为：秋季＞春季＞夏季＞冬季；在空间上，从东向西、从南到北，PER 增加幅度逐渐增加；PER 总体呈现出以 10 年为周期的波动式上升趋势。PER 在 2000 年之前变化相对较小，在 2000 年之后，干燥程度明显增加。

在降水量相对稳定的情况下，锡林郭勒盟区域气候呈现暖干化趋势，风速呈减小趋势，一方面有利于植被生态系统净初级生产力（NPP）的提高，未来农业生态系统有可能进一步北移。另一方面，暖干化趋势将进一步加剧该地区蒸发量远超过降水量的基本格局，将可能导致区域气候更加干燥、草地生态系统将因相对缺水而发生较大规模的退化，草地生态系统未来因火灾、蝗虫灾害等发生退化的风险也将大幅提高。但是，由于风速呈现减小态势，该区的风力侵蚀范围和程度存在进一步降低的可能性；但是这种风蚀可能性同时会因为地面干燥度的提高、地表植被的退化等过程而大幅削弱。

9.1.2 区域发展政策变化和经济社会发展对生态系统演变具有显著的加、减速作用

（1）"文革"时期的盲动政策造成了锡林郭勒盟生态系统自 20 世纪 70 年代已出现退化现象，耕地的不合理开垦和撂荒是造成草原点状破坏的原因。

20 世纪 70 年代，在文化大革命极端狂热背景下，内蒙古自治区政府曾提出牧区也要"以粮为纲"、牧区也要实现"粮食自给"等不科学、不合理、不切实际的目标，在

草原上开始了广泛的、有组织的垦殖活动。耕地的不合理开垦和撂荒是造成草原点状破坏的原因，而这些点状破坏在后期则进一步成为草地生态系统进一步发生退化的基础和源头。

（2）"牲畜作价，户有户养"的生产责任制短时期内促进了地区经济社会发展，但是由此带来的牲畜过牧、草原超载则急剧地破坏了该区脆弱、敏感的典型草原生态系统，是该区生态系统在1990—2000年加速退化的根由。

1978年"文革"结束后，内蒙古政府为发展地方经济，在草原经营体制方面进行了积极的探索和实践。从1983年起，锡林郭勒盟牧区全面推行"牲畜作价，户有户养"的生产责任制；到1985年，全区95%的集体牲畜已经作价归户，但对于牧区草场的所有权和使用权没有规定，草场处于无人管理的"公共草场"状态，区域发展的激励政策也是以牲畜数量指标为中心，因此牧畜头数激增，草场严重退化沙化是必然的结果。

1984年之后，鉴于"牲畜作价，户有户养"政策所暴露的种种问题，牧区开始推行"畜草双承包"责任制，把草牧场所有权划归嘎查所有，把人、畜、草和责、权、利统一起来，使畜牧业经营和草原经营紧密挂钩起来。从1996年开始，在草畜双承包的基础上，进一步落实草牧场的"双权一制"和旨在"增草增畜，提高质量，提高效益"的"双增双提"战略，直到2005年，"双增双提"基本完成。

（3）国家关于开展生态保护和生态治理的大政方针对于区域生态环境演变具有举足轻重的作用；在2000年左右陆续开展建设的各项生态治理和建设工程，明显地起了遏制甚至逆转生态系统既有演化态势的作用。

在1998年华南长江流域爆发特大洪水、2000年华北地区爆发特大沙尘暴天气灾害后，中央出台一系列旨在加强生态保护、重点推进有关生态治理工程的政策。2000年5月，时任国务院总理的朱镕基来浑善达克沙地南缘的内蒙古多伦县视察，写下了"治沙止漠，刻不容缓；绿色屏障，势在必建"的指示。

在此国家大政方针牵引下，国家对内蒙古自治区在生态环境保护和治理工程的资金投入方面给予了倾斜。在全国实施生态环境建设的六大生态工程，即天然林保护、退耕还林、京津风沙源治理、"三北"防护林体系建设、野生动植物保护及自然保护区建设、重点地区速生丰产林基地建设中，内蒙古自治区是全国唯一拥有上述六大工程的省区。

在锡林郭勒盟，主要的生态工程包括其中5项，即天然林保护、退耕还林、京津风沙源治理、"三北"防护林体系建设、野生动植物保护及自然保护区建设。通过以上工程，锡林郭勒盟生态系统产生显著成效，并且从其转变过程明显可以看出2000年这一临界点。2000年之前，以草地生态系统面积的持续减少为代价，促使荒漠生态系统、农田生态系统，以及森林生态系统等陆地生态系统类型面积的增加；2000年之后，草地生态系统的面积减少的现象得到遏制和逆转，农田和荒漠生态系统类型持续增加趋势得到迅速遏制和逆转，其面积开始有所减少。

（4）新时期，锡林郭勒盟的经济发展模式已经由传统的以牧业为主转变为工业领先，锡林郭勒盟正在向资源型经济区的方向快速发展。锡林郭勒盟经济发展的转型为生态系统的保护和治理带来机遇和挑战。

2000 年后，锡林郭勒盟经济发展模式由传统的农牧经济向工业经济，尤其是向资源型区域发展；一大批采煤、石油、煤化工及其他资源开采项目开始建成投产或正在加紧建设中。这对锡林郭勒盟的生态保护和生态治理带来了巨大的机遇，同时也伴随有巨大的挑战。

锡林郭勒盟发展模式的转变和高速发展，首先带动了锡林郭勒盟工业经济和国民经济的大飞跃，并为锡林郭勒盟地方政府提高区域经济水平、降低"三农"、"三牧"压力提供了条件，同时也提供了更强的生态保护和治理能力。2008 年，全盟工业增加值完成 121.6 亿元，占地区生产总值的比重超过 50%。在工业经济的强劲拉动下，锡林郭勒盟财政收入达到 51 亿元，比 2002 年翻了三番。2008 年，财政投入"三农三牧"的资金达 11.3 亿元，是 2002 年的 13 倍，工业反哺农牧业的能力明显增强。

但是，区域经济社会的高速发展也产生了许多不容忽视的问题。主要是：草原上出现的厂房以及露天煤矿使原本完整的草原发生破碎化；矿产资源的乱采滥挖，造成牧民永远失去草场，并引起草场经济压力加大；采矿过程中，大量抽取排放地下水造成草场盐碱化；建厂、修路、草原上取土取料，破坏植被；各种运输车辆碾压草场、大量松散堆积物、矿渣也造成草原污染和沙化。

9.1.3　重大土地利用行为有着明确的、可定性或定量刻画的生态后果

（1）1975 年以来，主要因为不合理土地利用，导致了 0.44 万 km² 草地的退化，0.43 万 km² 沙地活化。

1975—1990 年，锡林郭勒盟草地生态系统绝对面积减小 0.21 万 km²，发生退化的草地约为 0.99 万 km²，沙区中沙地活化的总面积为 0.11 万 km²。1990—2000 年，草地生态系统面积比 1975 年减少了 0.23 万 km²，发生退化的草地面积达到 1.98 万 km²，沙地活化总面积为 032 万 km²。

草地生态系统面积萎缩，耕地和荒漠类型面积扩大；草地生态系统退化主要表现为破碎化、盖度降低。上述过程一方面降低了天然草地植被净初级生产力（NPP），削弱了生态系统的支持功能；另一方面，由于地表覆被类型和覆盖程度的变化，导致地表下垫面水热分配特征变化，使得区域的水热调节功能削弱。

（2）2000 年以来的生态保护和治理工程，遏制和逆转了锡林郭勒盟草地长期以来的

退化趋势。

2000—2005 年，锡林郭勒盟草地生态系统绝对面积增加了 0.1 万 km^2，草地恢复面积首次微弱超过草地退化的面积，达到 1.7 万 km^2；沙地固化面积首次超过沙地活化面积，固化面积合计为 0.41 万 km^2。2005—2009 年，草地生态系统绝对面积增加了 0.2 万 km^2；草地恢复面积达到 0.6 万 km^2；沙地固化面积超过沙地活化面积，达到 0.15 万 km^2。

草地生态系统面积扩张，荒漠生态系统类型面积基本稳定甚至有所萎缩；草地生态系统改善主要表现为草地盖度增加。上述过程一方面增加了天然草地植被净初级生产力（NPP），增强了生态系统的支持功能；另一方面，由于地表覆被类型和覆盖程度的变化，导致了地表下垫面水热分配特征的变化，提升了区域的水热调节功能。

（3）不合理的土地利用行为将导致土壤侵蚀的加速和土壤养分的巨量丧失。

在 1990—2000 年，在气候暖干化背景下，过牧等不合理的利用行为导致了锡林郭勒盟 10%的草地土壤发生了不同程度的退化。在各种草地土壤类型中，栗钙土退化面积最大，占该种土壤类型的面积的 51.2%；其次是淡栗钙土，占 15.9%；然后是暗栗钙土，所占比重 4.7%。

定量的研究还表明，锡林郭勒盟典型草原区的开垦行为将导致 40～100 倍于背景草地样点的土壤侵蚀速率，而退化草地中的土壤侵蚀速率则是健康草地土壤侵蚀速率的 3 倍以上。加速后的土壤侵蚀进一步导致土壤壤质和养分的流失，削弱生态系统的支持功能。定量的研究表明，由于土壤风力侵蚀对土壤颗粒的选择性侵蚀，植被覆盖度越高，土壤黏粒组分越高；风蚀强度越大，土壤黏粒组分越少。

此外，由于土壤有机碳、氮、磷、钾等营养元素在土壤剖面分布上表现为富集在地表 0～20 cm 地层（根际层）。这一分布特点使得土壤表层的微小变化引起整个土壤碳、氮库和养分库的重大变化。而风蚀过程恰恰就具有以面状方式剥蚀、运移表层土壤的巨大能力，并由此引起土壤碳、氮库和养分库的流失。

9.2 生态系统结构及功能变化

9.2.1 生态系统宏观格局

（1）草地生态系统是锡林郭勒盟主体生态系统。

1975 年以来，草地生态系统始终是锡林郭勒盟主导的生态系统，草地生态系统的面积占全区国土面积的比重始终在 86%以上。草地生态系统始终在锡林郭勒盟的一级生态类型组成中占据绝对主导地位；就旗县一级的生态系统类型组成而言，除 2000

年的太仆寺旗外，草地生态系统在其他所有年份、所有旗县也都是占地最广的生态系统一级类型。

在草地生态系统内部，就草地生态地理分类而言，温性草原是该区草地生态系统的主体，其面积占全盟草地面积的48.8%；其次分别是温性荒漠草原类、温性草甸草原类和低地盐化草甸。就草地的植被覆盖程度分级而言，中覆盖度草地、高覆盖草地占据了优势地位，它们各自的面积均占草地生态系统总面积的40%以上。

（2）锡林郭勒盟呈现自东向西的"森林—草甸草原—典型草原—荒漠草原—草原荒漠"的植被类型转化，以及自南向北的"农业—农牧交错—牧业"的农牧方式转换。这种植被盖度、生态系统建群种以及人工干预类型和程度的转变和过渡，是自然地带性与人类活动共同作用的结果。

在生态系统宏观结构一级类型上，锡林郭勒盟东部地区以草地生态系统为主导，其次为森林生态系统、水体与湿地生态系统；在南部和中部，仍然以草地生态系统为主导，但是南部地区的农田生态系统跃升为仅次于草地的重要生态系统类型，并成为支撑这些旗县经济发展的重要类型；在西部和北部，尽管草地生态系统类型仍然是主导生态系统，但是荒漠生态系统类型比例增加迅猛，并且两者之间界限模糊、转换迅速。

在草地生态系统内部，就草原生态系统类型的建群种而言，存在自东向西、自南向北的规律性变化。东北部分草地覆盖度最高，主要是以羊草、贝加尔针茅、线叶菊等组成的温性草甸草原类；中部阿巴嘎旗、锡林浩特市、东乌珠穆沁旗和西乌珠穆沁旗的西部以及南部的正蓝旗、镶黄旗等则是以大针、羊草、针茅等组成的温性草原类；在西部，苏尼特左旗和苏尼特左旗主要由克列门茨针茅、冷蒿、具锦鸡儿的克列门茨针茅、具锦鸡儿的褐沙蒿、褐沙蒿、具家榆的褐沙蒿、无芒隐子草等为主组成的温性荒漠草原类。

同样是在草地生态系统内部，就草原生态系统类型的植被覆盖程度来说，也存在类似的自东向西、自南向北的规律性变化。高覆盖度草地主要分布在锡林郭勒盟的东部和东南部，这些地区水资源条件较好，草被生长茂盛，草地覆盖度在50%以上；低覆盖度草地集中分布在锡林郭勒盟的西部，如苏尼特左旗、苏尼特右旗等地区，这些区域属于干旱地区，水分条件欠缺，草被稀疏，覆盖度在5%～20%，牧业利用条件差；在高覆盖草地和低覆盖草地之间的广大地区，则为中覆盖草地这一过渡类型，它在锡林郭勒盟各地均有分布，这些区域草被较稀疏，覆盖度在20%～50%。

9.2.2 宏观格局的变化

（1）1975年以来锡林郭勒盟生态系统变化显著，生态系统的转变过程明显以2000年为界。

2000年之前，以草地生态系统面积的持续减少为代价，促成荒漠生态系统、农田生态系统以及森林生态系统等陆地生态系统类型面积的增加；2000 年之后，草地生态系统的面积减少的现象得到遏制和逆转，农田和荒漠生态系统类型持续增加趋势得到迅速遏制和逆转，其面积开始有所减少。

从不同时期生态系统一级类型的转换轨迹的角度来看：1975—1990 年，以草地生态系统面积的缩减为代价，支持其他各类陆地生态系统面积的扩张进程；水体与湿地生态系统面积基本稳定，仅有微弱增加。1990—2000 年，继续维持 1975—1990 年的变化态势，即以草地生态系统面积的缩减为代价，支持其他各类陆地生态系统面积的扩张进程；同时，水体与湿地生态系统面积开始减少。2000—2005 年，自 1975—2000 年以来的草地、农田之间的转换进程得以迅速控制和逆转；自 1975—2000 年以来的荒漠化进程得到遏制；水体与湿地生态系统类型继续加速缩减。2005—2009 年，延续 2000—2005 年以来的变化趋势，草地生态系统面积进一步恢复，农田生态系统面积进一步减小；荒漠生态系统面积在 2000—2005 年得以遏制的前提下，首次出现逆转；但是水体与湿地生态系统延续了继续缩减的趋势，但缩减速率较前期大大减小。

从不同生态系统一级类型转换的动态度角度来看：农田生态系统综合动态度呈现波动式上升态势，分别在 1990—2000 年和 2005—2009 年分别出现了 2 个高点，在 1975—1990 年和 2000—2005 年出现了 2 个低点。森林生态系统的综合动态度总体上呈现上升趋势，并在 2000—2005 年达到最高值。草地生态系统的综合动态度总体上呈现上升趋势，并在 2000—2005 年达到最高值。在 2000 年之前草地综合动态度的持续升高，其主要原因是：草地转出动态度是此阶段综合动态度的主体，并且是持续走高的。2000 年之后，随着各项生态工程的开展，草地生态系统类型土地的转出过程受到了遏制，而转入动态度基本维持了 2000—2005 年的水平。水体与湿地生态系统的综合动态度总体上呈现上升趋势，并在 2000—2005 年达到最高值，随后在 2005—2009 年有所下降，但依然高于 1975—2000 年的水平。荒漠生态系统综合动态度是各类生态系统中动态度水平最高的类型。总体上呈现上升趋势，并在 2000—2005 年达到最高值。人居生态系统综合动态度完全取决于转入动态度，并且呈现 V 字形的发展过程。

（2）生态系统变化直接受到人类活动驱动的影响关系极为显著和明确。

第一，自 20 世纪 70 年代以来，中央政府即在该区开始实施"三北防护林"工程，这是该区森林生态系统在局部地区有所缩减，但总体上呈持续增加趋势的原因；第二，以 2000 年为节点，锡林郭勒盟生态系统变化趋势有着根本性的不同：2000 年之前草地持续缩减，荒漠和农田等陆地生态系统面积持续增加，2000 年之后，草地面积开始恢复，农田、荒漠等生态系统面积扩张趋势得到遏制和逆转。这与该地区在 2000 年后积极实施"京津风沙源治理工程"（主要措施为退耕还林还草、围封禁牧）和"草原三牧"（主要措施为禁牧、休牧和轮牧）等生态工程有直接关系。第三，人类活动对于生态系统变化的影响，还体现在各种类型生态系统的变化速率（动态度指标）的变化态势上。1975—2009 年，人类活动强度的增强以及 2000 年前后人类活动类型的转变过程（从无限制利用生态系统，尤其是草地生态系统，向为保护生态环境、维持区域生态平衡而开展多项生态修复工程），它们都可以通过具体的生态系统转入动态度、转出动态度、区域综合动态度等指标加以深入分析。

9.2.3　草地的退化与改善

（1）锡林郭勒盟的草地退化历史由来已久，退化格局在 20 世纪 70 年代中后期已经基本形成，退化过程到研究时期后段（2000 年之后）仍在继续发生，但在退化速率及程度上有所变化。

在 1990—2009 年遥感卫星图像上可以识别的草地退化部位以及其周边地区，在 70 年代中后期的遥感影像基本上都表现出草地退化的基本特征，且草地退化图斑的影纹相似。这一现象说明，锡林郭勒盟草地退化格局在 20 世纪 70 年代中后期已经形成，退化过程到研究时期后段（2000 年之后）仍在继续发生，但在退化速率及程度上有所变化。

（2）1975—2009 年，草地改善与草地退化同时发生；但在不同阶段，两个变化过程所涉及的范围和其相对重要性发生了重要变化。

总的来看，锡林郭勒盟草地生态系统呈现出：1975 年开始逐渐退化，1990—2000 年加速退化，到 2000 年退化达到顶点，而后在 2000—2005 年退化趋势开始得到遏制，2005—2009 年全面好转。从变化草地的主导类型上看，2000 年之前，在发生变化的草地中，改善草地所占比重远小于退化草地所占比重；2000—2005 年，改善草地所占比重与退化草地所占比重基本持平；2005—2009 年，改善草地所占比重则超过了退化草地所占比重。从两者所涉及面积上看，2005 年之前，发生变化的草地面积是持续上升的，其面积增加速率尤其以 1990—2000 年为最高；2005—2009 年，草地变动面积大幅减少，甚至低于 1975—1990 年。

（3）各个时期的草地退化主要以轻度退化为主；但中、重度退化也不容忽视，并且在近年来有加重趋势。

在不同时期，轻度退化草地面积占全部退化草地面积的比例都在 66%以上，其中尤其是 1975—1990 年，轻度退化比重最高，为 77.9%；随后各期轻度退化所占比重总体上是降低的。1990—2000 年，轻度退化所占面积比重为 74.6%，2000—2005 年，轻度退化所占面积比重为 76.3%，2005—2009 年，轻度退化所占面积比重最低，为 66.8%。

在此过程中，中度退化和重度退化过程不容忽视，尤其是重度退化过程在近年来有逐步加重趋势。就中度退化而言，1975—1990 年，中度退化土地所占面积比重最低，为 15.4%；随后在 1990—2000 年，中度退化所占面积比重达到最高，为 18.4%；从 2000

年开始，中度退化土地所占面积比重逐步降低，2000—2005 年，中度退化所占面积比重为 17.1%，2005—2009 年，中度退化所占面积进一步降低，为 15.6%。

就重度退化而言，1975—2009 年，其所占退化土地总面积的比重总体上是不断增强的，尤其是在 2005—2009 年，其面积比重创下了历史最高，突破了 10% 的上限，达到 17.6%。具体来说，1975—1990 年，重度退化土地所占面积比重最低，为 6.7%；随后各年，重度退化所占面积比重总体上是不断上升的。1990—2000 年，重度退化所占面积比重为 7.0%；2000—2005 年，重度退化所占面积比重略有下降，为 6.6%，但是在 2005—2009 年，重度退化所占比重急剧增加，达到创纪录的 17.6%，突破了 10%，这一现象在历史上从未出现过。

9.2.4　沙地的固化与活化

（1）锡林郭勒盟沙区总面积约为 3.0 万 km^2，约占全盟国土面积的 15%，其以半固定沙地为主。

总体上看，锡林郭勒盟沙地主要分布在正蓝旗、苏尼特右旗、苏尼特左旗、阿巴嘎旗和正镶白旗，这些旗县的沙地面积都在 3 000 km^2 以上，最高的正蓝旗境内沙地达到 7 000 km^2；并且在多伦县、锡林浩特市、镶黄旗以及太仆寺旗等旗县也有零星分布，其面积小于 1 500 km^2。乌珠穆沁沙地则全部分布在西乌珠穆沁旗境内，面积约为 1 800 km^2。

就沙地类型而言，锡林郭勒盟以半固定沙地为主，其面积一般在 1.3 万 km^2，占全部沙地面积的 42% 以上，主要分布在苏尼特左旗、苏尼特右旗、正蓝旗以及阿巴嘎旗，面积一般大于 1 500 km^2；其次为半流动沙地，其面积一般在 0.70 万 km^2，占全部沙地面积的 24% 左右，主要分布在正蓝旗、苏尼特右旗，面积一般大于 1 500 km^2；然后为固定沙丘，其面积一般在 0.6 万～0.7 万 km^2，面积比重大约为 23%，主要分布在正蓝旗、阿巴嘎旗，面积一般大于 1 000 km^2；面积最小的为流动沙丘，一般在 0.3 万 km^2 以下，占全部沙地面积的 10% 以下，主要分布在正蓝旗、阿巴嘎旗，面积一般大于 500 km^2。

（2）沙区自 1970 年已经出现活化态势，1990—2000 年是沙区加速活化期；2000 年是沙地生态系统变化的转折点；在 2000—2005 年沙地活化趋势开始得到遏制；2005—2009 年锡林郭勒盟沙区内部的各种变化过程减弱，总体上仍然为沙地固化态势。这一规律可以分别从沙地沙化和固化的速率、沙地沙化和固化的类型及其面积的变化上得以体现。

1975—1990 年，该区沙地变化涉及范围不大，区域总体上呈现活化态势。锡林郭勒盟沙区中沙地活化和沙地固化过程总面积为 1 599 km^2；其中，沙地活化总面积为 1 108 km^2，沙地固化面积合计为 490 km^2。

1990—2000 年，沙地变化进程加速，土地沙化过程加速明显。锡林郭勒盟沙区中沙地活化和沙地固化过程总面积为 4 560 km²；其中，沙地活化总面积为 3 177 km²，沙地固化面积合计为 1 384 km²。

2000—2005 年，锡林郭勒盟沙区中沙地活化和沙地固化过程总面积为 6 386 km²；其中，沙地活化总面积为 2 268 km²，沙地固化面积合计为 4 117 km²。在此期间，沙地变化面积达到最高水平，同时沙地固化面积首次超过沙地活化面积，区域沙地活化过程首次出现逆转。

2000—2005 年，沙丘内各类变化过程放缓，区域总体呈现固化趋势。锡林郭勒盟沙区中沙地活化和沙地固化过程总面积为 2 583 km²；其中，沙地活化总面积为 1 097 km²，沙地固化面积合计为 1 486 km²。在此期间，沙地变化面积大幅减少，基本恢复至 20 世纪 80 年代水平；同时沙地固化面积依然超过沙地活化面积，区域总体保持好转。

9.2.5　土壤的支持功能

（1）锡林郭勒盟土壤类型合计有 9 个土纲、14 个土类、41 个亚类，以栗钙土、草原风沙土、淡栗钙土、棕钙土为主要土壤类型。存在自东向西的、明显的水平地带性规律。

锡林郭勒盟土壤类型合计有 9 个土纲、14 个土类、41 个亚类。与境内由东到西分布着草甸草原、典型草原与荒漠草原等植被类型演替规律相适应，该区分别发育了黑钙土、栗钙土（暗栗钙土、栗钙土、淡栗钙土）、棕钙土等地带性土壤。同时，于境内发育的半隐域性沙地（浑善达克沙地和乌珠穆沁沙地），使得该区也发育了大面积的风沙土类型。栗钙土分布最为广泛、面积最大，为 6.7 万 km²，占全盟总面积的 33.5%；其次为草原风沙土，面积为 2.5 万 km²，占全盟土地面积的 12.3%。淡栗钙土与棕钙土的分布也较为广泛，在全锡林郭勒盟的总土地面积中所占比例也在 10% 以上。上述四个土壤亚类占全部国土土地面积的 68%，是全盟的主要土壤类型。

就各个生态系统而言，草地生态系统土壤型主要以栗钙土、淡栗钙土和暗栗钙土为主；森林生态系统主要土壤类型为灰色森林土；在荒漠生态系统中，由于环境恶劣，土壤生成主要靠物理风化为主，成土速率慢，土壤层较薄、土壤质地差、土壤有机质较低，其土壤类型主要是草原风沙土；农田生态系统主要源于草地生态系统的转化，且光、热和水分条件一般较好，主要土壤为黑钙土和栗钙土。

（2）综合比较各种生态系统内部土壤的质地、厚度、有机质含量、养分含量等特征，可以发现：该区各类生态系统土壤性状优劣顺序为：森林土壤和草地土壤 > 湿地土壤 > 农田土壤 > 荒漠土壤。

特别地，对于草地生态系统来说，草地土壤以砂壤和黏壤质为主；随退化强度增加，其土壤中的砾石和砂粒含量增多，而粉粒和黏粒含量逐渐下降。草地土层厚度主要分布在 80～100 cm，部分厚度可达到 120 cm；草地生态系统土壤有机质含量的变幅较大，平均含量在 0.8%～3.1%。从空间上看，由东到西，土壤中的有机质含量、全钾含量逐步减少，过渡的层次结构明显；但是土壤全氮、全磷分布格局与土壤有机质含量、全钾含量的分布格局略有不同。

（3）在 1990—2000 年伴随草地退化过程，锡林郭勒盟有 10%的草地土壤发生了不同程度的退化。

从其多年变化动态情况来看，在 1990—2000 年伴随草地退化过程，锡林郭勒盟有 10%的草地土壤发生了不同程度的退化，中度和重度土壤退化主要发生在正蓝旗、苏尼特左旗、苏尼特右旗等沙地分布地区，轻度退化广泛分布于锡林郭勒盟境内。在各种草地土壤类型中，栗钙土退化面积最大，占该种土壤类型的面积的 51.21%；其次是淡栗钙土，占 15.86%；然后是暗栗钙土，所占比重 4.66%。

9.2.6　动物栖息适宜性

（1）栖息地隐蔽性

锡尔塔拉保护区湿地面积比重最大，三棵树保护区和沙迪音查干保护区次之；破碎度最高的为乌丁塔拉保护区的缓冲区和巴彦锡勒渔场保护区的缓冲区，其次是三棵树保护区的缓冲区、沙迪音查干保护区的缓冲区与锡尔塔拉保护区的缓冲区。高覆盖草地覆盖方面，查干敖包保护区、哈留图嘎查保护区、三棵树保护区的缓冲区和布尔登希热保护区的核心区比较适宜草地野生动物生存；草地景观破碎度方面，沙迪音查干保护区的缓冲区、布尔登希热保护区的核心区、崩崩台保护区的缓冲区破碎程度较大；该区林地面积较小，对野生动物的栖息环境影响不大。

（2）食物供给能力

乌丁塔拉保护区、三棵树保护区的植被净第一性生产力（NPP）较高、食料地面积所占比重较高，野生动物栖息地的食物供给比较充足，而哈留图嘎查保护区和布尔登希热保护区食物供给功能整体较差；水域的绝对面积很小，影响不大；从保护区圈层河网密度来看，沙迪音查干保护区河网密度最大，为野生动物提供饮用水的能力相对较好，锡尔塔拉保护区次之。

（3）人类干扰程度

锡尔塔拉保护区的核心区和缓冲区道路密度和居民点密度都相对较大，野生动物栖息地的人类干扰程度比较强烈，保护野生动物的压力较大，而崩崩台保护区的道路密度和居民点密度在各个保护区中位居较低的水平，野生动物栖息地的人类干扰程度比较弱，保护野生动物的压力不大。

对上述 3 方面共 11 项指标进行综合评价，结果显示保护区内"非常适宜区"的面积最大，所占保护区的面积比重为 33%～48%，主要分布在保护区东部，包括查干敖包保护区和哈留图嘎查保护区；"比较适宜区"的面积稍小，所占保护区的面积比重在 24%～27%，主要分布在保护区的中东部。"一般适宜区"面积也较小，其面积所占比重一般为 19%～32%，主要分布在保护区的西北部和东南部；适宜性"较差"地区所占面积最小，面积所占比重在 4%～7%，主要是分布在保护区的中部、锡尔塔拉保护区的北部。

（4）综合评估结果

"非常适宜区"的面积呈现为先减后增、再平稳化的过程，1975—2000 年为减少趋势；2000—2005 年为增加趋势，而后在 2005—2009 年基本保持稳定；"比较适宜区"在时间上的变化不显著，其主要波动是在 1990 年出现了一次明显下降，随后在 2000 年恢复到既有水平；"一般适宜区"在时间序列上的变化较大，变化趋势呈现"先增后减"、而后平稳化过程，1975—2000 年为面积增加趋势，2000—2005 年，面积略有下降，而后在 2005—2009 年基本维持不变。适宜性"较差"区的变化趋势也是"先增后减"。其中 1975 年该区域的面积最小，到 1990 年最大，1990—2005 年基本维持不变，且略呈下降趋势。

9.2.7 水土保持功能

（1）风力侵蚀、水力侵蚀是该区主要的土壤侵蚀类型。

锡林郭勒盟土壤侵蚀类型以风力侵蚀为主体，水力侵蚀次之，没有冻融侵蚀和重力侵蚀等类型。

风力侵蚀的面积占全区土壤侵蚀总面积的 92%以上。以微度风力侵蚀、轻度风力侵蚀为主。微度风力侵蚀主要分布在锡林郭勒盟的中部地区，轻度风力侵蚀主要分布在锡林郭勒盟的东乌珠穆沁旗及锡林郭勒盟的西部。

水力侵蚀占全区土壤侵蚀总面积的 7%以上。以微度水力侵蚀、轻度水力侵蚀为主，主要分布在锡林郭勒盟的东部和南部，其中东部以微度侵蚀为主，南部以轻度侵蚀为主。

从各生态系统内部的土壤侵蚀构成情况来看，不同生态系统内部土壤侵蚀类型的面积比例变化较大。其中，风力侵蚀在荒漠生态系统中所占面积比例最高，可以达到 98%以上；水力侵蚀在森林或者农田生态系统中所占面积最高，一般为 42%～68%。

从区域上看，锡林郭勒盟各旗县内部的土壤侵蚀类型主要以风力侵蚀为主体，风力侵蚀的面积比重在各个旗县均超过 50%；其中二连浩特市、苏尼特左旗、阿巴嘎旗 3 旗市内的土壤侵蚀类型全部为风力侵蚀，即风力侵蚀面积比重达到 100%。而多伦县风力侵蚀面积所占比重最小，水力侵蚀面积最大；风力侵蚀与水力侵蚀面积大致呈 1∶1

关系。

（2）1995—2000 年，锡林郭勒盟的土壤侵蚀呈加剧态势，2000—2005 年，土壤侵蚀呈减弱态势。

1995—2000 年，草地生态系统侵蚀加剧主要是风力侵蚀加剧，加剧面积为 3.5 万 km²，占草地生态系统面积的 20.1%，水力侵蚀加剧面积为 19 km²，占草地生态系统面积的 0.01%，风力侵蚀加剧主要发生在苏尼特左旗等锡林郭勒盟西部地区、西乌珠穆沁旗西南部以及锡林浩特市大部分地区，水力侵蚀加剧主要发生在锡林郭勒盟东南的太仆寺旗东部；1995—2000 年草地生态系统侵蚀减弱的面积较小，其中风力侵蚀减弱的面积为 864 km²，主要发生在锡林郭勒盟的中部地区以及东乌珠穆沁旗的北部，水力侵蚀减弱面积为 88 km²，主要发生在西乌珠穆沁旗的东部。

2000—2005 年，草地生态系统侵蚀加剧主要是风力侵蚀加剧，加剧面积为 5 439 km²，占草地生态系统面积的 3.13%，水力侵蚀加剧面积为 103 km²，占草地生态系统面积的 0.06%，风力侵蚀加剧零散分布在锡林郭勒盟的北部和中南部，水力侵蚀加剧主要发生在锡林郭勒盟东南部以及西乌珠穆沁旗的东部；从 2000—2005 年草地生态系统侵蚀减弱的面积来看，风力侵蚀减弱的面积为 3.4 万 km²，占草地生态系统面积的 19.5%，风力侵蚀减弱主要发生在锡林郭勒盟的苏尼特左旗、锡林浩特市以及西乌珠穆沁旗的南部，水力侵蚀减弱面积为 247 km²，占草地生态系统面积的 0.14%，主要发生在西乌珠穆沁旗的东部和锡林郭勒盟的东南部。

1995—2005 年，草地生态系统侵蚀加剧主要是风力侵蚀加剧，加剧面积为 4 923 km²，占草地生态系统面积的 2.8%，水力侵蚀加剧面积为 87 km²，占草地生态系统面积的 0.05%，风力侵蚀加剧零散分布在锡林郭勒盟的北部、西部和南部，水力侵蚀加剧主要发生在锡林郭勒盟东南部；从 2000—2005 年草地生态系统侵蚀减弱的面积来看，风力侵蚀减弱的面积为 2 679 km²，占草地生态系统面积的 1.6%，零散分布在锡林郭勒盟的北部和中南部，水力侵蚀减弱面积为 445 km²，占草地生态系统面积的 0.3%，主要发生在西乌珠穆沁旗的东部和锡林郭勒盟的南部。

（3）在土壤侵蚀的加剧和减弱方面，风速的降低具有重要意义，而人类活动具有重要影响。

自 20 世纪 50 年代以来，该区风速呈下降趋势，减小幅度在 0.14～0.29 m/s/10 a；20 世纪 60 年代、70 年代、80 年代、90 年代以及 21 世纪初的每 10 年平均风速分别为 4.10 m/s、4.09 m/s、3.76 m/s、3.57 m/s、3.40 m/s。季节性的风速下降幅度依次为：春季＞冬季＞秋季＞夏季；在空间上，从东向西、从南到北，风速下降幅度逐渐加大；与 20 世纪 50 年代相比，21 世纪初，年均风速小于 3.5 m/s 的区域面积扩大了近 4 倍；年均风速大于 4 m/s 的区域面积减少了大约 83%。

20 世纪 90 年代，该区长期超载放牧和乱砍滥伐造成锡林郭勒盟天然植被退化而导致土壤侵蚀的加剧；而 2000 年之后，随着对草原生态系统的保护和治理工程的实施，该区土壤侵蚀过程有所减弱。

9.2.8 风力侵蚀危险度

（1）风蚀极险型区

位于研究区域的西北部干燥剥蚀高平原上，海拔在 500～1 500 m，面积大约 1.47 万 km²。土地利用类型主要为中覆盖度草地及未利用地，包括戈壁和盐碱地，地势平坦，植被稀疏；主要自然植被类型是琵琶柴砾漠和戈壁针茅草原；受大陆性气候影响，该区风速较大，年大于 8 级的风速的天数为 50～75 d；干旱少雨，年降雨量 150～200 mm。

（2）风蚀强险型区

位于极险区域的东南边缘，即乌兰察布高原东北缘、浑善达克沙地周边地区，海拔 500～1 500 m，面积大约 6.09 万 km²。与极险区域相比，该区域未利用沙地、戈壁明显增加，但该区域植被覆盖度相对较高，存在高覆盖度的草原。主要自然植被类型为草原沙地锦鸡儿、柳、蒿灌丛、禾草、大针茅、克氏针茅等；年大于 8 级风速的天数也小于极险区域，降雨量有所增加。由此可见，植被覆盖与气候因素对于减小土壤风蚀程度具有相当重要的意义。

（3）风蚀危险型区

主要分布在研究区域的中部，面积大约 3.47 万 km²。该区域是典型温带草原，地势平坦，位于中覆盖度草地和旱地的交界处，并向东南渗透到旱作耕地中。植被覆盖率较强险型区域高，降雨量在 300～400 mm，大风日数在 30～50 d。该地区旱地的耕作方式在一定程度上增加了土壤风蚀的危险性。

（4）风蚀轻险型区域和无险型区域

分布在研究区域的东南部，面积分别为 3.45 万 km² 和 2.19 万 km²。这两个地区降雨量较充沛，年降水量多在 400～550 mm，风场强度很低；植被覆盖度高，包括高覆盖度草原、旱地以及有林地，主要植被类型是桦、杨林、山地虎榛了、绣线菊灌丛、白羊草、黄背草等。从西北到东南，植被覆盖率和降雨量逐渐增高，东南部更是高原平原交接带，分布有阴山山脉东麓，大马群山，小五台山等，地势复杂。因此，无险型位于研究区域的东南部，轻险型位于危险型和无险型中间，在轻险型区域中零星分布着少许危险型区域，这是由于这些地区的植被覆盖率较低，地势比较平坦造成的。

9.2.9 牧草供给

（1）冷季天然草场牧草产量多年平均值为 214 万 t。

就天然草场产草量而言，在 1996—2008 年，锡林郭勒盟冷季天然草场牧草产量多年平均值为 214 万 t，但产量相当不稳定。其年际标准偏差（STDEV）为 109 万 t，变异系数（CV）为 34.6%，最高产量是最低产量的 3.5 倍。在时间上，天然草场牧草生产总量的时间序列变化过程大致可以分为三个阶段，即 1996—2001 年的持续下降过程，2001—2003 年快速提升、恢复过程以及 2003—2008 年大幅下降后、保持稳定的过程；在空间上，由于旗县面积的控制缘故，天然产草量从高到低的排序为：东部牧业区＞西部牧业区＞南部牧业区；由于温度、降水等因素控制，单位草地积上的天然产草量排序为：南部牧业区＞东部牧业区＞西部牧业区。

（2）冷季人工、半人工草场牧草产量多年平均值为 104.7 万 t。

就人工、半人工草场产草量而言，1996—2008 年，锡林郭勒盟冷季人工、半人工草场牧草产量多年平均值为 104.7 万 t，年际标准偏差（STDEV）为 74.2 万 t，变异系数（CV）为 70.9%。人工、半人工草场牧草生产量的时间序列变化过程大致可以分为三个阶段，即 1996—1999 年的持续下降过程、1999—2003 年的轻微上升过程以及 2003—2008 年的持续、轻微下降过程。在空间上，由于受到区域农牧民生产力水平因素以及畜牧业需求控制，锡林郭勒盟多年以来人工、半人工草场上的产草总量排序为：东部牧业区＞南部牧业区＞西部牧业区。鉴于冷季人工、半人工草场牧草产量总体上呈现先剧烈下降，而后平稳走低趋势，我们推测：在 1998 年前后，草原主管部门对于冷季人工、半人工草场牧草的定义可能发生了重大变化。

（3）冷季牧草产量多年平均值为 419 万 t。

就冷季草场总产草量而言：1996—2008 年，锡林郭勒盟冷季牧草产量多年平均值为 419 万 t，年际标准偏差（STDEV）为 145 万 t，变异系数（CV）为 34.5%。产草量最大年份出现在 2003 年，为 690 万 t；产草量最低年份出现在 2007 年，为 215 万 t。锡林郭勒盟牧草总产量的时间序列变化过程大致可以分为三个阶段，即 1996—2001 年的持续下降过程、2001—2003 年快速提升、恢复过程以及 2003—2008 年大幅下降后、保持稳定的过程。在空间上，产草总量从高到低的排序为：东部牧业区＞南部牧业区＞西部牧业区；但是，就单位草地面积产草总量而言，排序为：南部牧业区＞东部牧业区＞西部牧业区。

9.2.10 草原载畜压力

（1）牲畜出栏率呈现逐年缓慢上升趋势；暖季存栏量和冷季存栏量则在 1996—1999

年平稳上升；在 1999—2004 年快速下降；2004—2008 年恢复性上升。

1996—2008 年锡林郭勒盟冷季畜牧存栏量的多年平均值为 1 077 万羊单位，变异系数（CV）为 24.0%。畜牧出栏率的多年平均值为 42.0%。锡林郭勒盟畜牧生产总的趋势是：牲畜出栏率呈现逐年缓慢上升趋势，从 1996 年的 31.5%上升到 2007 年的 50.5%；6 月份和年末存栏数变化较大，大致可以分成：1996—1999 年平稳上升，1999—2004 年快速下降，2004—2008 年恢复性上升 3 个阶段。

在空间上，东部牧业区（东乌珠穆沁旗、西乌珠穆沁旗）的家畜饲养总量较高较大，其多年平均饲养总量在 700 万羊单位以上，饲养量的年际变化较为稳定；中部牧业区（阿巴嘎旗、锡林浩特市、正蓝旗）的草食家畜饲养量较东部牧业区较小，多年平均饲养总量在 500 万羊单位以上，其家畜饲养量的变化稳定性则居中；西部牧业区（苏尼特左旗、苏尼特右旗、镶黄旗和正镶白旗）的草食家畜饲养量是锡林郭勒盟三个牧业区中最小的，多年平均饲养总量在 500 万羊单位以下，其家畜饲养量的变化在锡林郭勒盟三个牧业旗县中最不稳定。

（2）锡林郭勒盟 1996—2008 年多年平均理论载畜量为 1 038.0 万羊单位，总体上呈波动降低趋势。

锡林郭勒盟 1996—2008 年多年平均理论载畜量为 1 038.0 万羊单位，总体上呈波动降低趋势，即由 1996 年的 1 594.8 万羊单位降至 2008 年的 882.6 万羊单位。理论载畜总量与现实载畜总量之间的平衡数的多年平均值为−38.7 万羊单位，草地载畜压力指数的多年平均值为 1.1，即超载了 10%左右。

从载畜压力指数的年度变化特征看，锡林郭勒盟草原载畜压力呈波动上升趋势，即由 1996 年的 0.85 上升到 2000 年的 0.88。其中，1999 年、2000 年、2001 年连续 3 年保持较高的压力水平，3 年平均压力指数达到 1.49 的水平；之后在 2007 年再次出现最高压力指数，为 1.8，高出正常水平 80%。在 1996 年、1998 年、2003 年 3 个年份，该区载畜压力指数较低，3 年平均压力指数仅为 0.76。

在空间上，1996—2008 年，东部牧业区的冷季现实载畜量最低，其压力指数最小（0.97），草食畜牧业仍有潜力；西部牧业区冷季现实载畜量居中，压力指数则居中，为 1.0 强，基本不超载；中部牧业区现实载畜量亦最高，压力指数也最大，为 1.18，属于畜牧超载地区。

参考文献

[1]   Adeel Z. Findings of the Global Desertification Assessment by the Millennium Ecosystem Assessment—A Perspective for Better Managing Scientific Knowledge. Future of Drylands，ed. C. Lee and T. Schaaf. 2008：677-685.

[2]   B，J.R.，C. J，E. JR. A global analysis of root distributions for the terrestrial biomes. Oecologia，1996，108：389-411.

[3]   Carpenter S.R.，R. DeFries，T. Dietz，et al. Millennium Ecosystem Assessment：Research needs. Science，2006，314（5797）：257-258.

[4]   Carpenter S.R.，H.A. Mooney，J. Agard，et al. Science for managing ecosystem services：Beyond the Millennium Ecosystem Assessment. Proceedings of the National Academy of Sciences of the United States of America，2009，106（5）：1305-1312.

[5]   Dulamsuren C，Hauck M. Spatial and seasonal variation of climate on steppe slopes of the northern Mongolian mountain taiga. Grassland Science，2008，54（4）：doi: 10.1111/j.1744-697X.2008.00128.x.

[6]   Fang J Y，Piao S L，He J S，W.H. Ma. Increasing terrestrial vegetation activity in China，1982-1999. Science in China Series C-Life Sciences，2004，47（3）：229-240.

[7]   Fensholt R，Sandholt I，Rasmussen M S，et al. Evaluation of satellite based primary production modelling in the semi-arid Sahel. Remote Sensing of Environment，2006，105（3）：173-188.

[8]   Friedl M A，McIver D K，Hodges J C F，et al. Global land cover mapping from MODIS：algorithms and early results. Remote Sensing of Environment，2002，83（1-2）：287-302.

[9]   Gao J. Quantification of grassland properties：how it can benefit from geoinformatic technologies？International Journal of Remote Sensing，2006，27（7）：1351 - 1365.

[10]   He Q，Walling D E. The distribution of fallout ^{137}Cs and ^{210}Pb in undisturbed and cultivated soils. Applied Radiation and Isotopes，1997，48：677-690.

[11]   Lal R. Soil erosion and the global carbon budget. Environ. Int.，2003，29（4）：437-450.

[12]   Li H B，Wu J G. Use and misuse of landscape indices. Landscape Ecology，2004，19（4）：389-399.

[13]   Liu J Y，Liu M L，Tian H Q，et al. Spatial and temporal patterns of China's cropland during 1990-2000：An analysis based on Landsat TM data. . Remote Sensing of Environment，2005，98（4）：442-456.

[14] Liu J Y，Tian H Q，Liu M L，et al. China's changing landscape during the 1990s：Large-scale land transformations estimated with satellite data. Geophysical Research Letters，2005，32（2）：L02405.

[15] Liu J Y，Zhuang D F，Luo D，et al. Land-cover classification of China：integrated analysis of AVHRR imagery and geophysical data. International Journal of Remote Sensing，2003，24（12）：2485-2500.

[16] Meyer N. Desertification and restoration of grasslands in Inner Mongolia. Journal of Forestry，2006，104（6）：328-331.

[17] Oldeman L R. The global extent of soil degradation. Soil Resilience and Sustainable Land Use，1994：99-118.

[18] Paruelo J M，Epstein H E，Lauenroth W K，et al. ANPP estimates from NDVI for the Central Grassland Region of the United States. Ecology，1997，78（3）：953-958.

[19] Prince S D，Goward S N. Global primary production：A remote sensing approach. Journal of Biogeography，1995，22（4-5）：815-835.

[20] Quine T.A.，A. Navas，D.E. Walling. Soil-erosion and redistribution on cultivated and uncultivated land near Las-Bardenas in the central Ebro river basin，Spain. Land Degradation and Rehabilitation，1994，5（1）：41-55.

[21] Rashid H，Robert S，Neville A. Ecosystems and Human Well-Being：Current State and Trends. 2005，Washington：Island Press.

[22] Rasiah V，Kay B D，E Perfect. New mass-based model for fractal dimensions of soil aggregates. Soil Sci Soc Am J.，1993，57（4）：891-895.

[23] Roy P S，et al. Evaluation of grasslands and spectral reflectance relationship to its biomass in Kanha National Park（M K），India. Geocarto International，1991（6）：39-45.

[24] Sternberg T，Tsolmon R，Middleton N，et al. Tracking desertification on the Mongolian steppe through NDVI and field-survey data. International Journal of Digital Earth，2011，4（1）：50-64.

[25] Tian H Q，Charles A S，Qi Y. Modeling primary productivity of the terrestrial biosphere in changing environments：toward a dynamic biosphere mode. Critical Reviews in Plant Sciences，1998，16（5）：541-557.

[26] Van Lynden G W J，Mantel S. The role of GIS and remote sensing in land degradation assessment and conservation mapping：some user experiences and expectations. International Journal of Applied Earth Observation and Geoinformation，2001，3（1）：61-68.

[27] Van Lynden G W J，Oldeman L R. The assessment of the status of human-induced soil degradation in south and south-east Asia. 1997，International Soil Reference and Information Centre：Wageningen.

[28] Walling D E，He Q. Improved models for estimating soil erosion rates from cesium-137 measurements. J. Environ. Qual，1999，28（2）：611-622.

[29] Wilkinson G G. A review of current issues in the integration of GIS and remote sensing data.

International Journal of Geographical Information Systems，1996，10（1）：85-101.

[30] Xue Y.K. The impact of desertification in the Mongolian and the Inner Mongolian grassland on the regional climate. Journal of Climate，1996，9（9）：2173-2189.

[31] Young S S，Wang C Y. Land-cover change analysis of China using global-scale Pathfinder AVHRR Landcover（PAL）data，1982-1992. International Journal of Remote Sensing，2001，22（8）：1457-1477.

[32] Zhang X B，Walling D E，He Q. Simplified mass balance models for assessing soil erosion rates on cultivated land using caesium-137 measurements. Hydrological Sciences　Journal，1999，44（1）：33-45.

[33] 阿拉腾图雅，雷军，巴雅尔. 内蒙古地区遥感图像信息提取及判读分析[J]. 内蒙古师范大学学报：自然科学汉文版，2000，29（1）：59-62.

[34] 阿如旱，杨持. 近 50 年内蒙古多伦县气候变化特征分析[J]. 内蒙古大学学报，2007，38（4）：434-438.

[35] 敖特根，李勤奋. 内蒙古草地风蚀状况与影响其主要自然因素[J]. 内蒙古草业，2001（1）：31-34.

[36] 巴图娜存，胡云锋，艳燕，等. 1970 年代以来锡林郭勒盟草地资源空间分布格局的变化[J]. 资源科学，2012，34（6）：1017-1023.

[37] 白光峰，白光瑞，李晓红，等. 东乌珠穆沁旗实施京津风沙源工程分析评价[J]. 内蒙古林业调查设计，2003，26（s0）：67-68.

[38] 曹鑫，辜智慧，陈晋，等. 基于遥感的草原退化人为因素影响趋势分析[J]. 植物生态学报，2006，30（2）：268-277.

[39] 柴慧霞，刘海江，周成虎，等. 基于 SRTM-DEM 和 TM 的流动沙丘提取方法研究[J]. 干旱区资源与环境，2009，23（9）：184-189.

[40] 常学礼. 坝上地区沙漠化过程对景观格局影响的研究[J]. 中国沙漠，1996，16（3）：222-227.

[41] 陈广庭. 内蒙古高原东南部现代沙漠化过程[J]. 中国沙漠，1991，11（2）：11-19.

[42] 程序. 农牧交错带研究中的现代生态学前沿问题[J]. 资源科学，1999，21（5）：1-8.

[43] 崔夺，李玉霖，王新源，等. 北方荒漠化及荒漠化地区草地地上生物量空间分布特征[J]. 中国沙漠，2011，31（4）：869-872.

[44] 丁国栋，蔡京艳，王贤，等. 浑善达克沙地沙漠化成因、过程及其防治对策研究——以内蒙古正蓝旗为例[J]. 北京林业大学学报，2004，26（4）：15-20.

[45] 丁晓华，陈廷芝. 内蒙古地区近 50 年气温降水变化特征[J]. 内蒙古气象，2008（2）：17-19.

[46] 董建林. 浑善达克沙地（局部）沙化土地动态变化分析[J]. 林业资源管理，2000（5）：25-29.

[47] 董治宝，陈广庭. 内蒙古后山地区土壤风蚀问题初论[J]. 土壤侵蚀与水土保持学报，1997，3（2）：84-90.

[48] 冯秀，仝川，张鲁，等. 内蒙古白音锡勒牧场区域尺度草地退化现状评价[J]. 自然资源学报，2006，21（4）：575-583.

[49] 傅伯杰，刘国华，陈利顶，等. 中国生态区划方案[J]. 生态学报，2001，21（1）：1-6.

[50] 盖志毅，李媛媛，史俊宏. 改革开放 30 年内蒙古牧区政策变迁研究[J]. 内蒙古师范大学学报，2008，37（5）：4.

[51] 根少子，阿拉腾图雅，胡云锋. 近三十五年来锡林郭勒盟生态景观时空变化过程分析[J]. 内蒙古师范大学学报：自然科学汉文版，2010，39（6）：617-622.

[52] 龚建周，夏北成. 景观格局指数间相关关系对植被覆盖度等级分类数的响应[J]. 生态学报，2007，27（10）：4075-4085.

[53] 郭磊，陈建成，王顺彦. 正蓝旗京津风沙源治理工程综合效益评价[J]. 经济研究参考，2006（30）：39-44.

[54] 郭忠升，邵明安. 半干旱区人工林草地土壤旱化与土壤水分植被承载力[J]. 生态学报，2003，23（8）：1460-1647.

[55] 国润才，傅恒，刘利胜. 内蒙古地区退耕还林（草）工程效益浅析[J]. 内蒙古林业科技，2004（2）：33-34.

[56] 海山. 内蒙古农牧交错带人地关系地域系统调控研究[J]. 内蒙古科技与经济，2000（5）：11-12.

[57] 海山，乌云达赖，孟克巴特尔. 内蒙古草原畜牧业在自然灾害中的"脆弱性"问题研究——以内蒙古锡林郭勒盟牧区为例[J]. 灾害学，2009，24（2）：105-109.

[58] 韩国栋，焦树英，毕力格图，等. 短花针茅草原不同载畜率对植物多样性和草地生产力的影响[J]. 生态学报，2007，27（1）：182-188.

[59] 何文清，赵彩霞，高旺盛，等. 不同土地利用方式下土壤风蚀主要影响因子研究——以内蒙古武川县为例[J]. 应用生态学报，2005，16（11）：2092-2096.

[60] 何玉斐，赵明旭，王金祥，等. 内蒙古农牧交错草地生产力对气候要素的响应——以多伦县为例[J]. 干旱气象，2008，26（2）：84-89.

[61] 胡涛，孙炳彦. 沙尘暴原因背后的原因——关于内蒙古锡林郭勒盟政策与体制的调查[J]. 林业经济，2002（5）：10-13.

[62] 胡云锋，刘纪远，齐永青，等. 内蒙古农牧交错带生态工程成效实证调查和分析[J]. 地理研究，2010，29（8）：1452-1460.

[63] 胡云锋，刘纪远，庄大方. 土壤风力侵蚀研究现状与进展[J]. 地理科学进展，2003，22（3）：288-295.

[64] 胡云锋，刘纪远，庄大方. 土地利用动态与风力侵蚀动态对比研究——以内蒙古自治区为例[J]. 地理科学进展，2003，22（6）：541-550.

[65] 胡云锋，刘纪远，庄大方. 不同土地利用/土地覆盖下土壤粒径分布的分维特征[J]. 土壤学报，2005，42（2）：336-339.

[66] 胡云锋，刘纪远，庄大方，等. 风蚀土壤剖面 ^{137}Cs 的分布及侵蚀速率估算[J]. 科学通报，2005，50（9）：933-937.

[67] 胡云锋，刘纪远，庄大方，等. 风蚀作用下的土壤碳库变化及在中国的初步估算[J]. 地理研究，

2004，23（6）：760-768.

[68] 黄秉维. 中国综合自然区划纲要（1986）[J]. 地理集刊，1990（21）：10-20.

[69] 黄健英. 蒙古族经济文化类型在北方农牧交错带变迁中演变. 江汉论坛，2008（9）：133-138.

[70] 黄敬峰，王秀珍，王人潮，等. 天然草地牧草产量遥感综合监测预测模型研究. 遥感学报，2001，5（1）：69-74.

[71] 焦燕，赵江红，徐柱. 内蒙古农牧交错带土地利用对土壤性质的影响[J]. 草地学报，2009，17（2）：234-238.

[72] 井瑾，高永强. 浑善达克沙地退化草地的封育效果调查[J]. 内蒙古环境科学，2008，20（2）：57-59.

[73] 康相武，吴绍洪，刘雪华. 浑善达克沙地土地沙漠化时空演变规律研究[J]. 水土保持学报，2009，23（1）：1-6.

[74] 孔庆伟，布赫敖其尔，范天恩. 锡林郭勒草原生态环境现状及对策研究[J]. 内蒙古草业，2007，19（1）：25-27.

[75] 李鸿威，杨小平. 浑善达克沙地近 30 年来土地沙漠化研究进展与问题[J]. 地球科学进展，2010，25（6）：647-655.

[76] 李建龙，蒋平. 遥感技术在大面积天然草地估产和预报中的应用探讨[J]. 武汉测绘科技大学学报，1998，23（2）：153-157.

[77] 李凌浩. 土地利用变化对草原生态系统土壤碳贮量的影响[J]. 植物生态学报，1998，22（4）：300-302.

[78] 李琪，王秋兵. "重农轻牧"思想与中国北方草地资源的利用[J]. 农业资源与环境科学，2006，22（1）：5.

[79] 李青丰，胡春元，王明玖. 锡林郭勒草原生态环境劣化原因诊断及治理对策[J]. 内蒙古大学学报，2003，34（2）：166-172.

[80] 李青丰，李福生，乌兰. 气候变化与内蒙古草地退化初探[J]. 干旱地区农业研究，2002，20（4）：98-102.

[81] 李晓兵，史培军. 中国典型植被类型 NDVI 动态变化与气温、降水变化的敏感性分析[J]. 植物生态学报，2000，24（3）：379-382.

[82] 李秀彬. 全球环境变化研究的核心领域——土地利用/土地覆被变化的国际研究动向[J]. 地理学报，1996，51（6）：553-558.

[83] 李玉宝. 干旱半干旱区土壤风蚀评价方法[J]. 干旱区资源与环境，2000，14（2）：48-5.

[84] 李镇清，刘振国，陈佐忠，等. 中国典型草原区气候变化及其对生产力的影响[J]. 草业学报，2003，12（1）：4-10.

[85] 李政海，鲍雅静，王海梅，等. 锡林郭勒草原荒漠化状况及原因分析[J]. 生态环境，2008，17（6）：2312-2318.

[86] 刘海江，程维明，龙恩. 受损沙地生态系统景观变化分析——以内蒙古浑善达克沙地为例[J]. 植物生态学报，2007，31（6）：1063-1072.

[87] 刘纪远. 中国资源环境遥感宏观调查与动态研究[M]. 北京：中国科学技术出版社，1996.

[88] 刘纪远，布和敖斯尔. 中国土地利用变化现代过程时空特征的研究——基于卫星遥感数据[J]. 第四纪研究，2000，20（3）：229-239.

[89] 刘纪远，刘明亮，庄大方. 中国近期土地利用变化的空间格局分析[J]. 中国科学 D 辑，2002，32（12）：1031-1040.

[90] 刘纪远，邵全琴，樊江文. 三江源区草地生态系统综合评估指标体系[J]. 地理研究，2009，28（3）：273-283.

[91] 刘纪远，徐新良，邵全琴. 近 30 年来青海三江源地区草地退化的时空特征[J]. 地理学报，2008，63（4）：364-376.

[92] 刘纪远，张增祥，徐新良，等. 21 世纪初中国土地利用变化的空间格局与驱动分析[J]. 地理学报，2009，64（12）：1-8.

[93] 刘纪远，张增祥，庄大方. 20 世纪 90 年代中国土地利用变化时空特征及其成因分析[J]. 地理研究，2003，22（1）：1-12.

[94] 刘良梧，周建民，刘多森. 农牧交错带不同利用方式下草原土壤的变化[J]. 土壤学报，1998（5）：225-229.

[95] 刘良梧，周建民，刘多森. 半干旱农牧交错带栗钙土的发生与演变[J]. 土壤学报，2000，37（2）：174-181.

[96] 刘美珍，蒋高明，李永庚，等. 浑善达克退化沙地草地生态恢复实验研究[J]. 生态学报，2003，23（12）：2719-2727.

[97] 刘全友，童依平. 北方农牧交错带土地利用现状对生态环境变化的影响——以内蒙古多伦县为例[J]. 生态学报，2003，23（5）：1025-1030.

[98] 刘全友，童依平. 北方农牧交错带土地利用类型对土壤养分分布的影响[J]. 应用生态学报，2005，16（10）：1849-1852.

[99] 刘树林，王涛，安培浚. 论土地沙漠化过程中的人类活动[J]. 干旱区地理，2004，27（1）：52-56.

[100] 刘志刚，刘丽萍，游晓勇，等. 锡林郭勒草原气候变化与干旱特征[J]. 内蒙古气象，2008（1）：17-18.

[101] 刘忠宽，汪诗平，陈佐忠，等. 不同放牧强度草原休牧后土壤养分和植物群落变化特征[J]. 生态学报，2006，26（6）：2048-2056.

[102] 刘钟龄，王炜，梁存柱，等. 内蒙古草原植被在持续牧压下退化演替的模式与诊断[J]. 草地学报，1998，6（4）：244-251.

[103] 马静，赵玲. 内蒙古自治区草原畜牧业发展中的问题及对策[J]. 北方经济，2002（s1）：187-189.

[104] 马娜，胡云锋，庄大方，等. 基于遥感和像元二分模型的内蒙古正蓝旗植被覆盖度格局和动态变化[J]. 地理科学，2012，32（2）：251-256.

[105] 马娜，刘越，胡云锋，等. 内蒙古浑善达克沙地南部草地盖度探测及其变化分析[J]. 遥感技术与应用，2012，27（1）：128-134.

[106] 梅荣，乌兰图雅. 基于遥感、GIS 的旗县域土地利用变化研究——以内蒙古奈曼旗为例[J]. 干旱区资源与环境，2004，18（6）：81-84.

[107] 孟猛，倪健，张治国. 地理生态学的干燥度指数及其应用评述[J]. 植物生态学报，2004，28（6）：853-861.

[108] 苗阳，卢欣石. 历史时期中国草原垦殖原因初探[J]. 草业科学，2008，25（4）：6.

[109] 倪小光，陈永泉，金雄. 锡林郭勒草地生态保护和建设实践的思考——禁（休）牧与草畜平衡工作专项督察报告[J]. 内蒙古草业，2005，17（4）：6-8.

[110] 秦富仓，王桂华，韩春梅. 内蒙古农牧交错带太仆寺旗土地利用变化分析[J]. 内蒙古农业大学学报，2006，27（4）：15-20.

[111] 任鹏，胡云锋，贾建华，等. 基于 GIS 的草地产草量估算系统的研究与实现[J]. 测绘通报，2012（4）：89-91.

[112] 沈建国，白美兰，李云鹏. 气候变化和人类活动对内蒙古生态环境的影响[J]. 自然灾害学报，2006，15（6）：81-91.

[113] 石瑞香，唐华俊. 锡林郭勒盟牧草长势监测及其与气候的关系[J]. 中国农业资源与区划，2006，27（1）：35-39.

[114] 史培军，宫鹏. 土地利用/变化研究的方法与实践[M]. 北京：科学出版社，2000.

[115] 史培军，严平. 中国北方风沙活动的驱动力分析[J]. 第四纪研究，2001，21（1）：41-47.

[116] 苏大学. 中国草地资源遥感快查技术方法的研究[J]. 草地学报，2005，13（s1）：4-9.

[117] 苏立娟，李喜仓，邓晓东. 1951—2005 年内蒙古东部气候变化特征分析[J]. 气象与环境学报，2008，24（5）：25-28.

[118] 苏永中，赵哈林. 农田沙漠化过程中土壤有机碳和氮的衰减及其机理研究[J]. 中国农业科学，2003，36（8）：928-934.

[119] 孙根年，王美红. 内蒙古植被覆盖与土地退化关系及空间结构研究[J]. 干旱区资源与环境，2008，22（2）：140-144.

[120] 孙金铸. 内蒙古草原的畜牧业气候[J]. 地理研究，1988，7（1）：36-45.

[121] 仝川，张鲁，王奇，等. 锡林郭勒草原保护区实现保护与发展双赢的对策研究[J]. 中国人口·资源与环境，2006，16（5）：98-102.

[122] 王海梅，李政海，韩国栋，等. 锡林郭勒盟不同生态地理区气候变化特点分析[J]. 干旱区资源与环境，2009，23（8）：115-119.

[123] 王海梅，李政海，韩国栋，等. 锡林郭勒地区植被覆盖的空间分布及年代变化规律分析[J]. 生态环境学报，2009，18（4）：1472-1477.

[124] 王君厚，廖雅萍，林进. 土地沙漠化评价预警模型的建立及北方12省（市、区）分县预警[J]. 林业科学，2001，37（1）：59-63.

[125] 王菱，甄霖，刘雪林，等. 蒙古高原中部气候变化及影响因素比较研究[J]. 地理研究，2008，27（1）：171-180.

[126] 王明，赵雨佳. 关于内蒙古退耕还林还草的几点思考[J]. 北方经济，2008（1）：61-62.

[127] 王牧兰，包玉海，银山. 浑善达克沙地动态变化影响因素分析[J]. 干旱区资源与环境，2004，18（9）：44-47.

[128] 王秋兵，贾树海，丁玉荣. 土地退化评价方法的探讨——以辽西北农牧交错带彰武县北部为例[J]. 土壤通报，2004，35（4）：396-400.

[129] 王涛，陈广庭，钱正安. 中国北方沙尘暴现状及对策. 中国沙漠，2001，21（3）：322-327.

[130] 王涛，吴薇，王熙章. 沙质荒漠化的遥感监测与评估——以中国北方沙质荒漠化区内的实践为例[J]. 第四纪研究，1998（2）：108-118.

[131] 王贤，丁国栋，蔡京艳，等. 浑善达克沙地沙漠化成因及其综合防治[J]. 水土保持学报，2004，18（1）：147-151.

[132] 王玉金，张维斌，张辉玲. 锡林郭勒草原生态恶化与沙尘暴[J]. 干旱区资源与环境，2004，18（1）：241-243.

[133] 王正兴，刘闯，赵冰茹，等. 利用MODIS增强型植被指数反演草地地上生物量[J]. 兰州大学学报：自然科学版，2005，41（2）：10-16.

[134] 吴海珍，阿如旱，郭田保，等. 基于RS和GIS的内蒙古多伦县土地利用变化对生态服务价值的影响. 地理科学，2011，31（1）：110-116.

[135] 伍光和，王文瑞. 地域分异规律与北方农牧交错带的退耕还林还草[J]. 中国沙漠，2002，22（5）：439-442.

[136] 武建伟，赵廷宁，鲁瑞洁. 浑善达克沙地现代土地沙漠化发展动态与成因分析[J]. 中国水土保持科学，2003，1（4）：36-40

[137] 徐新良，刘纪远，邵全琴，等. 30年来青海三江源生态系统格局和空间结构动态变化[J]. 地理研究，2008，27（4）：829-839.

[138] 许峰，郭索彦，张增祥. 20世纪末中国土壤侵蚀的空间分布特征[J]. 地理学报，2003，58（1）：139-146.

[139] 闫德仁，张文军，齐凯，等. 内蒙古京津风沙源工程综合效益调查报告[J]. 内蒙古林业科技，2008，34（4）：5.

[140] 严平，董光荣，张信宝. ^{137}Cs法测定青藏高原土壤风蚀的初步结果[J]. 科学通报，2000，45（2）：

199-204.

[141] 艳燕, 阿拉腾图雅, 胡云锋, 等. 1975—2009 年锡林郭勒盟东部地区草地退化态势及其空间格局分析[J]. 地球信息科学学报, 2011, 13 (4): 549-555.

[142] 杨光梅, 闵庆文, 李文华. 锡林郭勒盟草原退化的经济损失估算及启示[J]. 中国草地学报, 2007, 29 (1): 44-49.

[143] 杨培岭, 罗远培, 石元春. 用粒径的重量分布表征的土壤分形特征[J]. 科学通报, 1993, 38 (20): 1896-1899.

[144] 杨秀春, 徐斌, 朱晓华, 等. 北方农牧交错带草原产草量遥感监测模型[J]. 地理研究, 2007, 26 (2): 212-213.

[145] 姚云峰, 王明玖, 董智. 加强内蒙古林草业建设, 构筑我国北方生态防线[J]. 内蒙古草业, 2001, 22 (1): 111-115.

[146] 叶笃正, 丑纪范, 刘纪远. 关于我国华北沙尘天气的成因与治理对策[J]. 地理学报, 2000, 55 (5): 513-521.

[147] 尤莉, 沈建国, 裴浩. 内蒙古近 50 年气候变化及未来 10~20 年趋势展望[J]. 内蒙古气象, 2002 (4): 14-18.

[148] 于国茂, 刘越, 艳燕, 等. 2000—2008 年内蒙古中部地区土壤风蚀危险度评价[J]. 地理科学, 2011, 31 (12): 1493-1499.

[149] 于忆东. 内蒙古自治区京津风沙源治理工程区林业项目生态系统服务功能价值评估[J]. 内蒙古林业调查设计, 2009, 32 (6): 2.

[150] 张宝秀. 内蒙古高原东南缘土地开发与环境退化关系论[J]. 地理学与国土研究, 1997, 13 (3): 16-22.

[151] 张春来, 邹学勇, 董光荣. 干草原地区土壤 ^{137}Cs 沉积特征[J]. 科学通报, 2002, 47 (3): 221-225.

[152] 张国平, 刘纪远, 张增祥. 1995—2000 年中国沙地空间格局变化的遥感研究[J]. 生态学报, 2002, 22 (9): 1500-1506.

[153] 张国平, 张增祥, 刘纪远. 中国土壤风力侵蚀空间格局及驱动因子分析[J]. 地理学报, 2001, 56 (2): 146-158.

[154] 张静妮, 赖欣, 李刚, 等. 贝加尔针茅草原植物多样性及土壤养分对放牧干扰的响应[J]. 草地学报, 2010, 18 (2): 177-182.

[155] 张信宝, D. E. Walling, 冯明义. ^{210}Pbex 在土壤中的深度分布和通过 ^{210}Pbex 法求算土壤侵蚀速率模型[J]. 科学通报, 2003, 48 (5): 502-506.

[156] 张雪艳, 胡云锋, 庄大方, 等. 蒙古高原 NDVI 的空间格局及空间分异[J]. 地理研究, 2009, 28 (1): 10-18.

[157] 章祖同. 内蒙古草地资源[M]. 呼和浩特: 内蒙古人民出版社, 1990: 31-37, 318.

[158] 赵哈林，赵学勇，张铜会. 我国北方农牧交错带沙漠化的成因、过程和防治对策[J]. 中国沙漠，2000，20（sp）：22-28.

[159] 赵焕勋，王学东. 内蒙古土壤侵蚀灾害研究[J]. 干旱区资源与环境，1994，8（4）：35-42.

[160] 赵杰，赵士洞. 基于 RS、GIS 的奈曼旗土地覆盖/利用变化研究[J]. 干旱区地理，2004，27（3）：414-418.

[161] 赵士洞，张永民. 生态系统与人类福祉——千年生态系统评估的成就、贡献和展望[J]. 地球科学进展，2006，21（9）：895-902.

[162] 赵文武，傅伯杰，郭旭东. 多尺度土壤侵蚀评价指数的技术与方法[J]. 地理科学进展，2008，27（2）：47-52.

[163] 赵晓丽，张增祥，刘斌，等. 基于遥感和 GIS 的全国土壤侵蚀动态监测方法研究[J]. 水土保持通报，2002，22（4）：29-32.

[164] 郑永春，王世杰，欧阳自远. 地球化学示踪在现代土壤侵蚀研究中的应用[J]. 地理科学进展，2002，21（5）：507-516.

[165] 中国科学院自然区划工作委员会. 中国综合自然区划草案[M]. 北京：科学出版社，1959.

[166] 中华人民共和国水利部. 中华人民共和国行业标准 SL 190—96：土壤侵蚀分类分级标准[S]. 北京：中国水利水电出版社，1997.

[167] 周瑞平. 内蒙古脆弱生态区综合分类研究[J]. 内蒙古师范大学学报：自然科学汉文版，2010，39（1）：75-78.

[168] 朱会义，李秀彬. 关于区域土地利用变化指数模型方法的讨论[J]. 地理学报，2003，58（5）：643-650.

[169] 卓莉，曹鑫，陈晋，等. 锡林郭勒草原生态恢复工程效果的评价[J]. 地理学报，2007，62（5）：471-480.

[170] 邹亚荣，张增祥，周全斌，等. 中国农牧交错区土地利用变化空间格局与驱动力分析[J]. 自然资源学报，2003，18（2）：222-227.

作者简介

　　胡云锋，男，1974 年生，江西赣州人。地图学与地理信息系统专业博士，中国科学院地理科学与资源研究所副研究员。2007—2009 年在美国普度大学（Purdue University）、瑞典皇家工学院（KTH - Royal Institute of Technology）从事博士后/访问学者研究。主要研究领域为资源环境遥感、地理信息技术和区域可持续发展。先后主持有国家自然科学基金、科技部科技支撑计划（专题）、科技部 973 项目（专题）、国家发展与改革委员会卫星遥感应用产业化专项等多个项目。